U0170142

# 城乡供水系统
# 低碳运行与安全管理

张立勇　牛豫海　张　强　郭　华　刘俊良　**著**

张　杰　**审**

中国建材工业出版社

图书在版编目（CIP）数据

城乡供水系统低碳运行与安全管理/张立勇等著
. --北京：中国建材工业出版社，2021.12
ISBN 978-7-5160-3356-2

Ⅰ.①城…　Ⅱ.①张…　Ⅲ.①城市供水系统－节能－
安全管理　Ⅳ.①TU991

中国版本图书馆 CIP 数据核字（2021）第 240635 号

## 内容提要

本书按照城乡供水系统低碳运行与安全管理要求，依次介绍了城乡供水、水源、净水、输配水等工程内容，以及城乡供水系统管理和应急技术。全书共分为 6 部分，内容主要包括：城乡供水系统概述、水源系统、净水系统、输配水管网系统、供水系统管理、供水系统应急技术。

本书内容丰富，注重工程应用分析和案例介绍，在部分章节提出了新工艺、新方法、新措施，并融入了近几年完成的相关课题成果，可供从事水源管理、净化、供给、输配等行业的运行管理人员、工程技术人员参考，也可供给排水及相关专业学生阅读。

城乡供水系统低碳运行与安全管理

Chengxiang Gongshui Xitong Ditan Yunxing yu Anquan Guanli

张立勇　牛豫海　张　强　郭　华　刘俊良　著

出版发行：中国建材工业出版社

地　　址：北京市海淀区三里河路 1 号

邮　　编：100044

经　　销：全国各地新华书店

印　　刷：北京雁林吉兆印刷有限公司

开　　本：787mm×1092mm　1/16

印　　张：12

字　　数：300 千字

版　　次：2021 年 12 月第 1 版

印　　次：2021 年 12 月第 1 次

定　　价：48.00 元

# 序

　　科学推进饮用水安全，创造良好的生产生活基础，是人民对美好生活的基本需要，也是城乡基础设施协调发展的重要体现。

　　坚持节约资源和保护环境的基本国策，要求我们节制地取用水，以减轻对自然环境的干扰。但是，自工业革命以来，科学技术的发展使人们改造自然、攫取资源的能力得到前所未有的提升，于是市场化、产业化、人口剧增带来了对水资源的过度消费和大量浪费，水资源水环境问题日趋严峻，建立健康的水循环体系迫在眉睫。

　　在水的社会循环中，如果将人们聚居生活的社会区域拟人化，供水管道系统好比人体的动脉，排水管道系统是静脉，而给水处理厂、污水再生水厂及其配套的泵站系统共同构成人体的心脏。如同动脉、静脉和心脏协同保障人体健康的血液循环，供水系统向城乡社会输送优质饮用水，是保障社会运行的关键。由此可见，城乡供水系统是重要的民生工程，是经济社会发展不可替代的基础支撑，是生态环境改善不可分割的保障系统。党的十九大报告提出，推进资源全面节约和循环利用，倡导简约适度、绿色低碳的生活方式，为实施城乡健康供水提供依据和政策。

　　我国经历了改革开放高速发展的40年，国民经济发展和人民受教育程度逐年改善，基础设施日益完备。但是，相比于高质量发展的社会经济和日益美好的社会生活，社会节制用水路径和措施略显匮乏，进一步影响到城乡社会水健康循环。我们通过对水资源禀赋情况调查分析，对城乡供水系统的特点进行归纳，按水循环依次介绍了水源、净化、输配等环节的工程方案以及管理和应急技术，从节能角度开发了供水生产工艺及附属设备，并编写了本书。

　　本书针对城乡供水系统，以低碳、安全、健康的生产方案为总体目标，从水源管理、净化及输配等方面进行阐述，提出了地表水源供水系统安全管理和应急技术，介绍了城乡供水新方案、新工艺和新装备，旨在让读者进一步熟悉和掌握城乡供水系统的建设和管理。

　　在党和国家高度重视人民饮水安全工作的今天，本书的出版发行，将丰富供水工程建设方案和管理措施，提高节制用水水平，协调生活生产生态用水，也有利于合理开发、配置、使用、节约和保护水资源，有助于实现多种水资源的可持续利用，对促进国民经济发展和满足人民饮水需求具有积极作用。

中国工程院院士、哈尔滨工业大学教授　张杰

# 前　言

　　水是生命之源，是人类生存发展的基础，是经济社会发展的保障。供水是社会可持续发展和保障城乡经济正常运行的重要组成部分，是居民生活和工农业生产不可缺少的基础设施，是城乡文明的重要标志。随着我国城乡建设进程的加快，城乡的供水工程建设已取得较快发展和长足进步。同时，我国政府向世界做出庄重承诺，力争在 2030 年前实现碳达峰、2060 年前实现碳中和，这就要求城乡供水系统既注重高质量发展，也促进低碳生产，总体碳排放稳中有降。

　　为了促进城乡协调发展，确保供水安全和饮水健康，一方面要采用科学手段保证优质足量的饮用水供给，另一方面还要控制供水系统全生命周期的总体能耗处于合理区间。城乡供水系统的安全问题由来已久，因其分布面广、专业性强、损害后果重等特点，受到政府、学者及公众的广泛关注。

　　城乡供水系统问题既涉及工程规划建设质量，也与水源条件和管理水平相关，既事关饮水健康，又牵涉供水安全，不但包括设施建造及维护等技术层面内容，还涵盖用水习惯和供水管理等观念转变问题。因此，城乡供水系统建设，既要注重经济性、实用性、先进性，还要与使用者的承受能力相适应。与此同时，要按照节能降耗的原则，满足城乡供水系统用电增容、药剂管控的限制要求；按照节水要求，实现城乡用水方便基础上的节约用水和价格杠杆作用下的节制用水；按照生态文明的总体要求，不断提升城乡供水质量，实现集中供给饮用水在广大城乡区域差异化地区发挥出最佳经济效益、社会效益、环境效益和生态效益。城乡供水系统的总目标是，充分满足人的需求，实现人民对饮用水的获得感和满足感，让多种水资源协调互补地满足经济社会发展要求。实现城乡供水一体化的技术途径应当涵盖以下四个方面：①水源开发利用、水质管理保护，以及多水源优化调度；②净水工艺比选、运行参数优化；③输配水管网体系构建、智能化管理，管道材料、附属构筑物及附件设备开发；④供水系统监测、维修，以及安全、应急管理等。

　　伴随技术进步，城乡供水系统日臻完善，颁布实施的法律法规和技术文件极大地促进了城乡供水系统规范化建设和自动化运行。但是，部分区域所采用的供水技术仍然存在"条块分割""因循守旧"等问题。本书是作者在近几年探索、研究和系统分析的基础上，针对城乡供水系统中存在的问题而编写的。在部分章节中，提出了一些新的见解和观点，融入了较前沿的研究成果，其中相当一部分是已经完成的研究课题和工程项目。

　　本书自始至终从安全和节能的角度阐述城乡供水系统规划建设和运行管理，尤其注重从工程角度论述城乡供水技术。主要内容如下：

　　第 1 章，概述了城乡供水系统的主要组成部分及作用、供水系统运行管理要求，分析了城乡供水现状及发展趋势。

第 2 章，简要介绍了我国水资源概况、供水水源水质要求，概述了几种水质评价预测及藻类变化模型，提出了水质监测策略。

第 3 章，总结了常规地表水净水工艺及其设计参数，开发了地表水源净水预处理技术，提出了净水处理新工艺。

第 4 章，阐述了输配水管网系统功能、组成、规划布置要求，介绍了新型供水井具、计量设备。

第 5 章，结合实例，介绍了几种城乡供水一体化模式，并从智慧供水角度对供水系统调度、监测维护、安全管理等内容加以详细描述。

第 6 章，从事故分级入手，介绍了供水应急体系建设要求，重点围绕水厂和水污染事故提出了针对性应急技术。

总之，本书强调理论分析与工程实践相结合，论述浅显易懂，内容丰富翔实。对促进城乡供水系统科学规划建设、降低全生命周期能源消耗、提高有关设施安全运行水平等具有一定的指导意义和参考价值。

本书由张立勇、牛豫海、张强、郭华、刘俊良著，由中国工程院院士、哈尔滨工业大学教授张杰主审。

在本书的编写过程中参考了一些研究成果、工程案例和技术文件，在此向被引用资料的作者表示衷心感谢。

本书的出版得到了河北农业大学、河北建投水务投资有限公司等单位支持，在此表示衷心感谢。

由于作者水平有限，书中难免有不足或疏漏之处，欢迎批评指正。

作者

2021 年 10 月

# 目　　录

# 1 城乡供水系统概述

## 1.1 城乡供水系统组成

城乡一体化是以城市和村镇一体发展思维为指导，以打破历史和制度设计形成的城乡二元结构为出发点，立足城镇发展，着眼乡村建设，最终缩小城乡差距，促进城市和乡镇共同富裕文明的一项系统工程。

自改革开放以来，城镇先发优势日益明显，乡村在基础设施、教育、医疗等领域严重落后于城镇，大大束缚了乡村的发展，影响了全社会和谐发展的进程。因此，发挥城镇在技术、资金等方面的优势，带动乡村地区的发展，推动城乡一体化进程刻不容缓。

供水系统作为重要的基础设施，与人们的生产生活息息相关。然而，我国城乡地区供水设施配置严重不平衡。城镇地区集中供水普及率高、管网系统较发达、水质水压水量较有保障；乡村地区管网不发达、分散供水仍占有较大比例，水质水压可靠性低，不仅影响了乡村人民的生活品质，还在一定程度上抑制了乡村地区社会经济的发展。城乡一体化供水旨在缩小城乡供水设施配置的差距，其核心在于对水资源进行高效配置，实施原水一体化、水厂归并、一网调度、规模经营、优质服务的饮用水供应方式。

为了满足城乡生活和生产的需要，由天然水体取水，经适当处理后，通过管道系统输送至用户，供人们生活和生产使用，这个过程所涵盖的工程设施就是城乡供水系统。其按功能主要有以下组成部分。

(1) 水源的保护和利用工程。无论是地表水资源，还是地下水资源，其水质水量都需要用工程措施加以保护。对于地下水源，应合理开采，不应超采，以免引起生态环境恶化、地面沉降等不良后果；对于地表水源，需要进行流域的统筹规划。水源地附近，应建立卫生防护地带。

(2) 取水工程。对于地下水源和地表水源，均有专门的取水工程，将水从天然水体取集过来，由于地下水源和地表水源的类型以及条件各不相同，所以取水工程也是多种多样的。

(3) 水泵站：由于水源和净水设施或用户之间存在一定距离，要将水由低处抽送到高处，并输送一定距离，需要用专用的水力机械——水泵对水加压，设置水泵的建筑物称为水泵站。在城乡供水系统中常常需要对水进行多次加压，尤其是经过集中净化的饮用水向广大乡镇转输时，水泵站非常普遍。

(4) 给水处理厂。水源水质在不能满足城乡生活和工业企业生产要求时，常用物理的、化学的、物理化学的以及生物学的方法对水进行处理。一般地，城乡给水处理厂既要供应居民生活饮用水也要供给工业用水，所以给水处理厂按生活饮用水的要求对水源水进行处理。给水处理厂既可以设于水源地附近，也可设于用水量集中的城镇。

（5）调蓄构筑物。城乡供水系统的取水量在一天内是相对均匀的，但用水则因生产生活活动是不均匀的，为保证供应，需要一定容积的调蓄构筑物（水池、水塔等）。当用水量少时，多余的水蓄存于水池中；当用水量多时，不足水量由贮水池进行补充。此外，有时水源出现波动或供水系统出现故障时，也需要从贮水池中取水，以保障用水需要。

（6）输、配水系统。当水源远离给水处理厂，或给水处理厂远离城乡集中用水户时，用输水管道将水源水或净化水输送给给水处理厂或城乡用水户，再由沿街道敷设的管道将水分配到城镇乡村的千家万户等用水单位。城乡街道纵横交错，相应的配水管网也形成了一个网络。在城乡供水系统中，管网系统往往都是分区的，并在输水管路和管网上设置大量闸阀、蓄水池、泵站等构筑物，以便控制调节、维护管理。

（7）建筑水工程。饮用水由供水管网送入公共、住宅、工业建筑内，经建筑内部的供水管道系统分配给各处用水点。此外，城乡集中供水还用于浇洒绿地、园林及许多公共服务行业，并设有住区供水系统。

以上系统组成了城乡供水系统。一般来讲，农业供水工程因独特的水质水量要求和生产特点，不属于城乡供水系统范畴。

## 1.2　城乡供水系统要求

为进一步推动城乡供水系统安全节能运行，应本着"高标准、高要求、可操作"的原则，建设更加科学、健康的供水系统。该供水系统应具有一定的生产规模，有专业的运行管理团队；供水水质应达到评价标准规定的水质要求；该系统符合生产安全要求，有科学合理的应急方案。

为了保证供水系统水质安全，在城乡供水系统的关键节点，应设置完善的原水水质在线监测和水质预警设施，且原水水质监测（采样点、频率、监测项目）要符合国家有关标准的相关要求，对水源水质也要进行定期调查和分析。

供水系统的供水水质不仅应该达到《生活饮用水卫生标准》（GB 5749—2006）的规定，还应该要求浊度、余氯、pH 等指标的 24h 在线检测和记录，各检测项目、检测频率都要符合国家相关规定，合格率要大于或等于 95%。

## 1.3　城乡供水系统发展趋势

### 1.3.1　城乡供水一体化

城乡供水系统以实现如下功能为目标：从水源处取得原水，将原水输送到水厂并进行净化处理从而得到清水，再将清水直接或转输到用户。供水系统由取水设施、输水设施、净水设施和配水设施、用户等部分组成。

系统的功能取决于系统的结构。城乡供水系统的发展经历了从小型、独立、分散的供水系统向区域大规模集中供水系统与乡镇地区小规模供水系统共存状态的过渡，最终将向供水事业的高级形式——城乡一体化供水发展。城乡一体化供水是按照水源、水厂的合理配置，将不同地区的水厂、管网进行一体化规划管理，形成大的、多层次供水网络，从而提高供水水质，增强供水安全性的一种供水模式。尤其在城乡供水高质量发展和节水型社会建设背景下，以南水北调等公共水源建设为契机，城乡一体化供水将得到快速发展。

从经济角度，乡村供水系统规模小、设备简陋、管理水平跟不上，单位工程造价高。因此，为了扩大规模经济效应，在技术经济优化分析的基础上考虑集中建厂、实施区域供水，即由一个主体单位向周边和邻近乡村供水，以改善整个地区供水水质、水量。同时，由于区域供水一般是由少数水力控制元素组成，便于城乡供水管网调度管理，已渐渐成为城乡供水一体化的发展趋势。

各地的经验表明，实施城乡区域统筹供水规划，将区域供水工程设施的建设统筹考虑并实施，避免了供水设施重复建设问题，显著降低了单位工程造价，节约了建设成本，有效提高了设施的效率与效益。同时，通过建设大型的供水设施，可以充分利用先进的制水工艺和管理手段，降低供水成本。区域供水的实施，也为中心城市供水企业开拓了市场，企业效益显著增长，企业经营进入良性发展轨道。区域统筹供水是一种市场化的设计，是城乡供水事业的发展方向。

根据区域性供水系统理论，在城乡一体化发展过程中，应逐步改变原有分散供水的模式，实行城乡一体化供水体系，因地制宜采取集中供水模式或供水集中管理模式。通常认为，在中心城镇周边的乡镇和聚居密度相对较高并且地形较为平坦或有利于供水管网敷设的地区，应积极推行集中供水模式的规划建设。合理选择若干供水能力较大的地下或地表水源，合理确定用水量指标，统筹规划城乡一体的供水管网。

按照一定的原则对供水管网进行分区，将管网系统分为若干个分区，实行分区供水，实施区域管理。为保证安全用水，各分区之间可用应急管道连通；分区之后的管网系统，供水管和配水管功能明确，供水分区如图1.1所示。这种多水源统一的分区供水管网系统可以提高供水的安全可靠性，减少漏失，通过强化调度功能，协调供需关系，使系统处于合理、经济的运行状态。与原先分散、小规模、相互独立的供水模式相比，提高了供水效益以及供水系统的专业性、可靠性和管理水平。

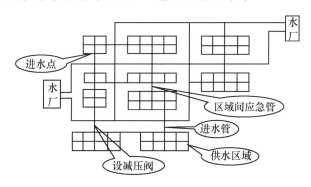

图1.1　城乡分区供水示意图

此外，随着城乡一体化进程的推进，城乡工业集聚化发展的程度也在逐渐提高。但大量的工业用水如果完全依赖集中供水厂，势必给水厂带来更大的负担。所以，对于较为集中的大规模工业用水可以采用分质供水方案，就近取水经较为简单的净化处理后供工业企业使用。虽然这种方式也要增加投资，但与大量复杂的净水工程以及敷设大管径的输水总管相比投资额相对较小，不仅可以节约投资，也可以大大节约运营成本，降低生产用水成本。

城乡一体化供水系统的功能、结构与传统供水系统并无本质上的差异，然而该系统不仅要满足城市地区的用水需求，还要满足乡镇地区的用水需求，因此系统所处的环境以及用户的特征与传统供水系统有很大不同。具体表现为：城乡一体化供水系统的用户数量多、用户分布相对分散、不同时段不同区域用水量变化大、水龄长等。这些特点使得城乡一体化供水系统建设的规划决策面对着比传统供水系统更加复杂的问题和挑战。

### 1.3.2　城乡用水健康循环

城乡用水健康循环是在健康水循环理论指导下产生的，其对策与健康水循环方略并无本质差别，基本涵盖了节制用水、污水再生利用、恢复雨水水文循环、面源污染的控制、水环境与水资源的统筹管理等内容。在引入了域外水资源后，城乡区域可用水的调配复杂化，就需要在用水健康循环过程中，还应考虑以下几个方面的内容。

（1）水质需求分析。现代城乡社会高质量发展，需要质量与之相匹配的供水予以保障。生活需水，包括饮用、盥洗、淋浴等，水质要求最优；生产需水，包括工业、庭院农业等，水质要求一般；市政杂用需水，包括道路清扫、城市绿化、车辆冲洗、市政消防、建筑施工等方面，水质要求较低；生态需水，包括天然植被、地下水补给、水生生物生存等，与人体不直接接触，也不进入食物链，水质要求较宽松。

（2）水量精确预测。由于传统的水量预测方法只能反映一种平稳几何的增长过程，随着时间的延伸可以无限大，导致需水量的预测普遍偏高，造成对供水规划和供水工程在不同程度上的误导。在实际社会生活中，用水量与社会经济发展速度、技术进步等因素密切相关甚至受自然条件影响。这就需要改进水量预测方法，精确地反映出城乡用水量的变化趋势，不断地适应新形势和多种水资源预测的应用实践。

（3）多水源供水工程的协调运用。为了摆脱水资源紧缺的局面，在规划建设城乡供水工程时，偏重考虑引水入城、调水净化、水量分配等工程方面，忽视了多种水源之间的协调互补关系，废弃原有供水设施而不用。单纯依靠调水满足本地用水需求的思路将使城乡供水工程潜在隐患长期存在，一旦外调水污染或无水可调，则受水区域的供水安全将无法保障。此外，从经济和生态的角度考虑，当受水区域水资源的自然补给形势好转，就需要重新审视本地水供应工程的地位，协调好供水工程封存、备用、使用的关系，并进一步完善城乡社会的公共供水设施及其调配软件系统。

# 2 水源系统

## 2.1 我国水资源概况

我国是一个干旱缺水的国家，人多水少、水资源时空分布不均是我国的基本国情和水情。

我国淡水资源总量占全球水资源的 6%，人均占有量仅为世界平均水平的 1/4，是全球 13 个人均水资源最贫乏的国家之一。扣除难以利用的洪水径流和散布在偏远地区的地下水资源后，人均可利用水资源量更低，且其分布极不均衡。到 20 世纪末，全国 600 多座城市中，已有 400 多个城市存在供水不足问题。据预测，2030 年中国人口将达到 16 亿，届时人均水资源量接近合理利用水量上限，水资源开发难度极大。

我国北方地区由于多处于干旱、半干旱地区，降水量较少，而蒸发量较大，水资源较为贫乏。其中，华北地区大多数城市的人均水资源占有量不足 300m³，是全国平均水平的 1/8，是世界人均水平的 1/30，成为全国人均水资源最少的地区，水资源短缺已成为制约华北地区经济社会发展的最主要因素。

南水北调中线工程、南水北调东线工程（一期）已经完工并向北方地区调水。西线工程尚处于规划阶段，尚未开工建设。截至 2020 年 6 月 3 日，南水北调中线一期工程已经安全输水 2000d，累计向北输水 $33\times10^{10}$ m³，已使沿线 6000 万人口受益。其中，北京市中心城区供水安全系数由 1 提升至 1.2，河北省浅层地下水水位由治理前的每年上升 0.48m 增加到 0.74m。

## 2.2 水源水质

### 2.2.1 水质指标体系

水中物质组分按其存在状态可分为三类：悬浮物质、溶解物质和胶体物质。悬浮物质是由大于分子尺寸的颗粒组成，它们靠浮力和黏滞力悬浮于水中。溶解物质则由分子或离子组成，它们被水的分子结构支承。胶体物质则介于悬浮物质与溶解物质之间。

水质是指水和其中所含的物质组分所共同表现的物理、化学和生物学的综合特性。各项水质指标则表示水中物质的种类、成分和数量，是判断水质的具体衡量标准。

水质指标项目繁多，总共可有上百种。它们可分为物理的、化学的和生物学的三大类。

#### 2.2.1.1 物理性水质指标

物理性水质指标主要有：

（1）感官物理性状指标，如温度、色度、嗅和味、浑浊度、透明度等。

（2）其他的物理性水质指标，如总固体上悬浮固体＜可沉固体、电导率（电阻率）等。

#### 2.2.1.2　化学性水质指标

（1）一般的化学性水质指标，如 pH、碱度、硬度、各种阳离子、各种阴离子、总含盐量、一般有机物质等。

（2）有毒的化学性水质指标，如各种重金属、氧化物、多环芳烃、卤代烃、各种农药等。

（3）氧平衡指标，如溶解氧（DO）、高锰酸盐指数（COD）、生物需氧量（BOD）、总需氧量（TOD）等。

#### 2.2.1.3　生物学水质指标

一般包括细菌总数、总大肠菌数、各种病原细菌、病毒等。

### 2.2.2　饮用水水源水质标准

《生活饮用水水源水质标准》（CJ 3020—1993）是原建设部于 1994 年发布的我国目前唯一一部专门针对生活饮用水水源水质做出规定的水质标准。但由于久未修订，无论从水质指标限值要求，还是从水质指标项数上都无法和《生活饮用水卫生标准》（GB 5749—2006）相配套，因此实际上已经难以采用。

随着我国社会经济水平、信息技术的发展，居民对饮用水水质问题的关心程度与日俱增，对饮用水水质的要求也越来越高。饮用水中的常规有机物、色度、病菌等在传统水处理工艺（混凝—沉淀—过滤—消毒）中具有较好的去除效果，但饮用水中的新型污染物（如内分泌干扰物、有机锡、邻苯二甲酸酯类、甲基叔丁基醚、全氟化合物等）的难处理性和高污染风险给大部分自来水厂采用的传统工艺带来了挑战。

在更换水源和水厂升级改造两种思路下，一刀切的更换水源或者是进行大范围的水厂升级改造，将涉及上百亿千亿计的投资和建设规模。基于我国饮用水水源地水质污染现状、饮用水水源水质评价工作中存在的问题，以及全面实施《生活饮用水卫生标准》的紧迫性，为合理有效地分级评价水源水质，指导水厂升级改造，住房城乡建设部于 2011 年 1 月 31 日以建标〔2011〕16 号文件，发布了《生活饮用水水源水质标准》修订工作计划，由中国城市规划设计研究院和标准原主编单位中国市政工程中南设计研究总院共同主持该标准的修订工作，水利部、卫生部、环保部（现为生态环境部）下属相关科研机构参与修订。

《生活饮用水水源水质标准》（CJ 3020—1993）是生活饮用水净化设施生产工艺的参考标准，因此标准编制工作组基于制定技术工艺特点和工艺可处理性的水源水质标准为指导思想，通过文献调研、中试研究、水厂工艺段水质分析、走访水厂等措施综合研究形成了和简易处理、常规处理以及深度处理工艺对照的分级水源水质标准结构，将我国特有污染物标准和国外标准中的新型污染物纳入到标准中，同时结合人体健康风险评价方法和经济效益评估确定适合我国国情的标准限值，使生活饮用水水源水质满足生产要求，且出厂水达到《生活饮用水卫生标准》。

主要技术变化如下：

（1）生活饮用水水源水质分级由两个等级改为三个等级。

（2）水质指标项数由 34 项增加到 122 项，其中：

① 微生物指标由 1 项调整到 5 项；

② 毒理性指标中主要增加了钒、钛等指标，由 13 项增加到 91 项；

③ 感官性状和一般化学指标由 16 项增加到 24 项，增加了肉眼可见物、铝、总有机碳、土臭素、2-甲基异茨醇、二甲基三硫醚、硫化物和钠。

（3）修订了原标准中的浑浊度、总硬度、铁、锰、挥发酚（以苯酚计）、砷、镉、铬（六价）、铅、铍、氨氮、硝酸盐（以 N 计）、耗氧量（以 $O_2$ 计）、苯并［a］芘、总 α 放射性共 16 项指标。

目前，国内外所制定和颁布的"生活饮用水水质量标准"作为生活用水源供水质量保证与评价的重要依据。饮用水水源水质量评价主要参照饮用水水质标准，利用简单对比的方法，并按照原建设部所制定的"饮用水水源水质量级别"划分饮用水水源地的水质量级别。

# 2.3　水源水体评价预测模型

## 2.3.1　水质评价模型

随着社会生活及经济水平的提高，人类活动不断影响着正常的生态环境，使之遭到严重损伤，其中，自然水体污染问题尤为严重，并直接阻碍了社会的正常发展。为能够客观反映水质现状并保证水体水质符合用水标准，水环境质量评价工作已成为当前热门研究领域，科学的水质评价数据为水污染防治、区域水环境的规划与管理提供依据。

国外首次提出水质评价研究工作是在 1925 年，Streeter H W 和 Phelps E B 发表《俄亥俄河水污染及自然扩散的研究》，发现将质量指数概念引入水质评价工作中可有效提高工作准确度，建立了第一个水质数学模型；随后，美国叙拉古大学的学者 N L Nemerow 在 1970 年发表《河流污染科学分析》，提出了内梅罗污染指数评价法，在纽约州部分地表水污染情况调查工作中成功运用了该方法；苏联学者 W H 古拉利引入 I 值概念，用于评价含有悬浮固体或少量氯化物的水体的水质状态；英国学者 S L Ross 在对英国克鲁德河流域主要干流、支流的水体进行水质评价时，根据科学判断确定了利用生化需氧量、氨氮、溶解氧及悬浮固体共 4 项水质指标的数据进行研究。

随着计算机技术的发展，水质评价模型的产生与发展有了更广泛的进展，计算机的应用普及为数学模型的建立提供了技术支持，1980 年后，提出了部分不确定性、非线性理论方法（如物元分析法、灰色关联分析法、人工神经网络等）。1992 年，美国学者 Puckett 等在对河流水体的主要离子化学因素进行研究时成功利用了主成分分析法；1996 年 Sokolov 等人建立了澳大利亚东南部亚拉河的水质参数随时间变化的水质模型。在前东欧和苏联，多数学者在评价时既考虑物理、化学指标，又考虑生物指标，使水质指标现状评价更加全面、科学。

我国的水质评价研究工作始于 1973 年。初期的评价工作主要针对于重点城市或小流域的水体，如对北京西郊水环境、北京官厅水库等水体的水质评价。在确定了水质评价研究工作的成功开展后，成立了图们江、松花江、湘江、白洋淀、杭州西湖、太湖、南海海域等重点区域的水质评价专题。1978年，中国地理科学与资源研究所通过对水质评价工作的归纳研究后提出了地表水质污染指数概念，并将该指数用于对东部部分河流水质评价的工作中。1979年11月，中国环境学会环境质量评价委员会学术研讨会在南京举行，来自全国各地的专家、学者们共同编写了《环境质量评价参考提纲》，为我国各地区进行环境质量现状评价工作提供了研究方法。1981年，我国学者在白洋河水质评价中提出了水质隶属度这一概念，成功开展了全国第一次水质评估工作，综合运用了单项评价法、地图重叠法和加权算术平均河长的水质指数法。

近年来，水质评价模型的产生与发展为各种类型水体的水质评价工作提供了技术支持，评价的整体水平不断提高。卢文喜等在吉林省石头口门水库汇水流域的水质评价研究中将层次分析法与模糊综合评价法创造性地相结合，有效避免了层次分析法中评价者的主观性对水质评价结果的干扰；冯莉莉等在集对分析原理的基础上，利用小清河监测断面10项水质指标的浓度，采用六元联系数方法进行了水质评价；刘俊东等改进了模糊物元评价法，通过不同水质因子的模糊隶属系数的变化来确定权重并在天然水体的水质评价中成功运用；潘峰等在水环境质量评价中应用了一种RAGA的投影寻踪模型并取得较好效果。

综上所述可以看出，国外水质评价研究比较重视多因子、多参数的水质数据分析，且比较关注经济发展对水环境质量所造成的影响。目前我国水质评价研究已有40多年的发展历程，侧重于对评价指标的处理、解决水环境的模糊和不确定性问题。当前存在很多水质评价方法，但在不同水质的评价工作中，研究人员对评价方法的选择具有较强的主观性和随机性。不同的水质评价方法适用性不同，受水源水体所处环境和水质变化的影响较大。

### 2.3.1.1 几种常用的水质评价模型

1. 水质综合污染指数评价法

该评价方法是对不同评价因子的相对污染指数进行统计，以单项污染指数为基础数据，计算出代表水体污染程度的平均综合污染指数，从而确定研究水体的污染程度。

2. 模糊综合评价法

（1）隶属度函数的建立。

不同水质的隶属度函数见表2.1。

表2.1 隶属度函数对应表

| 水质类别 | 隶属度函数 |
| --- | --- |
| 第 $i$ 项水质指标实测浓度为 I 类水 | $y_{i1} = \begin{cases} 1 & C_i \leqslant S_{i1} \\ \dfrac{S_{i2} - C_i}{S_{i2} - S_{i1}} & S_{i1} \leqslant C_i \leqslant S_{i2} \\ 0 & C_i \geqslant S_{i2} \end{cases}$ |
| 第 $i$ 项水质指标实测浓度为 $j$ 类水（ II $\leqslant j \leqslant$ V） | $y_{i1} = \begin{cases} 0 & C_i \leqslant S_{ij-1} \text{ 或 } C_i \geqslant S_{ij+1} \\ \dfrac{C_i - S_{ij-1}}{S_{ij} - S_{ij-1}} & S_{ij-1} \leqslant C_i \leqslant S_{ij} \\ \dfrac{S_{ij+1} - C_i}{S_{ij+1} - S_{ij}} & S_{ij} < C_i < S_{ij+1} \end{cases}$ |

| 水质类别 | 隶属度函数 |
|---|---|
| 第 $i$ 项水质指标实测浓度为 V 类或劣 V 类水 | $y_{i1}=\begin{cases} 0 & C_i \leqslant S_{i4} \\ \dfrac{C_i-S_{i4}}{S_{i5}-S_{i4}} & S_{i4} \leqslant C_i \leqslant S_{i5} \\ 1 & C_i \geqslant S_{i5} \end{cases}$ |

注：$C_i$—$i$ 水质指标的实测浓度；

$S_{ij}$—$i$ 水质指标 $j$ 类水的浓度限值，$j=1$，2，…，5。

得到各水质指标的隶属度函数，即可建立模糊评价矩阵：

$$R=\left[ y_{ij} \right]=\begin{bmatrix} y_{11} & y_{12} & \cdots & y_{1j} \\ y_{21} & y_{22} & \cdots & y_{2j} \\ \vdots & \vdots & \ddots & \vdots \\ y_{i1} & y_{i2} & \cdots & y_{ij} \end{bmatrix} \tag{2-1}$$

式中　$y_{ij}$——$i$ 水质指标实测浓度对 $j$ 类水级别的隶属度。

（2）评价因子权重的确定。

采用"超标倍数归一法"计算评价因子权重。

$$\omega_i=\frac{C_i}{\overline{S_{ij}}}, \ i=1, \ 2, \ \cdots, \ n \tag{2-2}$$

$$\overline{S_{ij}}=\frac{1}{m}\sum_{j=1}^{m}S_{ij}, i=1,2,\cdots,n;j=1,2,\cdots,m \tag{2-3}$$

式中　$\omega_i$——水质指标的权重；

$C_i$——$i$ 水质指标的实测浓度；

$S_{ij}$——$i$ 水质指标 $j$ 类水的浓度标准限值；

$\overline{S_{ij}}$——$i$ 水质指标各级浓度限值的平均值；

$m$——水质级别数，根据《地表水环境质量标准》（GB 3838—2002）可知 $m=5$。

对权重进行归一化处理，得到权重向量，即：

$$a_i=\frac{\omega_i}{\sum\limits_{i=1}^{n}\omega_i} \tag{2-4}$$

权重系数矩阵为 $A=\{a_1$，$a_2$，…，$a_n\}$。

（3）综合评价矩阵。

将水质指标的权重集与隶属度矩阵根据式（2-5）计算相乘，得到评判水体水质对各级标准水质的隶属度的集合。

$$B=A\times R \tag{2-5}$$

根据最大隶属度原则，隶属度最大值所在等级即为该监测点的水质类别。

3. 综合水质标识指数评价法

该方法的最终数值由综合水质指数和标识码两部分组成，表示为：

$$I_{wq}=X_1.X_2X_3X_4 \tag{2-6}$$

$X_1.X_2$ 通过计算得到，$X_3$ 和 $X_4$ 通过判断得到。

式中　$X_1$——综合水质类别；

　　　　$X_2$——综合水质在该级别水质变化区间内所处位置；

　　　　$X_3$——参与综合水质评价的单项水质指标中，劣于要求的指标个数；

　　　　$X_4$——综合水质类别与水体功能区要求的比较结果，视综合水质的污染程度，$X_4$为一位或两位有效数字。

（1）$X_1.X_2$的确定方法：单因子水质标识指数为基础。

$$X_1.X_2 = \frac{1}{M}\sum(P_1+P_2+\cdots+P_m)\tag{2-7}$$

式中　　　　　　$m$——水体中参与评价的水质指标的个数；

$P_1$，$P_2$，$\cdots$，$P_m$——第 1，2，$\cdots$，$m$ 项水质指标的单因子水质标识指数中的 $X_1.X_2$。

单因子水质标识指数 $X_1.X_2$ 的确定方法见表 2.2。

表 2.2　单因子水质标识指数 $X_1.X_2$ 确定公式表

| 水质类别 | | 公式 | 备注 |
|---|---|---|---|
| 水质为Ⅴ类水以上时 | 对一般水质指标（除 pH、溶解氧、水温外） | $X_1.X_2 = a + \frac{\rho_i - \rho_{ik下}}{\rho_{ik上} - \rho_{ik下}}$ | $a$=1、2、3、4、5；$\rho_i$—第 $i$ 项水质指标的实测浓度 |
| | 对溶解氧指标 | $X_1.X_2 = a + \frac{\rho_{ik上} - \rho_i}{\rho_{ik上} - \rho_{ik下}}$ | |
| 水质指标等于或劣于Ⅴ类水 | 对一般指标（除 pH、溶解氧、水温外） | $X_1.X_2 = 6 + \frac{\rho_i - \rho_{i5下}}{\rho_{i5上}}$ | $\rho_{i5上}$—第 $i$ 项指标的Ⅴ类水质量浓度上限值；$m$—计算公式修正系数，一般取 4 |
| | 对溶解氧指标 | $X_1.X_2 = 6 + \frac{\rho_{i5上} - \rho_i}{\rho_{i5上}} \times m$ | |

（2）$X_3$ 的确定方法。

$X_3$=参与评价的所有水质指标均达到水环境功能区要求的个数。

（3）$X_4$ 的确定方法。

$X_4$ 主要用于判别综合水质污染程度。

综合水质类别好于或达到功能区要求：

$$X_4 = 0$$

水质类别劣于功能区要求且综合水质标识指数中 $X_2 \neq 0$：

$$X_4 = X_1 - f_i\tag{2-8}$$

水质类别劣于功能区要求且综合水质标识指数中 $X_2 = 0$：

$$X_4 = X_1 - f_i - 1\tag{2-9}$$

式中　$f_i$——水环境功能区要求的水质类别。

综合水质标识指数评价法将水体水质分为Ⅰ～Ⅴ类以及劣Ⅴ类（不黑臭、黑臭）共 7 类别，评价分级对应关系见表 2.3。

表 2.3　综合水质级别判定表

| $X_1.X_2$ 数值 | 综合水质类别 |
|---|---|
| $1.0 \leqslant X_1.X_2 \leqslant 2.0$ | Ⅰ类 |
| $2.0 < X_1.X_2 \leqslant 3.0$ | Ⅱ类 |

| $X_1. X_2$ 数值 | 综合水质类别 |
|---|---|
| $3.0 < X_1. X_2 \leq 4.0$ | Ⅲ类 |
| $4.0 < X_1. X_2 \leq 5.0$ | Ⅳ类 |
| $5.0 < X_1. X_2 \leq 6.0$ | Ⅴ类 |
| $6.0 < X_1. X_2 \leq 7.0$ | 劣Ⅴ类，不黑臭 |
| $X_1. X_2 > 7.0$ | 劣Ⅴ类，黑臭 |

4. 评价方法的对比分析

（1）水质综合污染指数评价法。

该水质评价法以单项污染指数评价法为基础，可以清晰地判断出不同河口的主要污染因子，计算结果可以综合反映水体的污染状况，使水质的差异定量化。在水质较差的情况下，指数值的大小可以反映出不同渠段水质的区别，提供更具体的水质信息。

优点：①在不同时间和不同空间的水质变化的比较中均可应用。通过比较各监测断面的综合污染指数值和主要污染因子及其污染分担率数据可以得到主要污染渠段和污染物。②综合污染指数可以综合且直观判断水体水质的被污染状况，从而判断是否达到相应水环境功能区等级的要求。

缺点：①综合污染指数可以比较污染程度，但无法确定监测水体的对应水质类别。并且当综合水质为劣Ⅴ类时，得到的评价结果无法比较污染程度。②该评价法结果易受最大污染因子的影响，因为综合污染指数是同一水体各单项指标污染指数的算术平均值求得。③该法的水质等级划分具有非连续性，当综合污染指数为水质等级界线附近数值时，水质评价等级的确定性较低。

（2）模糊综合评价法。

优点：该评价法解决了水体的复杂性和水质等级划分的模糊性问题。为避免单项污染指标对总体水质评价结果的影响，在计算过程中针对不同指标的实测浓度确定相应的因子权重，使评价结果更客观。

缺点：①该法的评价结果受评价因子权重的影响较大。在利用权重及隶属度函数建立综合评价矩阵时，主观选择的计算方法可以导致不同的评价结果，例如取大取小法、相乘取大法、取小相加法、相乘相加法。②利用模糊综合评价法计算所得数值为水质类型评判值，对实际水质差异反映不明确，结果的直观性和对比性较差。③该评价法无法确定主要污染物，也无法对劣Ⅴ类水质进行判断，在水质评价应用中存在一定局限性。④计算过程烦琐，需对每一因素、每一级别逐一建立隶属度函数，计算量较大，实际可操作性较低。

（3）综合水质标识指数评价法。

优点：①综合水质标识指数值由4位有效数字组成，通过评价结果既可以直观对比看出各水体水质等级，也可对同类水体的污染程度进行比较，对水质进行定性和定量评价；②通过比较各渠段的综合水质标识指数和单因子水质标识指数，分别可以得到各渠段的污染区域和主要污染物，并且综合水质标识指数法将劣Ⅴ类水进行细化，解决了劣

Ⅴ类水的连续性描述问题。

缺点：综合水质标识指数评价法也存在未考虑各评价因子权重的问题，将所有评价因子对水质的影响视为同等，水质评价结果易受最大单因子水质标识指数的影响。

#### 2.3.1.2 南水北调中线工程（河北段）干渠水质评价

我国北方水资源的短缺，限制了北方地区的经济发展。因此对北方水资源的补充具有促进经济发展与保证社会稳定的双重意义。而北方的京津冀地区是我国的政治中心、经济中心，该地区的发展与稳定，更是国家发展的重中之重，具有重要的战略性意义。随着经济的大力发展，北方地区对水资源的需求越来越大，使水资源的供需矛盾变得越来越严重。若不解决北方地区的缺水问题，不但会阻碍缺水地区的社会稳定与经济发展，更将影响整个国家的可持续发展战略。因此从南方地区向我国北部地区跨区域调水，向缺水地区增补水资源势在必行。由此，特大型的跨流域调水工程——南水北调工程应运而生。

南水北调工程是合理分配水资源、促进缺水地区发展的基础性工程。南水北调中线工程是解决京、津、冀等华北地区水资源短缺，优化华北地区水资源配置的一项基础设施工程，具有重大的战略意义。南水北调中线工程的成功开通及运行有效地解决了华北地区因为水资源短缺而带来的各种问题。

南水北调中线工程起源于汉江中上游的丹江口水库，提供沿线大中型城市的生活及工农业用水。南水北调中线总干渠在河南省安阳市丰乐镇西穿过漳河进入河北省。沿太行山东边与京广铁路西侧一路向北延伸，在涿州市境内的西疃村北穿越北拒马河进入北京市境内。输水干渠总长为1432km，其中河北段干渠全长为466km，供水范围内总面积15.5万km²。

随着大量南水北调中线工程的开通，以南水北调水为水源的配套水厂的逐步投入使用，为了更好地对配套水厂进行运营指导，应对南水北调中线工程（河北段）干渠水质评价。

根据《地表水环境质量标准》（GB 3838—2002）中的24项指标进行水质评价，其中pH为区间范围，无Ⅰ～Ⅴ类分级标准。水质评价因子选定为化学需氧量（$COD_{Cr}$）、氨氮（$NH_3\text{-}N$）、生化需氧量（$BOD_5$）、总磷（TP）、总氮（TN）、高锰酸盐指数（$COD_{Mn}$）。

选取南水北调中线工程（河北段）2018年1月至2018年12月全线5个流经城市的逐月水质因子数据进行水质评价。根据其他各项以监测结果的最大值、1/2中位数和平均值作为数据与标准限值比较。

1. 南水北调中线（河北段）干渠水质实测数据

在24项常规监测指标中，有检出数据的项目共10项，其余14项指标均低于检出限值，全部断面未检出，其水质类别视为Ⅰ类，不再另做评价。化学需氧量指标部分断面没有检出。以各断面平均值数据为水质评价基础数据。

各断面水质基本情况见表2.4。

水温变化范围17.38～15.03℃，从南到北有逐渐降低的趋势；pH数据波动较小，范围在8.17～8.45；溶解氧8.63～10.35mg/L，基本呈现南低北高的变化趋势；高锰酸盐的数据在邯郸—保定干渠为1.85～2.25mg/L，石家庄—沧州干渠为2.15～

3.43mg/L。波动较小，总体呈现随渠长增长趋势；化学需氧量平均浓度为8.8～9.5mg/L，生化需氧量平均浓度在邯郸—保定干渠为0.43～1.65mg/L，石家庄—沧州干渠为0.48～1.91mg/L，从河南进入河北境内后降低，后随渠长呈增长趋势；氨氮平均浓度为0.03～0.14mg/L，总氮平均浓度为1.15～1.62mg/L；总磷平均浓度为0.01～0.04mg/L；氟化物平均浓度稳定在0.2mg/L左右。

表2.4　各断面水质基本情况

| 序号 | 水质指标 | 项目 | 邯郸 | 石家庄 | 保定 | 衡水 | 沧州 |
|---|---|---|---|---|---|---|---|
| 1 | 水温 | 最大值 | 32 | 29.8 | 31.6 | 28 | 28 |
| | | 最小值 | 4.9 | 4 | 0.9 | 4 | 1 |
| | | 中位置 | 14.5 | 16.8 | 19.15 | 17.5 | 17.5 |
| | | 平均值 | 15.03 | 16.13 | 17.38 | 15.75 | 16.8 |
| | | 标准偏差 | 8.06 | 8.75 | 9.39 | 8.69 | 7.73 |
| 2 | pH | 最大值 | 8.32 | 8.69 | 8.74 | 8.26 | 8.46 |
| | | 中位置 | 8.17 | 8.35 | 8.50 | 8.16 | 8.27 |
| | | 平均值 | 8.17 | 8.37 | 8.45 | 8.16 | 8.25 |
| | | 标准偏差 | 0.12 | 0.16 | 0.17 | 0.03 | 0.14 |
| 3 | 溶解氧<br>(mg/L) | 最大值 | 11.96 | 13.06 | 12.91 | 13.14 | 10.6 |
| | | 中位置 | 9.44 | 9.61 | 9.81 | 9.85 | 8.35 |
| | | 平均值 | 9.61 | 9.84 | 10.35 | 9.50 | 8.63 |
| | | 标准偏差 | 1.43 | 1.73 | 1.34 | 1.84 | 1.2 |
| 4 | 高锰酸盐指数<br>(mg/L) | 最大值 | 2.41 | 2.76 | 3.44 | 4.16 | 5.03 |
| | | 中位值 | 1.83 | 2.09 | 2.16 | 2.59 | 3.295 |
| | | 平均值 | 1.85 | 2.15 | 2.25 | 2.79 | 3.43 |
| | | 标准偏差 | 0.33 | 0.31 | 0.52 | 0.64 | 0.74 |
| 5 | 化学需氧量<br>(mg/L) | 最大值 | — | — | 10 | 20.00 | 18 |
| | | 中位置 | — | — | 9.8 | 8.50 | 9.6 |
| | | 平均值 | — | — | 8.8 | 9.17 | 9.5 |
| | | 标准偏差 | — | — | 1.5 | 4.71 | 2.17 |
| 6 | 生化需氧量<br>(mg/L) | 最大值 | 0.89 | 0.52 | 3.00 | 3.08 | 3.4 |
| | | 中位置 | 0.66 | 0.49 | 1.54 | 1.65 | 2.05 |
| | | 平均值 | 0.43 | 0.48 | 1.65 | 1.84 | 1.91 |
| | | 标准偏差 | 0.39 | 0.02 | 0.81 | 0.85 | 0.73 |
| 7 | 氨氮<br>(mg/L) | 最大值 | 0.25 | 0.14 | 0.11 | 0.08 | 0.25 |
| | | 中位置 | 0.13 | 0.05 | 0.04 | 0.02 | 0.13 |
| | | 平均值 | 0.13 | 0.05 | 0.05 | 0.03 | 0.14 |
| | | 标准偏差 | 0.05 | 0.03 | 0.03 | 0.02 | 0.04 |

| 序号 | 水质指标 | 项目 | 邯郸 | 石家庄 | 保定 | 衡水 | 沧州 |
|---|---|---|---|---|---|---|---|
| 8 | 总磷<br>（mg/L） | 最大值 | 0.02 | 0.01 | 0.04 | 0.08 | 0.03 |
| | | 中位置 | 0.01 | 0.01 | 0.02 | 0.04 | 0.02 |
| | | 平均值 | 0.01 | 0.01 | 0.02 | 0.04 | 0.02 |
| | | 标准偏差 | 0.0 | 0.0 | 0.01 | 0.02 | 0.01 |
| 9 | 总氮<br>（mg/L） | 最大值 | 1.87 | 1.67 | 1.71 | 3.06 | 3.76 |
| | | 中位置 | 1.31 | 1.42 | 0.98 | 1.20 | 1.42 |
| | | 平均值 | 1.15 | 1.23 | 1.42 | 1.54 | 1.62 |
| | | 标准偏差 | 0.32 | 0.07 | 0.28 | 0.91 | 0.6 |
| 10 | 氟化物 | 最大值 | 0.36 | 0.46 | 0.4 | 0.40 | 0.4 |
| | | 中位置 | 0.18 | 0.24 | 0.24 | 0.20 | 0.2 |
| | | 平均值 | 0.18 | 0.22 | 0.28 | 0.24 | 0.24 |
| | | 标准偏差 | 0.05 | 0.08 | 0.07 | 0.07 | 0.04 |

2. 南水北调中线（河北段）干渠水质评价

（1）综合污染指数评价。

综合污染指数评价结果见表 2.5。

以最大值为基本数据，干渠为合格至污染状态；以中位值为基本数据，河北段干渠总体呈合格状态；以平均值为基本数据，各断面综合污染指数在 0.54～0.97，河北段干渠水质为合格至基本合格，表明水体水质良好。根据最大值为评价数据，综合污染指数较以平均值及中位值的评价结果明显增高，水质级数上升。

邯郸—石家庄—保定干渠三组数据共同趋势为水质数据自南向北呈升高趋势。石家庄—衡水—沧州各断面数据与渠长成正比。

分析各渠段主要污染因子及其污染分担率数据发现，大部分断面污染指数的总氮分担率均高于 50%，为首要污染因子。另外，从邯郸及石家庄断面的综合污染指数分担率数据中可知，生化需氧量和高锰酸盐指数较高，化学需氧量和高锰酸盐指数对保定、衡水和沧州断面的综合污染指数分担率较高。

表 2.5　综合污染指数评价结果

| 数据 | 断面 | 综合污染指数 | 主要污染因子 | 水质分级结果 |
|---|---|---|---|---|
| 最大值 | 邯郸 | 0.89 | 总氮（70%）<br>高锰酸盐指数（11%）<br>生化需氧量（6%） | 基本合格 |
| | 石家庄 | 0.76 | 总氮（73%）<br>高锰酸盐指数（15%）<br>氨氮（6%） | 合格 |
| | 保定 | 1.09 | 总氮（52%）<br>化学需氧量（15%）<br>高锰酸盐指数（13%） | 污染 |

续表

| 数据 | 断面 | 综合污染指数 | 主要污染因子 | 水质分级结果 |
|---|---|---|---|---|
| 最大值 | 衡水 | 1.75 | 总氮（58%）<br>化学需氧量（11%）<br>高锰酸盐指数（10%） | 污染 |
| | 沧州 | 1.99 | 总氮（63%）<br>高锰酸盐指数（14%）<br>生化需氧量（13%） | 污染 |
| 中位值 | 邯郸 | 0.61 | 总氮（72%）<br>高锰酸盐指数（13%）<br>氨氮（7%） | 合格 |
| | 石家庄 | 0.62 | 总氮（76%）<br>高锰酸盐指数（14%）<br>生化需氧量（4%） | 合格 |
| | 保定 | 0.66 | 总氮（49%）<br>化学需氧量（16%）<br>高锰酸盐指数（14%） | 合格 |
| | 衡水 | 0.77 | 总氮（52%）<br>高锰酸盐指数（14%）<br>化学需氧量（13%） | 合格 |
| | 沧州 | 0.91 | 总氮（52%）<br>高锰酸盐指数（15%）<br>生化需氧量（13%） | 基本合格 |
| 平均值 | 邯郸 | 0.54 | 总氮（71%）<br>高锰酸盐指数（14%）<br>氨氮（8%） | 合格 |
| | 石家庄 | 0.56 | 总氮（73%）<br>高锰酸盐指数（16%）<br>生化需氧量（5%） | 合格 |
| | 保定 | 0.81 | 总氮（58%）<br>高锰酸盐指数（13%）<br>化学需氧量（12%） | 基本合格 |
| | 衡水 | 0.91 | 总氮（56%）<br>高锰酸盐指数（13%）<br>化学需氧量（11%） | 基本合格 |
| | 沧州 | 0.97 | 总氮（56%）<br>高锰酸盐指数（15%）<br>化学需氧量（12%） | 基本合格 |

注：主要污染因子为污染分担率前3的水质指标。

（2）综合水质标识指数评价。

综合水质标识指数评价法结果见表2.6。

表2.6　综合水质标识指数评价结果

| 评价数据 | 断面 | 单因子水质标识指数 | | | | | | 综合水质标识指数 | 评价结果 |
|---|---|---|---|---|---|---|---|---|---|
| | | 高锰酸盐指数 | 化学需氧量 | 生化需氧量 | 氨氮 | 总磷 | 总氮 | | |
| 最大值 | 邯郸 | 2.2 | 2.4 | 2.7 | 3.1 | 3.5 | 2.2 | 2.411 | Ⅱ类 |
| | 石家庄 | 1.0 | 1.0 | 1.7 | 4.1 | 1.0 | 1.0 | 2.210 | Ⅱ类 |
| | 保定 | 1.5 | 1.2 | 2.0 | 3.5 | 3.4 | 1.5 | 2.610 | Ⅱ类 |
| | 衡水 | 2.3 | 1.9 | 1.7 | 1.5 | 2.3 | 2.3 | 3.541 | Ⅲ类 |
| | 沧州 | 2.4 | 1.5 | 2.3 | 2.8 | 2.1 | 2.4 | 3.631 | Ⅲ类 |
| 中位值 | 邯郸 | 1.9 | 2.0 | 2.1 | 2.3 | 2.6 | 1.9 | 2.110 | Ⅱ类 |
| | 石家庄 | 1.0 | 1.0 | 1.7 | 1.4 | 1.0 | 1.0 | 2.010 | Ⅱ类 |
| | 保定 | 1.2 | 1.2 | 1.5 | 1.6 | 1.7 | 1.2 | 2.110 | Ⅱ类 |
| | 衡水 | 1.9 | 1.3 | 1.3 | 1.1 | 1.9 | 1.9 | 2.210 | Ⅱ类 |
| | 沧州 | 1.5 | 1.5 | 2.1 | 2.3 | 2.1 | 1.5 | 2.510 | Ⅱ类 |
| 平均值 | 邯郸 | 1.9 | 2.1 | 2.1 | 2.4 | 2.7 | 1.9 | 2.010 | Ⅱ类 |
| | 石家庄 | 1.0 | 1.0 | 1.6 | 1.5 | 1.0 | 1.0 | 1.910 | Ⅰ类 |
| | 保定 | 1.2 | 1.2 | 1.5 | 1.7 | 1.6 | 1.2 | 2.210 | Ⅱ类 |
| | 衡水 | 1.9 | 1.3 | 1.3 | 1.2 | 1.9 | 1.9 | 2.410 | Ⅱ类 |
| | 沧州 | 1.5 | 1.5 | 2.1 | 2.3 | 2.1 | 1.5 | 2.510 | Ⅱ类 |

从表2.6的水质评价结果中可以看出，以最大值数据作为评价依据，综合水质标识指数的范围为2.210～3.631，最大值位于沧州断面；以中位值作为评价数据，总体水质稳定隶属于Ⅱ类标准；以平均值角度看，属于Ⅰ类水质的有1个，属于Ⅱ类水质的渠段有4个，综合水质标识指数值由南向北呈增长趋势。

3. 模糊综合评价

应用模糊综合评价法对南水北调中线（河北段）进行水质评价，根据式（2-5）～式（2-9）计算各断面各水质指标的归一化权重值，评价结果见表2.7。

表2.7　归一化权重值

| 评价数据 | 断面 | 归一化权重值 | | | | | |
|---|---|---|---|---|---|---|---|
| | | 高锰酸盐指数 | 化学需氧量 | 生化需氧量 | 氨氮 | 总磷 | 总氮 |
| 最大值 | 邯郸 | 0.12 | 0.00 | 0.06 | 0.09 | 0.04 | 0.68 |
| | 石家庄 | 0.16 | 0.00 | 0.04 | 0.06 | 0.02 | 0.71 |
| | 保定 | 0.14 | 0.12 | 0.17 | 0.03 | 0.06 | 0.48 |
| | 衡水 | 0.10 | 0.15 | 0.11 | 0.01 | 0.07 | 0.54 |
| | 沧州 | 0.11 | 0.12 | 0.11 | 0.04 | 0.02 | 0.59 |

续表

| 评价数据 | 断面 | 归一化权重值 | | | | | |
|---|---|---|---|---|---|---|---|
| | | 高锰酸盐指数 | 化学需氧量 | 生化需氧量 | 氨氮 | 总磷 | 总氮 |
| 中位值 | 邯郸 | 0.14 | 0.00 | 0.07 | 0.07 | 0.03 | 0.70 |
| | 石家庄 | 0.15 | 0.00 | 0.05 | 0.03 | 0.03 | 0.74 |
| | 保定 | 0.14 | 0.20 | 0.14 | 0.02 | 0.05 | 0.45 |
| | 衡水 | 0.15 | 0.15 | 0.13 | 0.01 | 0.08 | 0.48 |
| | 沧州 | 0.16 | 0.14 | 0.14 | 0.04 | 0.03 | 0.48 |
| 平均值 | 邯郸 | 0.16 | 0.00 | 0.05 | 0.08 | 0.03 | 0.69 |
| | 石家庄 | 0.18 | 0.00 | 0.06 | 0.03 | 0.03 | 0.71 |
| | 保定 | 0.12 | 0.15 | 0.13 | 0.02 | 0.04 | 0.55 |
| | 衡水 | 0.13 | 0.14 | 0.13 | 0.01 | 0.07 | 0.53 |
| | 沧州 | 0.15 | 0.13 | 0.12 | 0.05 | 0.03 | 0.52 |

结合各断面各水质因子的模糊评价矩阵，计算模糊综合评价矩阵与相应断面的权重系数矩阵的乘积，根据"相乘取大法"所得到的综合评价矩阵判断相对应的综合水质类别，评价分析结果见表2.8。

表2.8　水质模糊评价结果

| 评价数据 | 断面 | 隶属度 | | | | | 综合水质类别 |
|---|---|---|---|---|---|---|---|
| | | Ⅰ | Ⅱ | Ⅲ | Ⅳ | Ⅴ | |
| 最大值 | 邯郸 | 0.26 | 0.05 | 0.00 | 0.18 | 0.50 | Ⅴ |
| | 石家庄 | 0.23 | 0.06 | 0.47 | 0.24 | 0.00 | Ⅲ |
| | 保定 | 0.38 | 0.14 | 0.00 | 0.28 | 0.20 | Ⅰ |
| | 衡水 | 0.03 | 0.25 | 0.17 | 0.02 | 0.54 | Ⅴ |
| | 沧州 | 0.05 | 0.18 | 0.17 | 0.00 | 0.59 | Ⅴ |
| 中位值 | 邯郸 | 0.30 | 0.00 | 0.26 | 0.43 | 0.06 | Ⅳ |
| | 石家庄 | 0.25 | 0.01 | 0.12 | 0.62 | 0.00 | Ⅳ |
| | 保定 | 0.53 | 0.03 | 0.43 | 0.00 | 0.00 | Ⅰ |
| | 衡水 | 0.41 | 0.10 | 0.29 | 0.19 | 0.00 | Ⅰ |
| | 沧州 | 0.39 | 0.13 | 0.08 | 0.41 | 0.00 | Ⅳ |
| 平均值 | 邯郸 | 0.32 | 0.00 | 0.48 | 0.21 | 0.00 | Ⅲ |
| | 石家庄 | 0.28 | 0.01 | 0.38 | 0.33 | 0.00 | Ⅲ |
| | 保定 | 0.44 | 0.01 | 0.09 | 0.46 | 0.00 | Ⅳ |
| | 衡水 | 0.41 | 0.07 | 0.00 | 0.48 | 0.04 | Ⅲ |
| | 沧州 | 0.37 | 0.11 | 0.00 | 0.39 | 0.12 | Ⅳ |

分析水质指标权重值的计算和归一化处理数据发现，大部分渠段的水质污染指标中，TN、$COD_{Cr}$所占权重较大，其次为高锰酸盐指数、TP。这说明水体受有机物污染比较严重，并且主要体现为氮含量超标严重。

以最大值和中位值作为评价数据时，由表 2.8 统计分析可得，评价结果不稳定，Ⅰ类至Ⅴ类评价结果均有出现，总体水质评价结果不明确。

以平均值作为评价数据时，属于Ⅲ类水质的有衡水、邯郸及石家庄段干渠，属于Ⅳ类水质的有保定、沧州干渠。总体水质由南向北呈恶化趋势。

### 2.3.2 水质预测模型

#### 2.3.2.1 水质预测模型概述

水质模型一般是指对湖泊、河流、海洋、海口等水体中污染物随空间和时间的改变迁移转化过程的数学描述，其中涉及许多物理、化学和生物领域的知识，是在水环境研究领域进行环境水质预测、水质规划、水污染控制和管理的有效手段和工具。从水质模型概念提出至今，水质模型不断发展，在理论方面，从质量平衡原理提高到先进的随机理论、模糊理论以及灰色理论等；在应用方面，也从最初的水体污染物模拟发展到现在的水环境质量评价、污染物行为预测和水资源管理与规划等各方面。

20 世纪 20 年代，美国的工程师 Streeter 和 Phelps 在对某河流污染源及其造成环境影响时，提出了最早期的氧平衡模型，后发展成为经典的 S-P 水质模型，即假定河流的自净过程存在两个过程：有机物在水中发生氧化反应的耗氧过程与大气中氧气不断进入水体的复氧过程，在两个过程的相互作用下水中溶解氧浓度达到相对平衡。之后的学者对 S-P 经典形式进行不断研究发展，提出了不同的模型修正形式，对水质模型的发展做出重要的贡献。

20 世纪 50 年代开始，由于电子计算机的兴起，水质模型有了较大的发展，美国环保局在 1970 年推出 QUAL-Ⅰ水质模型，随后不久开发出 QUAL-Ⅱ水质模型。该模型假设物质在水中的迁移方式主要为平移和弥散，是一维水质模型，其基本方程是平移-扩散质量平衡方程。该模型可以对水中 15 种水质成分进行组合模拟，既可以用于研究污染物对水体的水质影响，也可以用于非点源问题的动态模型研究，被广泛应用于河流水质预测和污染物管理规划等领域中。

1983 年美国环保局在综合了之前多个模型优点之后，提出了水质模型系统 WASP。之后 WASP 又经历了几次修订，如 WASP4、WASP5、WASP6 和目前最新版本的 WASP8。WASP 水质模型可以对河流、湖泊、河口、水库和近海岸等多种水体进行模拟分析，可以对水体运动过程中常规污染物、有毒污染物的迁移转化规律以及其水质成分相互间作用进行分析，并研究水质中的生态关系。

目前在国际上比较流行的水质模型还有美国 USGS 开发的 OTIS 模型系统，其多用于模拟河流的调蓄作用和模拟示踪剂试验，美国 EPA 发布的基于 GIS 系统的用于模拟富营养化过程和其他水质组分传输性能的 BASINS 模型系统，丹麦水动力研究所开发的一维动态水质模型 MIKE 等，其在水质模拟和水环境管理规划中起到了重要的作用。

#### 2.3.2.2 WASP7.3 水质模型程序开发说明

水质分析模拟程序（Water Quality Analysis Simulation Program），简写为 WASP，主要功能是对湖泊、河流、海洋等多种水环境中的水质进行模拟预测，还可以对污染物和有毒物质在水中的迁移转换过程进行模拟研究。

第一代版本的 WASP 诞生于 1983 年，之后经过几十年的发展，WASP4、WASP5、

WASP6、WASP7 和 WASP8 陆续开发出来。其中 WASP5 以前的版本都只能在 DOS 系统环境下运行，WASP6 版本开始可以在 Windows 系统环境下运行，在 Windows 系统环境下程序的运行速度相比之前有了很大的提高。但不同的是，WASP6 只能在 Windows98 环境下运行，而 WASP7 可以在 Windows2000 后的操作系统中运行，WASP7.3 支持 Win7 或者更高的操作系统。

WASP 水质模型由两个独立的计算机程序 DYNHYD 和 WASP 组成，这两个程序可以连接运行，也可以分别运行。水动力模型 DYNHYD 为水质模拟提供必要的水力参数，如流速、流量、水位等。WASP 是由有毒化学物质的 TOXI 模型和富营养化的 EUTRO 模型两个子程序组成的。

DYNHYD 适用条件为：假定流动为一维流动；相对于流动方向，Coriolis 和其他加速度可以忽略不计；通道深度可以改变，但水面宽度被认为基本不变；波长远大于水深；底部坡度适中。

流体动力学模型 DYNHYD 的基本方程是 Saint-Venant 的方程，包括运动方程和连续性方程。

DYNHYD 程序使用有限差分法求解上述方程，将要计算的水系统推广到计算网络中，并求解离散网格点上的流速和水头。

WASP 是可用于分析各种水域的动态分段模型。WASP 基于质量守恒。该原则要求使用一种或几种方法来调查每个水质成分。WASP 水质模块的基本方程是一个平移-扩散传质方程，它可以描述任何水质指标的时空变化，如式（2-10）所示。

$$\frac{\partial C}{\partial t} = -\frac{\partial (U_x C)}{\partial x} - \frac{\partial (U_y C)}{\partial y} - \frac{\partial (U_z C)}{\partial z} + \frac{\partial (E_x C)}{\partial x} +$$

$$\frac{\partial (E_y C)}{\partial y} + \frac{\partial (E_z C)}{\partial z} + S_L + S_B + S_K \tag{2-10}$$

式中　$U_x$、$U_y$、$U_z$——水体对流速度，m/s；

$E_x$、$E_y$、$E_z$——水体扩散系数；

$C$——污染物浓度，mg/L；

$t$——时间步长，s；

$S_L$——点源、线源及面源负荷，g/($m^3 \cdot$ d)；

$S_K$——总转换系数，g/($m^3 \cdot$ d)；

$S_B$——边界负荷，g/($m^3 \cdot$ d)。

WASP 水质模型相比于其他水质模型有很多优点：灵活性强，能模拟大部分水体，如河流、湖泊、河口、入海口和海洋等水体；适用性广，能模拟大部分水质问题，如溶解氧、富营养化、COD、BOD、有毒物质和金属等；模块比较灵活，能和多种模型进行耦合；多种处理方案，可选择简单、中级、复杂等处理方式。目前最新版本的 WASP 模型是 WASP8，其适用的水体范围更广，涉及的污染物种类相比之前更加全面；输出结果可以为表格，也可以为 Offfice 文件，还可以是可视化图形。

但 WASP 也有自己的缺点：WASP 的研究对象一般只能为完全混合的水体，如排污口附近、污染源头等这类问题不能进行模拟研究；WASP 的研究对象也不能为非水相液体，如油、不溶于水的有机液体等；对于部分重金属的模拟，该模型无法模拟其变化过程。虽然有着一些缺点，但是凭借着其在河流、海洋等水体中优秀的模拟结果，WASP模型在国外应用比较广泛。近几年来，国内学者与科研机构也开始陆续应用WASP解决国内水环境中的一些问题，并取得了良好的结果。

如图2.1所示，在经历了开发者几个版本的设计与改进后，Windows环境下的WASP7.3界面不但满足了模型的完整性，还保持了模型界面的简单明了，所有的文件输入、参数设置、结果输出和模型执行等操作均在工具栏中列出。

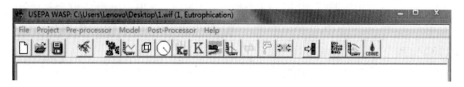

图 2.1　WASP 模型操作界面

**1. 模型原理**

**（1）质量平衡方程。**

WASP模型实质上就是平流-扩散质量模型，模型涉及平流、扩散项和汇入项，考虑边界场和初始场的影响，同时还涉及污染物质在水体中的物理、化学变化，其根本模型就是质量平衡方程，如图2.2所示。将研究对象流向方向设为 $x$ 轴，水平垂直于流向方向为 $y$ 轴，垂直于水面方向为 $z$ 轴，对于一个微小的水体单元来说，其中某一污染物的质量平衡方程为式（2-11）。

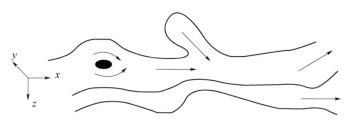

图 2.2　质量平衡方程示意图

$$\frac{\partial C}{\partial t} = \frac{\partial (U_x C)}{\partial x} - \frac{\partial (U_y C)}{\partial y} - \frac{\partial (U_z C)}{\partial z} + \frac{\partial}{\partial x}\left(E_x \frac{\partial C}{\partial x}\right) +$$

$$\frac{\partial}{\partial y}\left(E_y \frac{\partial C}{\partial y}\right) + \frac{\partial}{\partial z}\left(E_z \frac{\partial C}{\partial z}\right) + S_L + S_B + S_K \qquad (2\text{-}11)$$

式中　$U_x$、$U_y$、$U_z$——水体对流速度，m/s；

$\quad\quad E_x$、$E_y$、$E_z$——水体扩散系数；

$\quad\quad\quad\quad C$——污染物浓度，mg/L；

$\quad\quad\quad\quad t$——时间步长，s；

$\quad\quad\quad S_L$——点源、线源及面源负荷，g/(m³ · d)；

$\quad\quad\quad S_K$——总转换系数，g/(m³ · d)；

$\quad\quad\quad S_B$——边界负荷，g/(m³ · d)。

但WASP模型中模拟的一般是一维形式下的水动力学，所以在研究WASP的质量平衡方程时，可以假定水体的横向跟纵向均已混合均匀，通过整合式（2-11）中的 $y$ 与 $z$ 轴方向上的质量平衡，我们可以得到一维形式下的水质质量平衡方程式（2-12）：

$$\frac{\partial}{\partial t}=\frac{\partial}{\partial x}\left(-U_x AC + E_x A \frac{\partial C}{\partial x}\right) + A(S_L + S_B + S_K) \tag{2-12}$$

式中　$A$——水体的横截面面积，$\mathrm{m}^2$。

（2）EUTRO 模块。

WASP 模型中有许多模块，包括 Eutrophication（水体富营养化）、Advanced Eutro（高级有机污染物）、Simple Toxicant（简单毒性物）、Non-Ionzing Toxicant（非毒性物）、Organic Toxicants（有机毒性物）、Mercury（汞）、Heat（热）和 Meta4 等，针对南水北调中线干渠水体的研究对象主要为总氮、总磷和叶绿素含量，所以选择富营养化模块（Eutrophication，以下简称 EUTRO 模块）即可实现模拟预测。

该模块可以对常见的 8 种水质指标进行模拟，有生化需氧量、溶解氧、氨氮、硝酸盐氮、有机氮、有机磷、溶解性磷和叶绿素 a 的指标，并且各种污染物和水质指标之间相互影响。EUTRO 模块就是通过各种指标间的相互作用关系，对水体的某一种或多种水质指标进行模拟预测。针对南水北调中线干渠的水质模拟，主要研究对象为 TN、TP 和叶绿素，因此这里重点介绍 EUTRO 模块的使用。

2. 模型参数分析

根据 WASP7.3 模型界面的介绍，可以清楚地认识到 WASP 的大部分参数都是在工具栏中由用户输入或表格文件导入的，如环境变量、时间变量、边界场、初始场和动力学参数等。

（1）模型基础参数设置。

在 WASP7.3 工具栏中点击 Data Set 按键，出现如图 2.3 所示的界面，进入模型基础设置。在模型基础设置界面下，我们可以对模型进行命名和描述，选择模型的基础类型，设置模拟的起止时间，选择水动力模型，确定时间步长等。

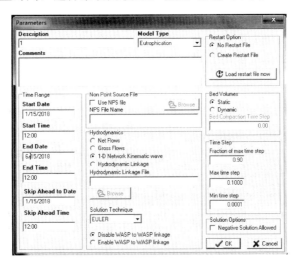

图 2.3　模型基础设置

（2）模型块设置。

WASP 中的"块"概念即是将研究对象按一定规律分为多个研究区域。根据对研究水体环境的调查，我们可以将各区段的基本信息（长、宽、体积、流速、坡度、粗糙度等）、研究所需特定参数、初始浓度和比例等数据输入如图 2.4 所示的项目中。

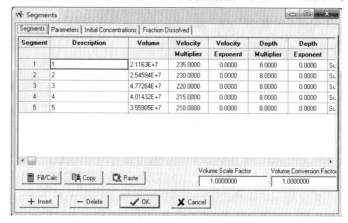

图 2.4 "块"信息的输入

（3）模型参数及常数设置。

用户可以根据模拟需要、实际情况，对模型的参数变量和常数进行设置，我们常用到的主要参数和常数有：BOD 降解率及其矫正系数；高程矫正系数；氨氮降解率及其矫正系数；复氧系数；底泥需氧量及其矫正系数；温度函数及其比例因子等 15 个模型系统参数、27 个模型参数跟 19 个模型参数，如图 2.5 至图 2.7 所示。

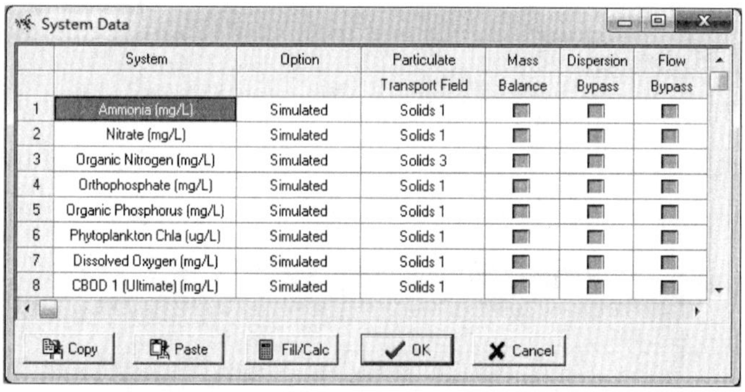

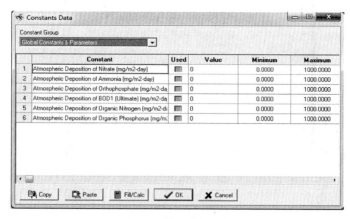

图 2.5 模型系统数据

图 2.6 模型常数设置

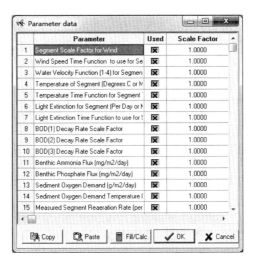

图 2.7　模型参数设置

（4）点源与非点源污染负荷。

污染负荷一般指点源或非点源的直接、瞬时或短暂排放，只和排放源强有关，与流量流速等无关。污染负荷比例系数也需在该项目中进行设定，我们可以通过转换系数来成倍地扩大或缩小污染负荷量，一般情况下设定为 1 即可。如果想模拟在增大污染负荷或者缩小污染负荷之后的水质变化，不需要重新输入污染负荷量，只需要将系数改变为 2 或 0.5 即可，如图 2.8 所示。

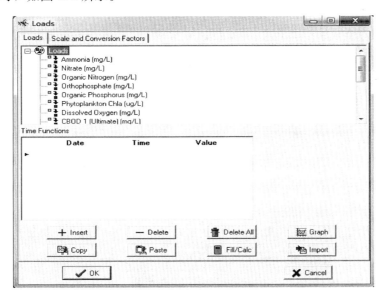

图 2.8　污染负荷及其转化系数

（5）时间函数设置。

时间函数不是简单地设置模拟时间，而是要设置不同时间段的环境变量。如图 2.9 所示，根据模型需要选择所需的时间函数，如水温-时间函数、光照-时间函数、流速-时间函数、风速-时间函数，并同时设置环境变量在各个时间段的取值。

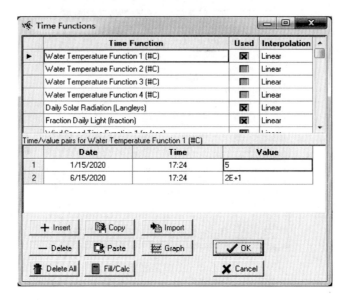

图 2.9　时间函数设置

（6）离散交换。

在河流存在支流或者海域存在多个入海口时，需要在交换选项中设置离散交换。如图 2.10 所示，交换选项一共有四个模块，需要设置地表水交换或间隙水交换、发生交换的起止河段编号、发生交换的河段面积及交换值。

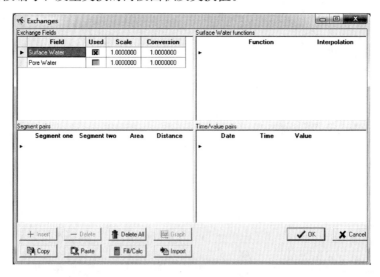

图 2.10　离散交换设置

（7）流量设置。

如图 2.11 所示，流量设置有地表水、间隙水、固态等六种模式供用户选择，根据模型需要可以选择一种或多种模式进行流量设置。流量设置与离散交换设置类似，在选择模式和相对应的函数之后，在模块中还要输入流量的起止区段和各时间段所对应的流量值。

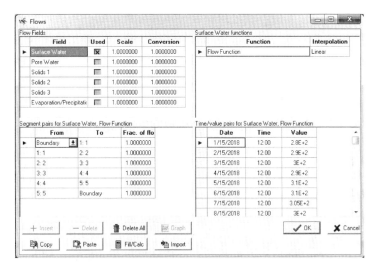

图 2.11　流量设置

（8）边界场设置。

边界条件的设定即是为了模拟在研究区域外的环境因子对研究对象的影响，外部环境与研究区段的物质交换，一般设立了流量模式，边界条件也会自动确立。没有流量资料则无法设立边界条件。如图 2.12 所示，在第二个选项栏中可以设置边界场比例系数，一般情况下为 1，若想要模拟两倍的边界条件，不需要重新设置边界场流量，只需要将比例系数调为 2 即可。

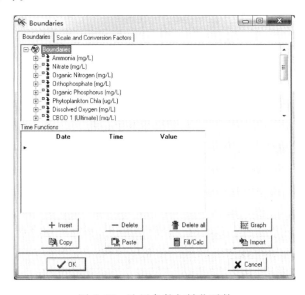

图 2.12　边界条件与转化系数

3. 模型执行及可视化操作

（1）模型执行操作经过模型的参数输入，在确保不缺失数据的情况下就可以开始模型的执行操作。WASP7.3 的模型执行过程中，首先会进行数据效果的检验，确定输入的数据及模型参数的有效性。若数据的有效性和完整性存在错误，输出界面会显示错误提醒；若数据及参数检验无误，运行窗口会显示目标污染物在各区段、各时间段的模拟结果。并且在界面输出结果的同时，会在文件夹中生成一个输出结果文件，通过输出控制选项，可以同时生成 Office 环境可浏览的表格文件。

（2）模拟结果可视化模型正常执行完成后，会在文件夹下生成一个 .bmd 的输出文件。WASP7.3 的模拟结果可以通过 Post Processor 后处理相关操作来实现可视化操作，通过生成的折线图或散点图可以更直观地显示研究变量的变化趋势，实现对模拟数值和实际数值的对比观察。

### 2.3.2.3 基于 WASP 水质模型的南水北调中线工程（河北段）干渠水质预测

1. 基于 WASP 水质模型适用性分析

（1）河道的概化。

自然河流在一般情况下存在较多支流、分流和错综复杂的地下河网，需要以主干流为主要研究对象进行河流的概化以提高模拟的计算速度和实用性。概化之后的河流需要在流量流速、环境变量和水力特性等方面与原河流的误差值满足模拟精度，不会对模拟结果产生很大影响，还需要对河网进行精简，使问题变得简单可行，使其满足计算机模拟要求。以上便是河网概化的基本要求和原则。

以南水北调中线干渠河北渠段水体为研究对象。全长相比于自然河流，南水北调中线干渠河北段的河道则更要简单易行。研究对象为全长 466km 的输水渠段，沿太行山东麓与京广铁路之间的浅山丘陵或山前平原北行，自河南省安阳市丰乐镇西穿过漳河进入，于涿州市西疃村北穿越北拒马河中支进入北京市境内。在研究中不考虑支流汇入及输出，只研究干渠渠道水体。

（2）河道的分段。

河流分段的标准是：在支流汇入或离开的地方；在水力学特征变化幅度大的地方；在河床水文特征变化幅度大的地方；在取水量较大的取水口；在存在监测点或具备实测数据的典型断面处等。根据收集的资料，综合考虑水文特征、流量变化跟监测点设置等情况，将输水渠段分为 5 段，见表 2.9，查阅文献《南水北调中线一期工程长距离调水水力调配与控制技术研究及应用》总干渠粗糙率论证报告等相关资料，可以分别得到 5 个渠段的流量、渠道宽度、渠道深度、渠底粗糙度等信息，体积可以通过已得到长宽及深度信息进行概算。对于坡度的概算，因中线干渠水体基本靠地势高差进行自流，丹江口水库常水位 170m，北京市平均海拔 43.5m，工程输水渠段全长 1276km，经计算后坡度取平均值 0.0001。

合理的概化和分段能够使模拟研究变得简单易行，并且能够将对水质影响微小的因素去除，保留对水质模拟影响较大的因素。先概化分段，再将每段的研究数据进行集中处理，可以使我们在尽可能地接近实际情况，把握水质整体状况的同时，快速地解决问题。

2. 模型参数输入

（1）建立输入文件。

建立南水北调中线干渠富营养化水质模型，对于水质指标总氮、总磷和叶绿素 a 选择 EUTRO 模块进行模拟运算。根据研究目的设置模拟开始时间为 2018 年 1 月 15 日，结束时间为 2018 年 6 月 15 日。模型水动力模块选择 Gross Flows。模型时间步长设定为 1，最大和最小时间步长取默认值。

（2）渠段信息的输入。

根据对南水北调中线干渠的概化与分段情况，输入 5 个渠段的基本信息、区段参数、污染物指标的初始浓度和相应的比例。其中各个渠段的基本信息包括河道的长度、宽度、深度、体积、水层类别、流速等，中线干渠相关数据见表 2.9。区段参数包括水温、水温变化函数、水体消光度、底泥需氧量、太阳辐射系数、风速等，根据实际需要进行填写。污染物初始浓度的输入包括总氮、总磷、叶绿素 a 等指标在各个渠段的浓度。污染物溶解比例采用默认值 1。

表 2.9  渠道分段信息

| 渠段 | 渠道长度（km） | 流量（m³/s） | 渠道底宽（m） | 深度（m） | 体积（m³） | 粗糙率 | 坡度 |
|---|---|---|---|---|---|---|---|
| 南流寺—邯郸 | 65.3 | 235 | 8 | 39.90 | 21162960.00 | 0.015 | 0.0001 |
| 邯郸—邢台 | 58.00 | 230 | 8 | 38.80 | 25452800.00 | 0.015 | 0.0001 |
| 邢台—石家庄 | 133.00 | 220 | 8 | 36.66 | 47804640.00 | 0.015 | 0.0001 |
| 石家庄—保定 | 109.00 | 215 | 8 | 36.10 | 40143200.00 | 0.015 | 0.0001 |
| 保定—拒马河 | 94.00 | 210 | 8 | 35.09 | 35651440.00 | 0.015 | 0.0001 |

（3）模型参数与常数。

目前国内尚未出现对南水北调中线干渠各参数的率定的相关研究，因此在模型设计中，主要参照 WASP 用户手册中给定的常用模型参数、常数取值或取值范围。通过查阅文献和参数估计，对模型中参数进行多次率定，确定得出南水北调中线干渠水质模型参数，率定后的模型参数见表 2.10。

表 2.10  水质模型参数率定值

| 名称 | 单位 | 模型取值 |
|---|---|---|
| 20℃硝化速率常数 | $d^{-1}$ | 0.1 |
| 硝化反应的温度系数 | — | 1.07 |
| 硝化反应的氧限制半饱和常数 | mg/L | 0.1 |
| 20℃反硝化速率 | $d^{-1}$ | 0.045 |
| 反硝化速率温度系数 | — | 1.04 |
| 20℃生化需氧量衰减系数 | $d^{-1}$ | 0.15 |
| 衰减系数的温度系数 | — | 1.047 |
| 20℃复氧系数 | $d^{-1}$ | 0.039 |
| 复氧系数温度系数 | — | 1.028 |
| 20℃浮游植物最大生长率 | $d^{-1}$ | 9.12 |
| 浮游植物生长温度系数 | — | 1.07 |
| 20℃浮游植物呼吸速率 | $d^{-1}$ | 0.1 |
| 呼吸速率温度系数 | — | 1.08 |
| 20℃浮游植物死亡速率 | $d^{-1}$ | 0.005 |

3. 模型验证

在输入流量数据、边界条件和污染负荷等条件后点击运行，WASP窗口界面会输出各渠段各时间段的溶解氧、总氮、总磷和叶绿素a污染物的水质数据，与本研究中模型预测的5个渠段总氮、总磷相对中值误差统计结果见表2.11。

表 2.11  水体模型预测水质指标相对中值误差

| 渠段 | 总氮 | 总磷 |
|---|---|---|
| 南流寺—邯郸 | 0.63% | 0.36% |
| 邯郸—邢台 | 0.32% | 0.72% |
| 邢台—石家庄 | 1.27% | 1.12% |
| 石家庄—保定 | 1.87% | 1.53% |
| 保定—拒马河 | 2.53% | 2.98% |

根据《水污染物排放许可证技术报告编写指南》中有关模型精度的要求，误差在±40%以内都是容许的。由表2.11可知，从总氮（WASP模型中为氨氮、硝酸盐氮和亚硝酸盐氮的加和）、总磷模拟预测结果看，5个研究渠段各指标相对中值误差均低于40%，所以本研究中所建立的南水北调总氮、总磷和叶绿素a模型是可行可靠的。

为进一步验证关于氮磷大气沉降为总干渠主要营养源的猜想，以及营养负荷与孢子沉降量等估算方法的准确性，设计相应的试验方案，开展相应的现场监测与实验室模拟等工作，结合上文中所用数学建模方法，获取总干渠氮磷大气沉降量、藻类的内禀增长率、半饱和常数及其输入速率常数等参数的时空分布规律。在此基础上，可建立总干渠富营养化动态风险预测模型，为南水北调水质安全保障提供技术支撑。

4. 南水北调中线（河北段）干渠水质变化预测

根据WASP水质预测模型，对从2019年至2025年的水质变化情况进行估算预测。结果见表2.12、表2.13。

表 2.12  总氮浓度预测

| 渠段 | 2018（mg/L） | 2020（mg/L） | 2022（mg/L） | 2025（mg/L） |
|---|---|---|---|---|
| 南流寺—邯郸 | 1.27 | 1.33 | 1.42 | 1.48 |
| 邯郸—邢台 | 1.33 | 1.47 | 1.56 | 1.59 |
| 邢台—石家庄 | 1.43 | 1.56 | 1.7 | 1.78 |
| 石家庄—保定 | 1.47 | 1.63 | 1.78 | 1.89 |
| 保定—拒马河 | 1.68 | 1.92 | 2.12 | 2.32 |

表 2.13  总磷浓度预测

| 渠段 | 2018（mg/L） | 2020（mg/L） | 2022（mg/L） | 2025（mg/L） |
|---|---|---|---|---|
| 南流寺—邯郸 | 0.012 | 0.017 | 0.024 | 0.035 |
| 邯郸—邢台 | 0.015 | 0.02 | 0.032 | 0.045 |
| 邢台—石家庄 | 0.016 | 0.025 | 0.041 | 0.067 |
| 石家庄—保定 | 0.018 | 0.036 | 0.062 | 0.12 |
| 保定—拒马河 | 0.015 | 0.021 | 0.043 | 0.073 |

　　根据表 2.12 与表 2.13 所示，通过对六年内氮磷浓度变化的估算预测结果分析，因为水体中动植物和底泥对营养元素的富集作用，氮磷浓度总体呈现上升趋势，其中部分渠段，如保定渠段富营养化水平十分严峻。

　　对于氮元素浓度分布情况，上述渠段预测浓度将逼近 2mg/L 的浓度阈值。对于磷元素浓度分布情况，各渠段末端总磷浓度将超过 0.1mg/L，超过地表水环境质量标准Ⅲ类水体，根据预测值保定渠段磷浓度将达到 0.12mg/L，水质处于富营养化情况，届时将严重影响受水区取水安全。

## 2.3.3　藻类变化模型

### 2.3.3.1　藻类增殖成因分析研究

　　营养盐是藻类生长和繁殖的决定性因素，氮（N）是藻类细胞蛋白与色素的重要来源，磷（P）是生物代谢的重要制约因素，两者在天然水体的富营养化过程中发挥着重要的作用。但营养物质过多，会造成水体的富营养化，不但会使藻类过度生长，水质变差，生态系统的稳定性遭到破坏，还会影响居民的饮用水取水安全，并且藻类只有在较高的氮磷浓度下才能过量繁殖形成水华。

　　Reynolds 研究发现尽管 N 和 P 在天然水体的富营养化过程中扮演着重要角色，但自然界中的磷化合物的迁移性低于氮化合物，P 对浮游生物的限制比 N 大，因此 P 为限制藻类生长与繁殖的最主要因素。黄钰铃通过氮磷浓度、水温和光照等因素的正交试验中得到，对于铜绿微囊藻而言，0.8mg/L 的磷浓度与 3.6mg/L 的氮浓度为藻类的最适生长环境，藻类迅速繁殖并出现水华现象。Hill 在研究氮磷等非生物变量与底栖藻类生长之间关系发现，当 P 浓度在 5～300mg/L 的范围内变化时，藻类的生物量与代谢强度增加 2～3 倍，当 P 浓度小于 25μg/L 时，P 成为藻类生长的主要限制因素。Bowes 通过硫酸铁降低试验水体中的 P 浓度，发现当 SBP 浓度于 90mg/L 时，藻类生物量开始明显减少，当浓度降至 40mg/L 时，生物量下降 60%，证实了 P 对藻类生长速率的限制作用。

　　研究表明，氮磷浓度对浮游植物生长的促进作用并不是没有上限的，只有在一定的氮磷浓度条件下水华才会发生，高于或者低于这个浓度都会对水华进行有效控制。Rier 在研究 Harts RUN 的水体中氮磷浓度与藻类生长率和生物量高峰的关系时发现，SRP 浓度在 16μg/L 与 DIN 浓度在 86μg/L 的情况下，藻类生长速率达到最大值的 90% 甚至更高，这时的浓度比产生最大生物量所需的浓度低 3～5 倍。

　　另外，环境中的 N/P 值也会影响藻类种群的生长与更替。不同种类的浮游植物对营养盐的吸收效率不尽相同，当 N/P 值发生剧烈变化时，浮游植物对营养盐的吸收会受到影响而导致优势种群的改变。郑爱榕研究发现当 N/P 高于 30 时，P 成为主要的限制因素，当该值低于 5 时，N 成为主要的限制因素，当 N/P 为 16 时是试验藻类的最佳氮磷浓度比。

### 2.3.3.2　藻类生长模型

　　藻类生长模型分为两类：第一类是藻类自身因外部限制性条件的关系而建立起来的个体生长速率模型；第二类是针对藻类种群繁殖机理建立的藻群生长速率模型。

　　1. 个体生长速率模型

　　自从认识到藻类的生长与营养盐浓度的关系后，许多学者开始对浮游植物吸收营养盐的动力学过程进行了研究。研究海洋植物的营养盐吸收动力学，可以了解浮游植物对营养盐的作用和营养盐对海洋初级生产力的调控机制，并通过获得的参数对浮游植物的生态习性和特点做出推断及阐释，从而了解它们在整个生态系统中的作用和功能。在这一类模型中，Monod 方程和 Droop 方程是两个基本的动力学方程，它们将营养盐可利用性与微型生物生长直接联系起来。

Monod 方程表达了稳态状况、营养盐限制条件下藻类生长速率与细胞外部营养盐之间的关系，其中定义了半饱和常数 $K_S$，即当藻类生长速率达到最大生长速率一半时的物质浓度。它成功地应用于实验室培养条件下两个种群间的资源竞争。

Monod 模型描述生物生长速率与营养物质含量的关系，见式（2-13）。

$$\mu = \mu_{max} \frac{S}{K_S + S} \tag{2-13}$$

式中　$\mu$——某种生物的生长速率；

　　　$\mu_{max}$——某种生物的最大生长速率；

　　　$S$——营养物质的实际浓度；

　　　$K_S$——营养物质的半饱和浓度。

藻类生长受到多种因素的共同制约。氮和磷是影响藻类生长的主要营养物质，所以藻类的生长速率可以表示为式（2-14）。

$$\mu = \mu_{max} \frac{P_S}{K_P + P_S} \times \frac{N_S}{K_N + N_S} \tag{2-14}$$

式中　$P_S$、$N_S$——用于光合作用的磷含量和氮含量；

　　　$K_P$、$K_N$——相应的半饱和常数。

1967 年，Dugdale 第一次提出，稳态时 $NO_3^-$、$NH_4^+$ 的吸收理论模型用著名的酶促动力学米氏方程表示，它用来描述稳态时藻类对营养盐的吸收速率和外部营养盐浓度的关系，该方程已被许多学者用来描述藻类的吸收动力学。当外界营养盐浓度较低时，外加营养盐对吸收有显著的促进作用，而当介质中的营养盐浓度达到一定程度时，继续外加营养盐对其吸收无多大促进作用。在稳态条件下，米氏方程中的吸收速率相当于Monod 方程中的生长速率。但由于该模型既未考虑营养盐过度吸收现象，也未考虑营养盐和生物的时空异质性，所以并未完善地表达出藻类动态变化的驱动机制。

Droop 认识到营养盐过度吸收的重要性，将藻类生长速率与细胞内部营养库大小或细胞营养储额（cell-quota）联系起来，建立了 Droop 模型。实验室培养试验和野外调查结果证实，它适用于大多数限制性营养盐条件。将其作为管理模型使用时，需要考虑细胞内部营养库物质平衡以及物质交换对内部营养库的贡献。但需要了解细胞内部营养吸收动力学过程，就增加了复杂性，降低了此模型的易使用性。Droop 模型的主要缺陷在于，它将藻类生长描述为细胞生理特征，其实藻类生长是细胞内外环境的综合反映。由于它仅仅将细胞营养储额与生长率联系起来，因此不能估计外部营养盐的影响。在非限制营养盐条件下，该方程不成立。Auer 等基于野外试验，提出了磷的临界值概念，即细胞生长所需磷浓度的阈值，修正了 Droop 模型，并将贫营养、中营养和富营养水平联系起来。藻类吸收营养盐和藻类自身吸收营养盐而生长，是两个不同过程。

Bierman 等以磷为例，提出了两步过程模型。第一步是藻类对磷的吸收。藻类对磷的吸收速率随细胞内部磷碳比或细胞营养储额大小而变化，随细胞外部溶解性活性磷浓度的增加而增加，直至最大。初始亲和特性参数，它反映生物对营养的需求，有时取为常数。最大吸收速率取决于细胞营养储额大小，营养储额最小的细胞有最大的吸收速率。第二步过程是藻类自身生长。按 Droop 方程，藻类生长速率取决于细胞营养储额，其生长速率随细胞营养储额增大而增大，直到最大。

2. 藻群生长速率模型

藻群生长一般经历延缓期、指数生长期、相对生长下降期、静止期四个阶段，由此表现出"S"形曲线，生物体在一个完整的生长过程中其生长速度通常具有慢—快—慢的共同特征，它的累积生长量最初较小，随时间的延长逐渐增大，最终稳定在一个饱和值上，这一过程若用曲线来表示，是一条拉长的"S"形曲线，任意两个生长过程都不会完全相同，它们的差异受许多因素的影响，如生物物种、生态环境、生物层次、观测指标、时间序列等，这使得自然界中存在的生长过程特征具有明显的多样性，每一个生长过程都可以表示为一条特定形状的"S"形曲线，或者说是"S"形曲线的一个特定部分。总体说来，生物生长模型主要运用指数增殖模型及逻辑斯蒂增长模型。

（1）指数增殖模型。它是种群生态学中最早建立的一个经典的数学模型，现广泛用于浮游植物生长过程，指数增长形式，式（2-15）为：

$$N = N_0 e^{\mu t} \tag{2-15}$$

式中　$N$——变化后的生物总生长量；

　　　$N_0$——变化前的生物总生长量；

　　　$\mu$——藻类的比增长率；

　　　$t$——时间。

指数增长曲线表现为"J"形曲线。实际上，种群的规模，或者说它的密度对种群规模的增长有制约作用，当时间 $t$ 较短时，种群的规模按指数规律增长，即适合指数增殖模型，但时间较长时，种群规模的增长将呈饱和趋势，此时就不太符合指数增殖模型。

藻类的比生长速率受到许多因素影响，比较熟知的因素有环境条件，如光照和水温，水中的营养成分也是很重要的影响因素。除了以上因素，藻类群落中物种的竞争也是影响因素之一。当水体环境处于生态稳定时，其值具有上限，即是比生长速率的最大值 $\mu_{max}$。陈德辉等人培养了多种藻类进行试验，在对数生长期内，每天对藻类的数量进行检测计数并记录。该数据用来确定每种藻类每天的比生长速率，其最大值即为 $\mu_{max}$。研究每种藻类的 $\mu_{max}$ 与藻类的初始密度、光照强度、水温和营养成分的浓度等因素之间的关系，发现比生长速率随着环境条件的变化而连续变化，同时 $\mu_{max}$ 也会跟随变化。

（2）逻辑斯蒂增长模型。1838 年，Verhulst 提出了著名的 Logistic 模型，后该模型于 1920 年由 Peal 和 Reed 再次提出，被广泛地用来描述生物种群的增殖，至今仍然是生物种群生态学的基本公式之一。Logistic 模型形式如下：

$$N_t = \frac{k}{1 + \dfrac{k - N_0}{N_0} \times e^{-rt}} \tag{2-16}$$

式中　$N_t$——$t$ 时刻生物总生长量；

　　　$N_0$——初始值参数；

$r$——种群的内禀增长率；

$k$——环境的容纳量，曲线表现为"S"形，反映了物种的内在特性，$k$ 反映了资源丰富的程度，表征了环境能容纳此种群个体的最大数量。

Logistic 模型表明，种群规模的相对增长率与当时所剩余的资源分量成正比，种群密度对种群规模增长的这种抑制作用，称为密度制约。Logistic 模型克服了 Malthus 指数增殖模型中忽略资源限制的问题，适用于描述细菌、浮游藻类等低等生物的生长，成为种群生态学中的一个重要模型而被广泛应用。

### 2.3.3.3 南水北调中线（河北段）干渠藻类增殖预测

随着大量南水北调中线工程的开通，以南水北调水为水源的配套水厂的逐步投入使用，这些水厂运营过程中也出现了一些问题。近年来，河北省境内南水北调干渠及配套水厂存在藻类异常增殖、pH 显著上升的现象，南水北调中线水体富营养化呈增长趋势，在夏季尤为突出。南水北调水源水藻类的爆发以及原水 pH 的升高，会影响混凝效果，引起一系列水厂生产问题。为了应对高藻高碱的威胁，要对干渠水质进行实时监测，并提前预测水质的营养状态和藻类的数量。

通过构建适用于南水北调中线干渠水体的藻类增殖模型，对南水北调中线干渠的水质变化情况、藻类数量变化情况进行估算。

1. 南水北调中线（河北段）干渠藻类实测数据

选取南水北调中线工程（河北段）2018 年 1 月至 2018 年 12 月全线 5 个流经城市的逐月水质因子数据进行水质评价。根据其他各项以监测结果的最大值、1/2 中位数和平均值作为数据与标准限值比较，见表 2.14。

**表 2.14 南水北调中线（河北段）干渠基础数据**

| 渠段 | 程长（km） | 时间（d） | 氮（mg/L） | 磷（mg/L） | 藻类（万个/L） |
|---|---|---|---|---|---|
| 南流寺—邯郸 | 65.3 | 0.76 | 1.27 | 0.012 | 613.2 |
| 邯郸—邢台 | 58 | 0.67 | 1.33 | 0.015 | 992 |
| 邢台—石家庄 | 133 | 1.54 | 1.43 | 0.016 | 1384 |
| 石家庄—保定 | 109 | 1.26 | 1.47 | 0.018 | 1521 |
| 保定—拒马河 | 94 | 1.09 | 1.68 | 0.015 | 1588 |

2. 藻类增殖计算

（1）藻类增长速率的计算。

不同藻类的半饱和常数与最大生长速率都不尽相同。王英英在对太浦河藻类生长的研究中发现，硅藻门的小环藻的最大生长速率在氮、磷浓度梯度下分别为 0.594 和 0.359，磷为单一性限制底物时半饱和常数 $K_{SP}$ 为 0.002mg/L，氮为单一性限制底物时半饱和常数 $K_{SN}$ 为 0.120mg/L，可见小环藻对磷具有更强的亲和性，磷盐浓度的增加更有利于该藻的生长。卜发平在对临江河回水河段藻类的正交试验中得到，藻类的最适宜生长条件为：平均水温 22℃，硅酸盐浓度为 1.98mg/L，光照为 4000～4200lx，水动力为 60r/min，此时的生长速率为 0.912d$^{-1}$，其中氮、磷的半饱和浓度分别为 0.326mg/L、0.163mg/L。周贤杰在跟踪监测 10 条三峡库区的典型次级河流时发现，在温度为

20℃、光照为 8000lx、氮磷摩尔比为 30：1 的环境条件下，藻类的最大生长率为 1.16，氮磷营养盐的半饱和浓度分别 $K_{DIN}=865\mu mol/L$，$K_{PO}-P=0.29\mu mol/L$。

在适宜条件下，藻类的最大生长速率为 $0.912d^{-1}$，氮磷营养盐的半饱和浓度分别为 $K_N=0.326mg/L$，$K_P=0.163mg/L$，则

$$\mu=e^{0.912}\times\frac{N_S}{0.326+N_S}\times\frac{P_S}{0.163+P_S}$$

得到南水北调中线干渠河北段各渠段的藻类平均生长速率，结果见表 2.15。

表 2.15　平均生长速率估算表

| 渠段 | 程长（km） | 氮平衡浓度（mg/L） | 磷平衡浓度（mg/L） | 生长速率（$d^{-1}$） |
|---|---|---|---|---|
| 南流寺—邯郸 | 65.3 | 2.23 | 0.012 | 0.15 |
| 邯郸—邢台 | 82 | 1.72 | 0.015 | 0.18 |
| 邢台—石家庄 | 163 | 1.03 | 0.016 | 0.17 |
| 石家庄—保定 | 139 | 1.02 | 0.018 | 0.19 |
| 保定—拒马河 | 127 | 1.12 | 0.015 | 0.16 |

（2）沿线藻类数量估算。

假设目前中线干渠流速为 1m/s，根据 Monod 模型算得的藻类生长速率，以指数增殖模型计算南水北调中线干渠沿线藻类数量见表 2.16。

表 2.16　藻类数量估算表

| 渠段 | 程长（km） | 总程长（km） | 流速（m/s） | 时间（d） | 总天数（d） | 起始处藻类个数（万个/L） | 终点处藻类个数（万个/L） |
|---|---|---|---|---|---|---|---|
| 南流寺—邯郸 | 65.3 | 65.3 | 1 | 0.76 | 0.76 | 589.06 | 659.24 |
| 邯郸—邢台 | 58 | 123.3 | 1 | 0.67 | 1.43 | 659.24 | 779.34 |
| 邢台—石家庄 | 133 | 256.3 | 1 | 1.54 | 2.97 | 779.34 | 1072.03 |
| 石家庄—保定 | 109 | 365.3 | 1 | 1.26 | 4.23 | 1072.03 | 1449.70 |
| 保定—拒马河 | 94 | 459.3 | 1 | 1.09 | 5.32 | 1449.70 | 1840.77 |

将藻类沿程数量作图，如图 2.13 所示，从图中可以直观地看出，模型所得沿线藻类数量与南水北调中线沿线的实际藻类数量调研数据拟合较好。中值误差为 14%，但邯郸—石家庄段模拟值与实测值中值误差为 21%，误差较大。

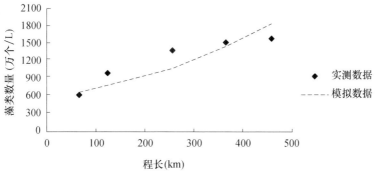

图 2.13　藻类数量空间分布图

结合藻类繁殖特点及沿线藻类数量估算数据分析，确定原因为空气中藻类的孢子含量问题，当水体富营养化情况严重时，藻类会产生休眠孢子散至空气中进行空气传播繁殖。当休眠孢子沉降到水面后，需经过1～3d的萌发过程，成长为新的藻细胞，因此水体中的藻类密度会发生不同程度的影响。

设定某一河段沉降的孢子不会在本河段萌发，而在下一河段开始时一起萌发，加入活细胞的计算。

经查阅文献，在实际情况中，因周边环境、湖泊数量的不一致，空气中孢子个数各处也不一致。我们通过改变各段孢子沉降量，使每段单独取值，估算结果见表2.17。

表 2.17 藻类数量估算表（各段孢子沉降不同）

| 渠段 | 程长 (km) | 程宽 (m) | 流速 (m/s) | 时间 (d) | 起始处藻类个数 (万个/L) | 日均藻类沉降量 (万个/L) | 终点处藻类个数 (万个/L) |
|---|---|---|---|---|---|---|---|
| 南流寺—邯郸 | 65.3 | 39.9 | 1 | 0.76 | 589.06 | 30.00 | 659.24 |
| 邯郸—邢台 | 82 | 38.81 | 1 | 0.95 | 689.24 | 40.00 | 814.81 |
| 邢台—石家庄 | 163 | 36.66 | 1 | 1.89 | 854.81 | 0.00 | 1175.83 |
| 石家庄—保定 | 139 | 36.1 | 1 | 1.61 | 1175.83 | 0.00 | 1590.08 |
| 保定—拒马河 | 127 | 35.09 | 1 | 1.47 | 1590.08 | 0.00 | 2019.02 |

由表2.17可知，孢子沉降量在南水北调（河北段）源头处相比于其他渠段大很多，分析原因推断源头渠段地理位置偏南，周边水库、湖泊较多，空气湿润，有利于藻类孢子的形成和扩散，与实际情况较为接近。

在邢台以后，孢子沉降估参值均为零，分析其原因是藻类的生长速率较大，其生长曲线的斜率已经满足测量值，不需再额外增加孢子沉降这个参数变量。虽然进入北方之后，由于水库湖泊的减少，空气也越发干燥，空气中孢子数量会相对减少，但是估计值为零显然是不符合实际情况的，可能是由于后半段生长速率估计有误差，导致生长速率值稍大而影响估参。

将表2.17计算的藻类数量作曲线，如图2.14所示，曲线为运用模型计算的藻类生长曲线，发现调研测得的数值与估计值拟合较好。通过对该模型参数的中值误差计算，可得各断面中值误差稳定为11%。认为模型基本有效。

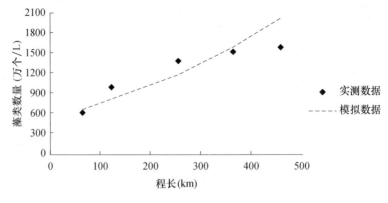

图 2.14 藻类数量空间分布图（各段孢子沉降不同）

3. 南水北调中线（河北段）干渠藻类变化预测

（1）藻类变化预测。

通过前文所计算的水质的模拟数据，结合南水北调藻类增殖模型，对从 2019 年至 2025 年的藻类数量时空分布情况进行估算预测。结果见表 2.18。

表 2.18　藻类数量预测

| 渠段 | 2018（万个/L） | 2020（万个/L） | 2022（万个/L） | 2025（万个/L） |
| --- | --- | --- | --- | --- |
| 南流寺—邯郸 | 613.2 | 694.2 | 784.2 | 932.1 |
| 邯郸—邢台 | 992 | 1068.4 | 1205.5 | 1566.2 |
| 邢台—石家庄 | 1384 | 1560.9 | 1782.4 | 2189.4 |
| 石家庄—保定 | 1521 | 1782.3 | 2240.5 | 2850 |
| 保定—拒马河 | 1588 | 1900.6 | 2487.7 | 3348.2 |

根据表 2.18 中对未来藻类数量预测值分析可知，六年内中线干渠河北段沿线藻类数量整体处于不断升高的状态。在 2025 年时南水北中线河北段末端水体中藻类细胞个数将达到 3348.2 万个/L，将发生水华暴发，严重影响水生生态环境和居民用水安全。

（2）藻类增殖因素分析。

根据南水北调中线（河北段）干渠水质变化预测数据计算各年 TN/TP 比例。由图 2.15 与图 2.16 可知，在 TN/TP 100：1～15：1 的范围时，藻浓度的峰值随 TN/TP 的增大而增加，在接近 20：1 的情况下，藻类增殖数量达到峰值，为 2025 年石家庄—保定渠段，藻类细胞个数将达到 3348.2 万个/L。孙凌等在水族箱里进行生态模拟试验中发现，在氮磷比分别为 25：1、50：1 的情况下发生了水华，因此可确认，本研究模拟数据与实际情况相符。结合藻类繁殖特点分析，原因可能由于水体中磷化合物的迁移性低于氮化合物，因此干渠水体内总磷浓度上升速度较总氮浓度上升更快，磷元素的富集更促进了藻类生长率的提高。

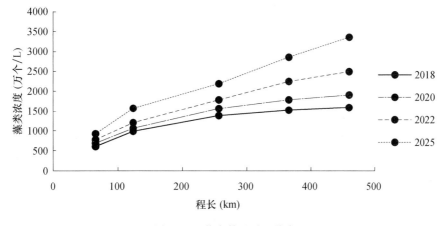

图 2.15　藻类数量时空分布

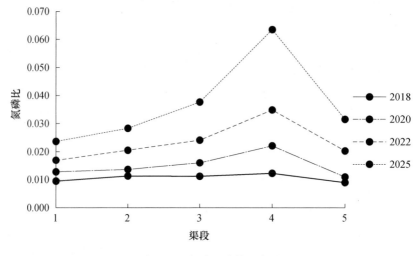

图 2.16　氮磷比计算示意图

4. 藻类风险因素分析

（1）工程风险因素分析。

① 输水能耗。

藻类在流动的水体中因为溶解氧与营养物质的不断补充，会迅速大量繁殖，生长过程中产生的排泄物与淤泥会不断累积。加之藻类的生长习性为群居生长，在幼年生长的同时，老龄逐渐死亡，但死亡的不会脱落，而是作为基底让新生贝类附着生长，因此藻类越积越多，当其过量繁殖时，就会减小输水管道输水面积，增加沿程阻力，严重影响管道的输水能力。

所以在南水北调工程中若突发以下现象，即流量改变不大，但输水能耗大幅度增加或者单位体积的水体输送时耗电量明显增加时，则考虑干渠水体中藻类大量繁殖，定时统计每千立方米水体输送消耗的电能，也能在一定程度上对藻类滋生情况做到预警，对水体中藻类进行及时去除。

② 输水设备及构筑物故障。

藻类生长快，繁殖能力强，对不同的环境条件都有极高的适应性和成活率，这使得它们在生长环境中可以迅速繁殖扩散。藻类的大量滋生不但缩小了输水管道的过流面积，而且增大了管壁粗糙率，还能堵塞泵站管路和发电站冷却水管路。同时在取样口处造成生物淤积，影响水质监测仪器的正常运行。

成簇的藻类会生长在船只底部影响船只运行航速，附着在取水口处、输水管道内会减少管道的有效半径，甚至大量沉积堵塞管道，附着在如泵站、闸阀、格栅等输水构筑物上，会影响输水构筑物的正常运行，造成大量的经济损失。类似在南水北调中线干渠的输水明渠中，藻类如大量成簇繁殖，带来的危害除会增加渠壁的粗糙度，增加输水能耗外，还会影响输水设备和构筑物的正常运行。如在各闸阀处出现藻类滋生，会在闸门处大量繁殖，影响闸门的正常闭合，对干渠的清淤、检修和流量控制等工作产生非常严重的影响。若在倒虹吸管道处出现藻类滋生，则极容易在虹吸管弯道处附着生长，引起渠道堵塞和水流不畅，倒虹吸无法正常工作，对水体的输送产生严重损害。所以在南水北调工程中，输水设备突发故障，如闸门无法闭合、泵站取水困难、倒虹吸无法正常工作的情况，则很有可能已经发生了藻类滋生情况，要做到及时预警和处理，以免造成大的经济损失。

（2）水质风险因素分析。

① 藻类与溶解氧、pH 的关系。

藻类属于水中浮游植物，藻类光合作用时吸收水中的二氧化碳，释放出氧气。在藻类大量繁殖时，释放出的氧量增大。清洁水的溶解氧的饱和度应在 100% 左右，由于藻类大量繁殖释放出的氧会造成水的溶解氧过饱和，过饱和程度与藻类含量、水温、阳光强度呈正相关性。

一般天然水是一个碳酸盐-碳酸氢盐的缓冲体系（$3H_2CO_3 —CO_3^{2-} + 2CO_2 + H_2O + OH^-$），由于藻类吸收了水体中的 $CO_2$ 造成缓冲体系向碳酸盐方向移动。水中 $OH^-$ 的增加必然会造成水体 pH 升高。水体溶解氧过饱和时，会有 $O_2$ 从水体中逸出。

当阳光、水温和藻类含量一定时，水体中溶解氧形成一个过饱和的动态平衡。同理，当水的 pH 升高时，水体吸收大气中 $CO_2$ 的能力增强，不断溶解大气中的 $CO_2$，这样 pH 不会无限升高，又形成一个 pH 的动态平衡。这就是藻类含量与溶解氧、pH 呈正相关性的化学机理。

以西大洋水库为例，其表层水夏季中午溶解氧饱和度最高能达到近 150%，pH 最高超过 8.5。以上是在有光条件下，藻类光合作用对 pH、溶解氧的影响。在无光条件下，藻类以消耗自身有机物为主，同时也消耗水中的溶解氧并释放出 $CO_2$（这就是植物的呼吸作用），因此在暗处（水库深层）有大量藻类繁殖的水体是缺氧的，这就是水库底层溶解氧降低的原因之一，同时 pH 也略有降低。

地表水在藻类大量繁殖期，白天太阳照射水面，藻类光合作用吸收水中二氧化碳，放出氧气。pH 升高接近 8.5，溶氧近 150%，这是因为藻类光合作用吸收二氧化碳破坏了水体的碳酸根-碳酸氢根的平衡体系，平衡向碳酸根方向移动，造成 pH 升高，从而使聚铝中的铝溶于水而导致铝超标。

② 藻类与总氮、总磷的关系。

在静止或缓慢流动的水体中，藻类是最常见的浮游类植物。按生态学观点，藻类是水体的生产者，是水生动物的基础食物。它们在阳光照射的条件下，以水、二氧化碳、溶解性氮与磷等营养物为原料，不断生产出有机物，并释放出氧。藻类等浮游植物体内所含碳、氮、磷等主要营养元素间存在着一个比较确定的比例。按质量计 C：N：P = 41：7.2：1；按原子数计 C：N：P = 106：16：1。

藻类生存繁殖所需要的碳，在水体中大量存在（不可控制），一旦水体受到氮、磷物质的污染，即为藻类的大量繁殖提供了所需的营养物质。在温度、阳光照射条件好的情况下，各种水藻和浮游生物大量繁殖，使水产生色、臭、味。

藻类及其他水中动植物残骸沉于水体底部腐烂分解，使水体缺氧严重，鱼类逃避或死亡，水的利用受阻，这就是水体"富营养化"。

5. 藻类增殖管控策略

目前，国内外常用的除藻方法主要包括物理处理法（微滤机法、直接过滤法）、化学处理法（化学药剂法和强化混凝法）和生物处理法。

（1）物理处理法。

物理处理法即通过增设预处理设施拦截、人工及机械清除、涂刷涂料降低藻类附着率、水流控制和离水干燥等处理方式灭杀藻类或者破坏其生存环境，抑制其生长繁殖。其中，微滤机法是通过固定在设备转鼓上的微孔筛网去除水中直径大于或等于滤网孔径的藻类和浮游动物。直接过滤法是指向原水中加入混凝剂后不需经过沉淀池沉淀而直接进行过滤的工艺。

（2）化学处理法。

化学处理法是通过添加除藻剂，不添加任何水处理设备及构筑物，不需改变现有水厂工艺的简单有效的除藻方法。常用的除藻剂主要有氯、二氧化氯、臭氧和高锰酸钾等。很多药剂的有毒成分会造成水体污染，无法用于输水管道处理，因此使用该方法要考虑供水安全。

（3）生物处理法。

生物处理法主要指用生物去除藻类。其原理是利用水生微生物对藻类进行絮凝、吸附作用，使其沉降、氧化或利用水生动物控制藻类数量。

物理处理法效果明显，不会对水质造成二次污染，但措施操作复杂，受因素限制较多，成本较高。化学方法对藻类的控制具有时间短、见效快的特点，但是药剂的选择对水质安全存在隐患。综上所述，国内外对明渠输水管道的藻类防治研究还处于发展阶段，还没有一个行之有效而且不会对水体水质产生二次污染的解决办法。

根据藻类生长规律和增殖预测模型，建议采用有益于藻类生长的相关设施，使藻类在其设施上聚集生长，并定期对设施上繁殖的藻类进行打捞清除，使干渠中藻类维持在一个较高的生长率水平。控制淡水水生动物，通过食物链对水体中藻类进行有效控制，这样既使藻类数量控制在一个可控的水平，又能通过生态系统的稳定性及抗干扰性，对水体中藻类种群生物量、营养盐浓度等指标进行有效的控制，为中线干渠水质问题的解决提出了新的思路。

## 2.4　水质监测

### 2.4.1　水质安全应对策略

南水北调工程不仅是我国水资源优化配置的战略性工程，更是缓解华北地区水资源紧缺的重大战略工程，成败关键在于水质是否安全。即便外调水源水质达标，但如果其所含各种成分与本地供水系统不协调，也可能会给供水安全带来威胁。在南水北调中线工程建设全面展开之时，应进行水源水质调研，对水源水质进行合理分析，提出应对策略，制定相应的措施保证调水水质达标，确保供水安全。管理部门应研究采取联合调度、水质预处理、跨流域合作、水质监测等多种措施，应对跨流域调水水质安全威胁，确保南水北调中线工程供水安全。

#### 2.4.1.1　加强水质预处理，降低酸根离子浓度

改善南水北调水质，首先在输水管线入口处，设置投加粉末活性炭吸附和次氯酸钠消毒预处理工艺。其次，可在泵站设置高锰酸钾预氧化工艺。另外，可在水源进入水厂

前设置臭氧预氧化工艺。通过以上 3 种方式，最终可以降低水体中氯离子、硫酸根等酸根离子的浓度。

### 2.4.1.2　开展污染治理跨省合作，减少水体污染

流域污染的防治和水资源保护是跨区域、跨行业、综合性的难题。在目前的环境管理体制下，仅靠单个省市的环保、水务部门无法解决涉及产业结构调整、城乡化进程加快、人口快速增长、污水处理能力滞后等一系列因素引起的流域性水污染问题。

由国家各部委牵头，建立京—冀—豫—鄂水污染治理合作机制。除南水北调中线工程沿途各省市的环境保护部门、水务部门、城管执法部门参与外，各级农业、工商管理、市政环卫等政府部门直接参与入河污染物的管理。各省市加强沟通，理顺污染治理的工作，建立各省市参与协商、国家一体化考虑的决策机制，实现信息互通、资源共享，全社会监督共同参与应对水污染，保护水资源，确保水质安全。

### 2.4.1.3　加强监测能力建设，完善预警、应急和保障机制

加强监测能力建设。沿途各市加强协作，重点在源头、收水口、水质敏感的地段建立远程水质实时监测系统，以随时监测水质的变化，为快速采取应对措施留足反应时间，确保调水水质安全。

完善预报预警、应急处理机制。沿途各市成立应急监测指导小组，应急监测指导小组根据得到的水质突发事件信息或上级下达的指令，在遇到供水水源污染、突发水质事件及日常监督监测过程中发现水质超标等情况时，立即通知下游各市采取紧急措施，同时启动水质应急监测预案。下游各市接到指令后，立即响应并派专业部门及时到达现场，马上开展取证、监测和采集样品，并在第一时间向应急监测领导小组汇报，通报水质监测部门做好实验室监测的各项准备，根据检测结果，立即采取措施进行科学处置。

### 2.4.1.4　加强外调水水质与本地管网的适应性研究

北方许多城乡供水管网使用年限较长，其中部分铸铁管网锈蚀严重，这些管网已经适应本地水质，而外来水源的理化特性可能会对市区现有管网造成新的影响，严重影响供水安全。应对锈蚀严重的管网进行改造，同时加强外调水水质与本地供水管网的适应性研究，采取预处理的方式，消除外调水对本地供水系统的负面影响。

## 2.4.2　在线监测

水质在线自动监测系统以在线分析仪表和实验室需求为服务目标，以提供具有代表性、及时性和可靠性的样品信息为核心任务，运用自动控制技术、计算机技术并配以专业软件，组成一个从取样、预处理、分析到数据处理及存贮的完整系统，从而实现对样品的在线自动监测。自动监测系统一般包括取样系统、预处理系统、数据采集与控制系统、在线监测分析仪表、数据处理与传输系统及远程数据管理中心，这些分系统既各成体系，又相互协作，以完成整个在线自动监测系统的连续可靠运行。

多参数水质在线自动监测系统又名多参数水质在线分析仪器集成系统。适用于水源地监测、环保监测站、市政水处理过程、市政管网水质监督、乡镇自来水监控、循环冷却水、泳池水运行管理、工业水源循环利用、工厂化水产养殖等领域。

# 3 净水系统

## 3.1 预 处 理

### 3.1.1 预处理概述

预处理是指在常规的给水处理工艺之前，采用适当的物理、化学和生物处理方法，对水中的污染物进行处理，以减轻后续处理工艺的复合，发挥给水处理工艺的整体作用，提高对污染物的去除效果，改善和提高饮用水的水质。

由于水源污染，致使水处理工艺越来越复杂，造成水处理的成本上升，并且影响了饮用水的安全性。传统的净水处理工艺的混凝、沉淀、过滤、消毒工艺主要去除对象是水中的悬浮物和胶体物质，而有机污染物多数在水中以溶解性状态存在，所以传统净水工艺水中有机物含量仍然较高，有些项目已经不能达到水质标准。但现代化生产与生活水平的提高，对水质的要求也越来越高，因此对传统净水工艺进行革新改造必须提上议程。

城乡集中饮用水源地水质至少应满足《地表水环境质量标准》（GB 3838—2002）中的Ⅲ类水体以上。若原水在感官指标（如色度）、有机物及"三致"前体物等方面经常或存在突发高于《地表水环境质量标准》（GB 3838—2002）中有关饮用水源指标数值，或为优化絮凝条件时，在净水常规处理前常增设预处理工艺，以预先削减超量污染物，保障后续工艺正常运行并保证出水水质。另外，当原水含沙量很高时，宜在常规净水构筑物前增设预沉构筑物或建造供砂峰期间取水的蓄水池或调蓄水库，不使常规净水构筑物负担过大或者药耗过高。

根据运行状态，净水预处理可分为连续性预处理和间歇性（应急性）处理两类；根据处理方式，净水预处理可分为预沉淀、生物预处理、药剂预处理三类。

#### 3.1.1.1 预沉淀处理

1. 适用条件

净水处理的预沉淀方式应根据原水含沙量及其粒径组成、砂峰持续时间、排泥要求、处理水量和水质要求等因素，结合地形条件综合考虑。

一般预沉方式有沉砂池、沉淀池、澄清池等自然沉淀或凝聚沉淀等多种形式。当原水中的悬浮物大多为沙性大颗粒时，一般可采取沉砂池等自然沉淀方式；当原水含有较多黏土性颗粒时，一般采用混凝沉淀池、澄清池等凝聚沉淀方式。

2. 设计概述

由于原水泥砂沉降性能受到泥沙含量、粒径及组成的影响而有很大差异，因此，在净水厂预处理构筑物设计时，构筑物设计参数应根据原水沉淀试验或相似净水厂运行经验进行确定。

预沉池容积一般按砂峰持续时间内原水日平均含砂量设计，但是，应充分考虑当含砂量超过日平均值时，留有在预沉池中投加凝聚剂或采取适当加大凝聚剂投配措施的可能。

预沉处理对象多为天然泥砂，无机属性明显、黏性小、密度大、沉速大，可采用较高沉速以减少预沉构筑物容积；当沉淀区面积较大时，为保证池内泥砂及时均匀排出，宜采取机械排泥方式。

### 3.1.1.2 生物预处理

与物理化学药剂预处理工艺相比，生物预处理工艺比较经济、简便。该工艺能去除传统工艺不能去除的污染物，如可生物降解的有机物、人工合成的有机物、氨氮、铁、锰等，采用生物预处理可以充分发挥微生物对有机物的去除作用，又可以保证生物处理的水质安全性，另外还可以延长后续过渡和活性炭吸附等工艺的使用周期。生物预处理宜设在传统净水工艺的前面，这样既可以充分发挥微生物对有机物的去除作用，又可以保证生物处理的水质安全性，生物处理后的微生物、颗粒物及微生物的代谢产物等也可以通过后续工艺加以去除与控制。

水体中的氨氮通过臭氧、高锰酸钾、粉末活性炭预处理方法是不能被去除的，只有通过生物法才能去除。虽然通过折点加氯能够去除氨氮，但加氯量太大，易使消毒副产物升高。活性炭作为深度处理能够去除一部分氨氮，但也主要依靠活性炭表面的微生物，由于活性炭吸附池内溶解氧不足，氨氮去除很有限。因此氨氮很高的水源，必须通过好氧生物预处理才能得到很好的去除。

1. 适用条件

当原水出现氨氮、有机物浓度较高或嗅阈值较大，以及原水藻类含量过高等情形时，应采用生物预处理工艺对原水进行预处理，以保证净水厂生产构筑物正常运行并确保出水符合水质标准。

2. 设计概述

生物预处理构筑物的设计，应以原水试验资料为依据。采用生物处理前应验证原水具有较好的可生化性，否则应采用物理或化学方法进行预处理。运行经验表明采用生物预处理时，原水可生化性（$BOD_5$ 与 $COD_{Cr}$ 的比值）宜大于 0.2，且水温宜高于 5℃。

生物预处理构筑物多采用生物接触氧化方式，按填料类型不同，可分为人工填料生物接触氧化池和颗粒（常用陶粒）填料生物滤池。

人工填料生物接触氧化池的水力停留时间宜为 1～2h，曝气气水比宜为 0.8：1～2：1。由于填料经常采用的弹性填料、蜂窝填料和轻质悬浮填料等空隙较大，故人工填料生物接触氧化池可不考虑反冲洗。

颗粒填料生物滤池的填料粒径宜为 2～5mm，填料厚度宜为 2m，滤速宜为 4～7m/h，曝气的气水比宜为 0.5：1～1.5：1。滤池填料填充密度大、空隙小，宜采用气水同时反冲洗，强度分别为：水 10～15L/($m^2$·s)，气 10～20L/($m^2$·s)。

### 3.1.1.3 药剂预处理

1. 氯预处理

当取水点距离净水构筑物较远时，应采用预加氯方式，控制藻类及细菌在输送过程中滋生。但是，若原水有机物浓度高，则"三致"前体物浓度也高，为了减少消毒副产物的生成量，氯预氧化的加氯点和加氯量应合理确定。

预氯化技术是应用最早和目前应用最广泛的预氧化方法。预氯化具有降低水的色和味、抑制藻类的繁殖以加强对后续工艺的保护等作用，是常用的预处理手段之一。在水源水输送过程中或进入常规处理工艺前，投加一定量的氯气可以控制因水源水污染生成的微生物和藻类在管道或构筑物的生长，同时可氧化或改变部分有机物，提高混凝效果。但是由于余氯会导致大量卤代有机物的生成，且不易被后续常规处理工艺去除，因此可能造成处理后水的毒理学安全性下降。

经过对原水水质恶化进行的研究发现：预氯化对水中的臭味去除会产生不良的影响。在藻类高发期，对不同加氯量进行混凝搅拌试验，结果显示提高投加量并不能去除水中臭味，反而使其升高。

2. 臭氧预处理

臭氧可氧化水中大部分有机物，明显改善出水水质，当其用于去除溶解性铁、锰、色度、藻类，以及为减少"三致"前体物或改善臭味及混凝条件，可作为预处理手段设置在净水厂前端。

为使原水与预臭氧充分混合，臭氧预氧化的接触时间可为 2～5min。臭氧预处理系统中必须设置臭氧尾气消除（或破坏）装置。

3. 高锰酸钾预处理

高锰酸钾是一种较强的氧化剂，应用于饮用水处理，具有投资小、使用方便的特点。高锰酸钾预氧化可用于去除有机微污染物、藻类和控制臭味，宜在净水厂取水口加入；当在水处理流程中投加时，应至少先于其他水处理药剂 3min 投加。高锰酸钾用量应通过试验确定并精确控制；当用于去除有机物、藻类等，在资料不足时，其投加量可按 0.5～2.5mg/L 估算。一般认为高锰酸钾预氧化处理工艺虽然可以有效地降低水的致突变活性，对突变物前体物也有较好的去除效果，但是一些有机物经高锰酸钾预处理后的氧化产物中，有些是碱基置换突变物，它们不易被后续工艺去除，在出水气化后，这些前体物转化，使水的致突变活性有一定幅度增加。

高锰酸钾预处理时生成的二氧化锰为不溶胶体，必须通过后续滤池过滤去除，否则出厂水有颜色。

4. 粉末活性炭预处理

当原水出现藻类暴发、溶解性有机物浓度突升、异臭异味感强等突发性水源污染事故时，可采用粉末活性炭进行预处理。国内外水行业利用粉末活性炭去除水中有机物、除色、除臭味物质已取得成功的经验与较好的去除效果。

在水处理中活性炭对有机物的吸附效果取决于水源中有机物的性质、活性炭的特性、进水水质等因素。水环境污染日益严重，水中含有的有机物种类繁多，各种各样的有机物的特点不同，活性炭对不同种类的有机物吸附能力也不一样，因此针对不同水质应该选用不同种类的活性炭。目前在使用中考察活性炭的吸附性能指标主要是亚甲蓝吸附值和碘吸附值，但是这些性能指标在应用过程中的通用性能是有限的，不一定能表明该活性炭对某一水体的有机物具有良好的吸附性。

不同的活性炭对特定有机物的吸附能力有比较大的差别，在应用于实际之前，应该通过具体试验选择活性炭的类型。粉末活性炭宜加于原水中，进行充分混合，接触10～15min之后，再加氯或混凝剂。除在取水口投加以外，根据试验结果也可在混合池、絮凝池或沉淀池前端投加。粉末活性炭的用量根据试验确定，宜为5～30mg/L；粉末活性炭在湿投时，炭浆浓度可采用5%～10%（按质量计）。

## 3.1.2 南水北调（河北段）高藻高碱水预处理

南水北调中线水经过干渠输送到河北地区后，又经过支渠转输到南水北调配套水厂。夏季气温升高时，水厂出现水源水高碱高藻问题，藻类的大量繁殖使耗氧量和浊度升高，水中出现异味，色度明显上升，给水厂运行带来极大挑战。相较于高藻高碱问题，本小节选取河北省南水北调配套水厂——X水厂作为水质研究与试验的水厂，研究进厂水的高藻高碱问题，并针对利用$CO_2$降低pH强化混凝效果进行试验，探讨其实用性、可靠性，并对比得出投加效率更高的投加方式。

### 3.1.2.1 X水厂水质概况

X水厂原水为南水北调中线来水，在春、秋农灌期间部分原水来自当地水库。水质情况大致分为三类：春季浊度高，夏秋季低浊高碱高藻，冬季低温低浊，水质情况变化较大。

水厂自2018年运行以来，持续对原水水质进行监测，其中藻类、浊度、pH情况如下：

X水厂自2018年起使用正置式显微镜法检测藻类数量，从图3.1可以明显看出夏季期间原水中藻类数量升高。8月份每1L水的藻类数量高达3000万～4000万个。从图3.2可以看出，原水pH呈逐年上升趋势，特别是夏季期间，pH保持在8.3以上，最高可达到8.7。pH的上升导致混凝效果下降，污泥沉淀效果差，出厂水水质下降，并且影响后续膜滤池工艺的使用寿命。

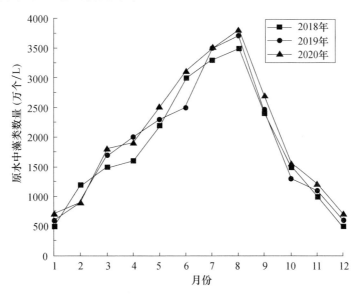

图3.1  2018—2020年原水藻类数据折线图

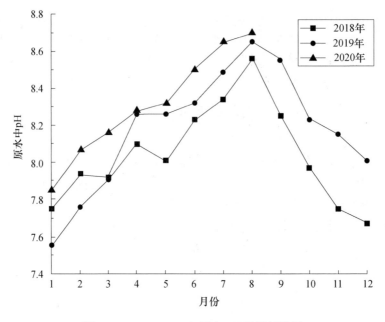

图 3.2　2018—2020 年原水 pH 数据折线图

从图 3.3 可以看出，因原水浊度受到季节性江水与水库水并行影响，3 月份波动较为明显。夏季的高碱高藻期原水浊度并不高。

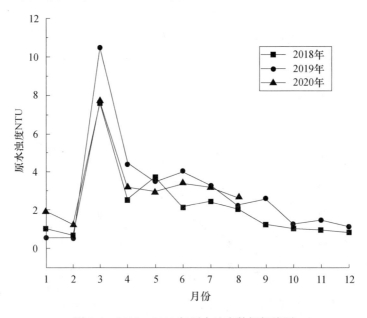

图 3.3　2018—2020 年原水浊度数据折线图

### 3.1.2.2　高藻高碱给水厂带来的危害

1. 影响混凝效果

水源水在夏季时藻类大量繁殖，同时伴随着使 pH 升高。原水 pH 的上升会对混凝剂的混凝效果造成严重的影响。研究表明，当水的 pH 较低时，混凝剂的吸附作用增强，容易吸附水中的大颗粒与腐殖质，混凝效果良好；当水体的 pH 较高时，混凝剂的吸附作用下降，水中的腐殖质转化为腐殖酸盐，不易被吸附，去除率较低，还会造成矾花松散，沉淀率下降，上层清液浊度升高，为后续的工艺处理造成负担。此外，部分藻细胞易穿透絮凝体，破坏絮凝过程，导致出水有藻类污染物。

2. 对膜滤池产生损害

藻类一旦在混凝沉淀阶段不能被有效地去除，就会在滤池中大量繁殖，造成滤层被堵塞，使得过滤周期缩短，需要频繁反冲洗来疏通滤层，使得膜滤池的使用寿命减少，增加了使用成本；若使用超滤工艺，藻类的大量繁殖可能会破坏超滤膜，造成巨大的成本损失。

3. 对水质安全的影响

藻类生长繁殖所分泌的部分有害物质会导致水体出现异色异味，有些藻类甚至会产生霉臭味，同时藻类的死亡、堆积、腐败也会使水体腥臭难闻。某些藻类在其代谢过程中还会产生毒素，一旦毒素不能在处理过程中得到有效处理，会对饮用者的身体健康产生严重危害。

### 3.1.2.3 温度、藻类与 pH 间的规律

1. 水温与 pH 变化规律

如图 3.4 所示是水厂 8 月份监测到的水温与 pH 的数据。该图显示，进厂原水的水温和 pH 间呈现出同步变化的现象，时间从 6：00 开始到第二日 6：00，pH 呈先上升后下降的趋势，并在 17：00 左右达到峰值。而温度则相对于 pH 变化提前了大概 2h，变化趋势同样为先上升后下降，两种变化趋势基本一致，水温和 pH 呈正相关性。且该现象同样适用于全年水温与 pH 间的关系。夏秋季水温较高，pH 较高，春冬季水温较低，pH 较低。

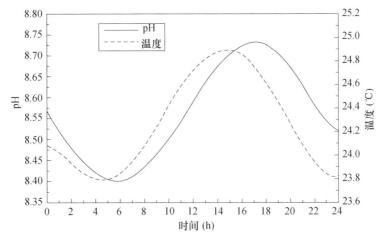

图 3.4　pH 与水温变化趋势图

2. 藻类与 pH 变化规律

图 3.5 是水厂 8 月份根据多功能水质检测仪监测和实际检测得到的数据。该图显示：水厂进水总管藻类数量与 pH 间大体呈现出相同的变化趋势，从 6：00 开始到第二日 6：00，pH 呈先上升后下降的趋势，并在 17：00 左右达到峰值。水中藻数量变化趋

势先上升后下降，与 pH 变化的趋势基本一致，但滞后了约 3h，这是由于藻类光合作用和呼吸作用时产生的滞后现象。

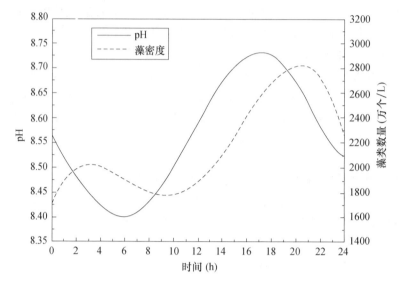

图 3.5　藻类数量与水温变化趋势图

从上面两个图可以看出，水温升高是藻类增殖与 pH 升高的一个先决条件，但藻类增殖与 pH 升高两个过程是相互影响的。

### 3.1.2.4　高藻高碱的成因

（1）图 3.6 为 2019 年重要水库营养状态比较，可以看出南水北调水源水——丹江口水库，呈中营养状态。加上中线地理距离长达 1200 多千米，大部分呈明渠输送，途中大气、雨水等外部环境氮磷的输入，加上夏季阳光照射时间长、温度高，水体逐渐从中营养向富营养状态转化，氮磷含量增高，从而导致藻类大量繁殖。

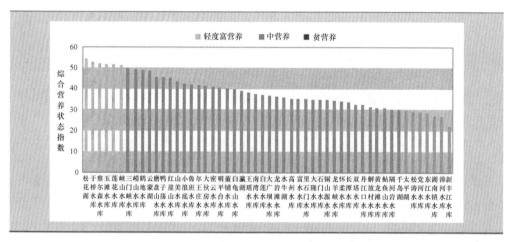

图 3.6　2019 年重要水（湖）库营养状态

（2）天然水体是一个碳酸盐-碳酸氢盐的缓冲体系，用方程式表达为 $H_2CO_3 \Longleftrightarrow CO_3^{2-} + 2CO_2 + H_2O + OH^-$。当水体中的浮游植物进行光合作用吸收了水中的 $CO_2$ 后，缓冲体系为了达到平衡，会造成方程式向碳酸盐方向移动。导致水中 $OH^-$ 增加，从而使水体 pH 升高。夏季水中的藻类数量大幅上升，水体中的 $CO_2$ 被急剧消耗，导致 pH 达到峰值，约为 8.7。

### 3.1.2.5 X 水厂高碱高藻原水预处理研究

根据本水厂的处理工艺以及生产特点，对比多种应对高藻高碱问题的措施后，决定采用强化混凝工艺的方法。混凝工艺对给水处理的整体过程有着至关重要的影响，它的作用效果直接影响着后续工艺的处理效果。强化混凝工艺技术就是通过改变混凝工艺的影响因素，使混凝作用得到强化，提高水中的有机物去除率。影响混凝作用的因素包括：原水水质、混凝剂投加量、pH、水温、搅拌程度与停留时间等。可以通过改变混凝工艺中的混凝剂种类、药剂投加量、投加助凝剂、搅拌与反应时间、改变 pH 等方法来增强混凝作用。采用增大混凝剂投加量与改变 pH 两种方式来强化混凝效果，达到去除藻类的效果，保证出厂水水质。

1. 增大混凝剂投加量

由于原水出现的高藻高碱问题，导致水厂混凝工艺受到影响，混凝效果下降。研究发现，处理高藻水增加混凝剂的投加量是去除藻类、改善水体质量的有效手段之一。

为了提高混凝效果，在保证出厂水水质合格的前提下，X 水厂 2018 年开始增大 PAC 混凝剂的投加量到 8mg/L，可以增强混凝沉淀效果达到去除藻类的目的。但在实际生产中发现，过量投加 PAC 混凝剂会造成污泥量上升、出水铝含量增高，甚至发生藻类上浮、污泥膨胀等现象，造成人工成本增加。

2. 投加 $CO_2$ 降低 pH 强化混凝

当前大部分水厂采用铝盐系混凝剂，因而当原水 pH 升高时，会降低混凝效果，导致水厂出厂水铝浓度存在超标风险。其次，在加氯消毒或者前加氯工艺中，较高的 pH 会造成加氯量增加，且在碱性条件下更容易形成消毒副产物。针对原水 pH 较高导致的水质问题，目前国内水厂采取的主要应对方式是采用酸化混凝剂、增加混凝剂的投加量或者直接在原水中投加浓硫酸降低 pH。但是，上述方法存在诸多弊端，如造成成本增加、余铝仍然不可控或存在安全隐患。因此，采用更加安全、有效、绿色、便捷的新技术调控 pH 铝是十分必要的。

二氧化碳调节 pH 是一项有效的技术，采用 $CO_2$ 气体与水预先混合的方式，在混合器内形成碳酸溶液，而后加注至原水管道中进行 pH 调节，从而达到强化混凝、控制铝残留等目标。该技术在国外已有众多应用案例，效果稳定，运行安全。因此，X 水厂在 2019 年开始采用投加 $CO_2$ 降低 pH 强化混凝的方法来应对高藻高碱问题。

采用投加 $CO_2$ 应对高藻高碱问题的工艺原理如下：

夏季南水北调部分水源水因为温度高、阳光照射时间长，导致藻类大量繁殖，藻类生长导致 pH 升高的反应机理：

(1) $6CO_2 + 12H_2O \longrightarrow$ 叶绿体/光能 $\longrightarrow C_6H_{12}O_6 + 6H_2O + 6O_2$。

(2) $2HCO_3^- \Longrightarrow CO_3^{2-} + CO_2 + H_2O$。

(3) $HCO_3^- \Longrightarrow CO_3^{2-} + H^+$。

由反应方程式可以看出：藻类的光合作用使水中 $CO_2$ 迅速减少，而 $CO_2$ 的减少打破了水的碳酸盐的平衡；当水中的 $CO_2$ 浓度较低时，化学平衡式向右移动，此时一部分的

$HCO_3^-$ 转化为 $CO_3^{2-}$；随着 $HCO_3^-$ 浓度的下降，$CO_3^{2-}$ 浓度的上升，水中 $H^+$ 减少，导致原水 pH 上升到 9.0 甚至更高。通过投加 $CO_2$，可以抑制藻类光合作用，抑制藻类增长；降低原水 pH，可减少 PAC 投加量。

研究发现水体 pH 为 7～8 时，PAC 混凝剂去除藻类、浊度的混凝效果最佳。向水中投加 $CO_2$，$CO_2$ 溶于水生成碳酸，碳酸注入到待处理的水中，达到降低 pH 的目的。碳酸是一种环保型酸化剂，腐蚀性微弱，无须做防护处理，可直接注入管道中。经过 42 项水质检测，投加 $CO_2$ 对水质无影响，且与其他酸相比，具备成本低、无害、易管理等多种优势。所以，投加 $CO_2$ 是降低 pH 强化混凝的有效方法。

（1）确定最佳 pH。

以 PAC 投加量、浊度为定量，通过改变原水 pH，混凝沉淀试验后得到的数据见表 3.1～表 3.3。（表 3.1 为其中的 3 组具有代表性的数据）

表 3.1　不同 pH 下的混凝沉淀试验后的水质数据（1）

| 序号 | 浊度（NTU） | pH | 100%PAC 投加量（mg/L） | 上清液铝含量（mg/L） | 上清液浊度（NTU） |
|---|---|---|---|---|---|
| 1 | 5.91 | 8.33 | 5 | 0.108 | 0.754 |
| 2 | 5.91 | 8.02 | 5 | 0.080 | 0.605 |
| 3 | 5.91 | 7.78 | 5 | 0.044 | 0.607 |
| 4 | 5.91 | 7.76 | 5 | 0.055 | 0.694 |
| 5 | 5.91 | 7.62 | 5 | 0.054 | 0.629 |
| 6 | 5.91 | 7.33 | 5 | 0.046 | 0.664 |

表 3.2　不同 pH 下的混凝沉淀试验后的水质数据（2）

| 序号 | 浊度（NTU） | pH | 100%PAC 投加量（mg/L） | 上清液铝含量（mg/L） | 上清液浊度（NTU） |
|---|---|---|---|---|---|
| 1 | 4.96 | 8.36 | 4 | 0.109 | 0.772 |
| 2 | 4.96 | 7.95 | 4 | 0.047 | 0.738 |
| 3 | 4.96 | 7.76 | 4 | 0.045 | 0.759 |
| 4 | 4.96 | 7.67 | 4 | 0.053 | 0.877 |
| 5 | 4.96 | 7.59 | 4 | 0.035 | 0.666 |
| 6 | 4.96 | 7.42 | 4 | 0.077 | 0.676 |

表 3.3　不同 pH 下的混凝沉淀试验后的水质数据（3）

| 序号 | 浊度（NTU） | pH | 100%PAC 投加量（mg/L） | 上清液铝含量（mg/L） | 上清液浊度（NTU） |
|---|---|---|---|---|---|
| 1 | 4.58 | 8.59 | 5 | 0.108 | 0.724 |
| 2 | 4.58 | 8.26 | 5 | 0.080 | 0.585 |
| 3 | 4.58 | 7.97 | 5 | 0.044 | 0.587 |
| 4 | 4.58 | 7.85 | 5 | 0.055 | 0.674 |
| 5 | 4.58 | 7.76 | 5 | 0.054 | 0.609 |
| 6 | 4.58 | 7.58 | 5 | 0.046 | 0.644 |

通过以上 3 组数据可以发现：在 PAC 投加量相同的情况下，并不是 pH 越低，混凝沉淀试验后的铝含量越低；由于夏季南水北调中线水浊度低，在 PAC 投加量相同的

情况下并不是 pH 越低混凝后的浊度越低。经过大量的重复试验发现，考虑到经济性、投加效率以及对原有工艺调整最小等方面因素，最终确定将原水 pH 降至 7.80 左右处理效果最优。

（2）确定混凝剂投加量。

通过混凝试验发现，混凝剂为 4mg/L 时，上清液浊度最低。最终选取 4mg/L 的 PAC 投加量，作为投加 $CO_2$ 后的原水混凝工艺的用药标准。

表 3.4 为当原水 pH 在 7.80 左右时，多组投加 4mg/L 的 PAC 混凝沉淀试验后的数据表。

表 3.4  不同原水混凝沉淀试验后的水质数据

| 序号 | 浊度（NTU） | pH | 藻类数量（万个/升） | 100%PAC 投加量（mg/L） | 上清液铝含量（mg/L） | 上清液浊度（NTU） | 藻类去除率（%） |
|---|---|---|---|---|---|---|---|
| 1 | 5.50 | 7.80 | 3080 | 4 | 0.045 | 0.624 | 85.6 |
| 2 | 4.58 | 7.78 | 2860 | 4 | 0.050 | 0.585 | 88.3 |
| 3 | 5.12 | 7.82 | 3140 | 4 | 0.047 | 0.587 | 85.2 |

通过表 3.4 可以看出，通入 $CO_2$ 降低 pH 后，PAC 投加量由 8mg/L 降至 4mg/L，而混凝沉淀过后浊度在 0.5～0.6NTU 内，藻类去除率在 85%～90%，大幅提高了混凝效果，藻类去除效果明显。

（3）曝气式投加 $CO_2$。

X 水厂在 2019 年采用曝气式投加 $CO_2$ 至原水泵站，将 $CO_2$ 钢瓶中的 $CO_2$ 通过带有加热功能的泄压阀接入曝气装置，曝气装置置入原水泵站池底，每组曝气装置有三个曝气头，共两组曝气装置。

同时接入多个 $CO_2$ 钢瓶，控制气体流量大小，使 pH 在线仪表的数值稳定在 7.8 左右，记录流量大小。X 水厂在 2019 年 6—9 月采用该种投加方式投加 $CO_2$ 降低原水 pH。

该方式设备安装难度小，对厂区构造基本没有改动，但在运行期间发现了许多不足之处：

① 经济性较差，站前池为半封闭式，投加 $CO_2$ 气体，部分溢出，$CO_2$ 利用率低；

② 碳酸对一级泵站具有一定的腐蚀性。

（4）管道式水射器方式投加 $CO_2$。

为了解决 $CO_2$ 利用率低的缺点，决定将 $CO_2$ 投加到管道中，使其在管道内完成反应。根据水厂投加氯气的经验，决定采用管道式水射器方式投加 $CO_2$。

选择地址：本水厂原水总管道大约在地下 3m 处，从水厂侧门地下进入水厂，到混凝沉淀池的距离大约 150m。根据水厂自身条件，选择在距离混凝沉淀池约 80m 处打孔投加 $CO_2$ 至原水总管道。

选择方式：将 $CO_2$ 钢瓶中的液态 $CO_2$ 通过带有加热功能的泄压阀转化气体，用自来水通过射流方式将 $CO_2$ 带入到原水管道中。试验装置如图 3.7 所示。

流量控制：同时通入多瓶 $CO_2$，将泄压阀的流量控制器打开，观察混凝沉淀池处的 pH 在线仪表的数值。每小时变动一次流量，将 pH 在线仪表的数值调到 7.8 左右，记录流量大小。

此种方法优点：

① 改造便捷，只需对原水管道进行开孔，施工成本低；

② 减少损耗，所有反应全部在管道内完成，减少气体溢出，提高了 $CO_2$ 利用率，增加了 $CO_2$ 反应时间，使反应更充分。

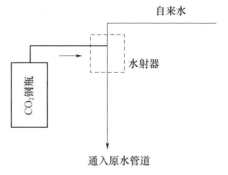

图 3.7　管道式水射器示意图

3. 数据分析

（1）2018 年投加过量 PAC 后的数据分析。

由图 3.8 可知，通过过量投加 PAC 混凝剂的方式来处理夏季高藻高碱原水，可以提高混凝效果。但是过量投加 PAC 既增加了成本，又无法解决出厂水铝含量高的问题，且在实际运行中还会造成污泥量上升，甚至发生藻类上浮、污泥膨胀等现象，造成人工成本增加（每年的 3、4 月份为农灌时期，水源水为高浊导致投加 PAC 量增加，在此不做讨论，下同）。

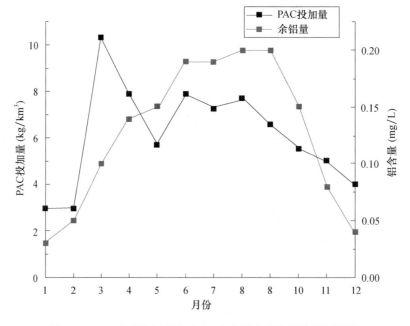

图 3.8　2018 年投加过量的 PAC 和出厂水铝含量数据折线图

（2）投加二氧化碳与过量投加 PAC 数据对比分析。

由图 3.9 可以看出，在保证混凝效果与出水水质达标的情况下，2019 年的 6—9 月的 PAC 投加量与 2018 年同时期相比减少很多。说明投加 $CO_2$ 在实际生产中可以降低原水 pH，且 pH 降低后在保证出水水质的条件下，PAC 投加量大幅减小。得出结论：投加 $CO_2$ 降低 pH 可以降低 PAC 的投加量。

通过曝气式投加 $CO_2$ 降低原水 pH 后，因为 PAC 投加量的减少，所以出厂水铝含量大幅降低。由图 3.10 可以看出，通过曝气式投加 $CO_2$ 比过量投加 PAC 出厂水余铝含量要低 0.06～0.07mg/L，保证了出厂水的水质。

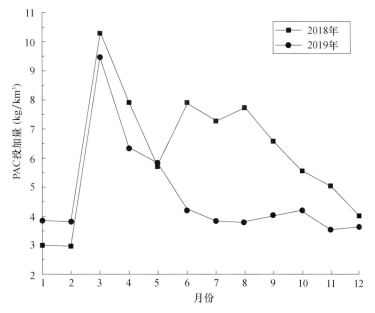

图 3.9　2018—2019 年 PAC 投加量折线图

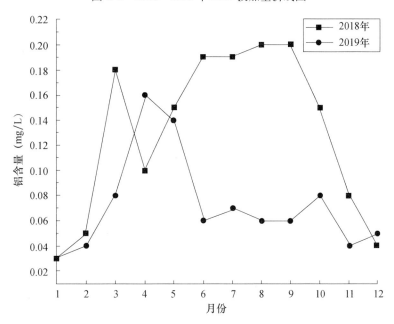

图 3.10　2018—2019 年出厂水铝含量折线图

（3）两种 $CO_2$ 投加方式的数据对比，见表 3.5。

表 3.5　2019—2020 年 $CO_2$ 投加前后 pH 数据统计表

| 试验方式 | 曝气式 1 组 | 曝气式 2 组 | 曝气式 3 组 | 管道式 1 组 | 管道式 2 组 | 管道式 3 组 |
|---|---|---|---|---|---|---|
| 投加前 | 8.39 | 8.35 | 8.55 | 8.39 | 8.35 | 8.55 |
| 投加后 | 7.98 | 7.88 | 8.07 | 7.82 | 7.75 | 7.90 |

表 3.5 是在投加 $CO_2$ 量相同的情况下，两种 $CO_2$ 投加方式投加前后的 pH。可以看

出管道式水射器投加方式比水射器+曝气头投加方式 $CO_2$ 降低的 pH 更大，所以管道式水射器投加方式比曝气头投加方式的 $CO_2$ 利用率更高。

（4）成本数据对比，见表 3.6、表 3.7。

表 3.6　2018—2020 年 PAC 单耗　　　　　　　　　　　　元/t

| 时间 | 1月 | 2月 | 3月 | 4月 | 5月 | 6月 | 7月 | 8月 | 9月 | 10月 | 11月 | 12月 |
|---|---|---|---|---|---|---|---|---|---|---|---|---|
| 2018 | 0.028 | 0.028 | 0.125 | 0.074 | 0.054 | 0.100 | 0.105 | 0.105 | 0.095 | 0.052 | 0.047 | 0.038 |
| 2019 | 0.036 | 0.036 | 0.113 | 0.068 | 0.058 | 0.045 | 0.046 | 0.043 | 0.048 | 0.039 | 0.033 | 0.034 |
| 2020 | 0.042 | 0.042 | 0.109 | 0.062 | 0.060 | 0.043 | 0.042 | 0.043 | 0.046 | 0.040 | 0.033 | 0.038 |

表 3.7　2019—2020 年 $CO_2$ 单耗　　　　　　　　　　　　元/t

| 时间 | 6月 | 7月 | 8月 | 9月 |
|---|---|---|---|---|
| 2019 | 0.028 | 0.032 | 0.027 | 0.029 |
| 2020 | 0.02 | 0.023 | 0.022 | 0.020 |

管道式水射器投加 $CO_2$ 的量约为 4L/t 水，费用约为 0.021 元/t，与 2018 年 6—9 月份相比投加 PAC 的费用降低了约为 0.03 元/t。

4. $CO_2$ 设备的改进

在确定投加 $CO_2$ 降低 pH 强化混凝技术与管道式投加 $CO_2$ 后，采用简易的投加装置在水厂试运行，如图 3.11 所示。该装置运行后，能达到预期的处理效果，降低了 PAC 的投加量，提高了混凝效果，提高了藻类等有机物的去除率。但在实际生产中，该装置过于简单，需要耗费大量的人力成本进行管理。故研发出一套新型投加设备来达到自动化、智能化的目的。

（1）第一代水射器二氧化碳投加设备。

基于管道式水射器技术，设计研发的第一代二氧化碳投加器已通过调试运行。

二氧化碳钢瓶中的二氧化碳由自来水通过射流器输送到原水管道中。在外部屏幕上可以根据水流量大小手动输入气体流量，流量控制系统可以精确控制气流量大小。该

图 3.11　$CO_2$ 简易投加装置

设备在气体流量减少至输入流量的 10% 时会自动报警。如图 3.12 和图 3.13 所示。

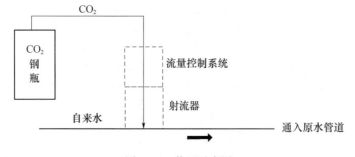

图 3.12　装置示意图

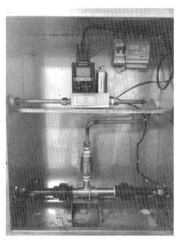

图 3.13　一代集成设备装置图

（2）二代气水混合自动控制系统。

二代气水混合自动控制系统在原来设备的基础上将增加 PLC 控制单元，在线 pH 检测信号反馈至输入接口，气体匮乏警示警告系统。二代气水混合自动控制系统主要由两大部分组成：自动控制系统和动力部件。实现在线监测、自动给气、远程显示、缺气报警及控制，实现对原水 pH 的在线监测与自动控制（图 3.14）。整个流程采用不锈钢材料，避免二次污染。

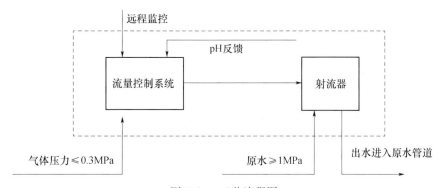

图 3.14　工艺流程图

自动控制系统：PLC 控制单元可以实现手动或自动控制给气流量，基于 pH 通过触摸屏来手动或自动调节给气量，实现精确定量给气节约成本。

## 3.2　混　凝

混凝是指通过某种方法（如投加化学药剂）使水中胶体粒子和微小悬浮物聚集的过程，是水处理工艺中的一种单元操作。混凝是凝聚和絮凝的总称。凝聚主要指胶体脱稳并生成微小聚集体的过程；絮凝主要指脱稳的胶体或微小悬浮物聚结成大的絮凝体的过程。

### 3.2.1 常用混凝药剂

#### 3.2.1.1 硫酸铝

硫酸铝含有不同数量的结晶水：$Al_2(SO_4)_3 \cdot nH_2O$（其中 $n=6$、10、14、16、18 和 27），常用的是 $Al_2(SO_4)_3 \cdot 18H_2O$。其分子量为 666.41，密度 1.61，外观为白色，光泽结晶，易溶于水，水溶液呈酸性，室温时溶解度大致是 50%，pH 在 2.5 以下，沸水中溶解度提高至 90% 以上，使用便利，混凝效果较好，不会给处理后的水质带来不良影响。当水温低时，硫酸铝水解困难，形成的絮体会比较松散。

硫酸铝在我国使用最为普遍，一般使用块状或粒状硫酸铝，根据其中不溶于水的物质的含量可分为精制和粗制两种。易溶于水的硫酸铝可干式或湿式投加。地表水厂一般采用 10%～20% 的浓度（按商品固体质量计算）湿式投加。

硫酸铝使用时，水的有效 pH 范围较窄，为 5.5～8，其有效 pH 因原水的硬度含量而异，对于软水 pH 为 5.7～6.6，中等硬度的水 pH 为 6.6～7.2，硬度较高的水 pH 则为 7.2～7.8。投加时应考虑加入过量硫酸铝是否会使水的 pH 降至铝盐。投加过量硫酸铝既浪费药剂，又使处理后的水发浑，效果不理想。

#### 3.2.1.2 三氯化铁

三氯化铁（$FeCl_3 \cdot 6H_2O$），黑褐色的结晶体，有强烈吸水性，极易溶于水，加入水后与天然水中的碱起反应，形成氢氧化铁胶体。我国供应的三氯化铁有无水物、结晶水物和液体，液体、结晶体或受潮的无水物腐蚀性极大，调制和加药设备必须考虑用耐腐蚀器材（不锈钢的泵轴运转几星期也会腐蚀，用钛制泵轴有较好的耐腐性能），其溶解度随温度上升而增加，形成的矾花沉淀性能好，密度大，易沉降，低温、低浊时仍有较好效果，适宜的 pH 范围也较宽，处理后的水的色度比用铝盐的高，缺点是溶液具有强腐蚀性。

#### 3.2.1.3 硫酸亚铁

硫酸亚铁（$FeSO_4 \cdot 7H_2O$）是半透明绿色结晶体，俗称绿矾，易于溶水，在水温 20℃ 时溶解度为 21%。固体硫酸亚铁需溶解投加，一般配置成 10% 左右的质量百分数浓度使用，使用硫酸亚铁时应将二价铁先氧化为三价铁，再起混凝作用。当硫酸亚铁投加到水中时，离解出的二价铁离子只能生成简单的单核络合物，不如三价铁盐混凝效果好，残留于水中的二价铁离子也使处理后的水带色，当水中色度较高时，二价铁离子与水中有色物质反应，将生成颜色更深的不易沉淀的物质（但可用三价铁盐除色）。通常情况下可采用调节 pH、加入氯、曝气等方法使二价铁快速氧化。

当水的 pH 在 8.0 以上时，加入的亚铁盐的二价铁离子易被水溶解氧化成三价铁离子，当原水的 pH 较低时，可将硫酸亚铁与石灰、碱性条件下的活化硅酸等碱性药剂一起使用，可以促进二价铁离子氧化。

当原水 pH 较低而且溶解氧不足时，可通过加氯来氧化二价铁：

$$6FeSO_4 + 3Cl_2 \Longrightarrow 2Fe_2(SO_4)_3 + 2FeCl_3$$

根据以上反应式，理论上硫酸亚铁与氯化物的投量之比约为 8:1。但在实际生产中，为使硫酸亚铁迅速充分氧化，可根据实际情况略增加氯的投加量。

当水的 pH$<$8.0 时，可加入石灰去除水中 $CO_2$。石灰用量可按下式估算：

$$[CaO] = 0.37a + 1.27CO_2$$

式中　$a$——$FeSO_4$ 的投加量，mg/L；

　　　$CO_2$——水中 $CO_2$ 的含量，mg/L。

当水中没有足够溶解氧时，则可加氯或漂白粉予以氧化，理论上 $1mg/LFeSO_4$ 需加氯 0.234mg/L。铁盐使用时，水的 pH 的适用范围较宽，为 5.0~11。

### 3.2.1.4　碳酸镁

铝盐与铁盐作为混凝剂加入水中，形成絮体随水中杂质一起沉淀于池底，作为污泥要进行适当处理以免造成污染。大型水厂产生的污泥量甚大，曾尝试用硫酸回收污泥中的有效铝、铁，但回收物中常有大量铁、锰和有机色度，以致不适宜再作混凝剂。

碳酸镁在水中产生 $Mg(OH)_2$ 胶体和铝盐、铁盐产生的 $Al(OH)_3$ 与 $Fe(OH)_3$ 胶体类似，可以起到澄清水的作用。石灰苏打法软化水站污泥除碳酸钙外，尚有氢氧化镁，利用二氧化碳气体可以溶解污泥中的氢氧化镁，从而回收碳酸镁。

## 3.2.2　混凝机理

水处理中的混凝过程比较复杂，不同类型的混凝剂以及在不同的水质条件下，混凝剂作用机理有所不同。据目前的研究，混凝剂对水中胶体粒子的混凝作用有四种：压缩双电层、电性中和、吸附架桥、网捕卷扫。

### 3.2.2.1　压缩双电层

压缩双电层是指在胶体分散系中投加能产生高价反离子的活性电解质，通过增大溶液中的反离子强度来减小扩散层厚度，从而使 ζ 电位降低的过程。该过程的实质是新增的反离子与扩散层内原有反离子之间的静电斥力把原有反离子程度不同地挤压到吸附层中，从而使扩散层减薄。

压缩双电层的机理可以分为憎水性胶体和亲水性胶体两种类别：

（1）憎水性胶体。当两个胶粒相互接近以致双电层发生重叠时，就产生静电斥力。加入的反离子与扩散层原有反离子之间的静电斥力将部分反离子挤压到吸附层中，从而使扩散层厚度减小。由于扩散层减薄，颗粒相撞时的距离减少，相互间的吸引力变大。颗粒间排斥力与吸引力的合力由斥力为主变为以引力为主，颗粒就能相互凝聚重新稳定，当混凝剂投量过多时，凝聚效果下降。胶体吸附电解质，表面电荷重新分布。

（2）亲水性胶体。水化作用是亲水性胶体聚集稳定性的主要原因。亲水性胶体虽然也存在双电层结构，但 ζ 电位对胶体稳定性的影响远小于水化膜的影响。

### 3.2.2.2　电性中和

当投加的电解质为铁盐、铝盐时，它们能在一定条件下离解和水解，变成各种络离子，如 $[Al(H_2O)_6]^{3+}$ 等，这些络离子不但能压缩双电层，而且能够通过胶核外围的反离子层进入固-液界面，并中和电位离子所带电荷，使 $\varphi$ 电位降低，ζ 电位也随之减小，达到胶粒的脱稳和凝聚。

### 3.2.2.3　吸附架桥

投加具有能与胶粒和细微悬浮物发生吸附的活性部位的水溶性链状高分子聚合物药

剂，使其通过静电引力、范德华引力和氢键力等，将微粒搭桥联结为一个个絮凝体（俗称矾花）。聚合物的链状分子在其中起了桥梁和纽带的作用。这种网状结构的表面积很大，吸附能力很强，能够吸附黏土、有机物、细菌甚至溶解物质。

#### 3.2.2.4 网捕卷扫

当铝盐或者铁盐混凝剂投加量很大而形成氢氧化物沉淀时，可以网捕卷扫水中胶粒一并产生沉淀分离，称为网捕卷扫作用。

### 3.2.3 影响混凝的因素

影响混凝效果的主要因素比较复杂，其中包括水温、水化学特性、水中杂质性质和浓度以及水力条件等。具体如下。

#### 3.2.3.1 水温的影响

水温对混凝效果有较大的影响，水温过高或过低都对混凝不利，最适宜的混凝水温为 20～30℃。我国气候寒冷地区，冬季从江河水面以下取用的原水受地面水温度的影响，水温又是低达 0～2℃。尽管投加大量混凝剂也难获得良好的混凝效果。

水温低时，絮凝体形成缓慢，絮凝颗粒细小，混凝效果较差，原因有以下几点：

（1）因为无机盐混凝剂水解反应是吸热反应，水温低时混凝剂水解缓慢，影响胶体颗粒脱稳。

（2）水的黏度变大，胶体颗粒运动的阻力增大，影响胶体颗粒间的有效碰撞和絮凝。

（3）水中胶体颗粒的布朗运动减弱，不利于已脱稳胶体颗粒的异向絮凝。

（4）水温与水的 pH 有关。水温低时水的 pH 提高，相应的混凝最佳 pH 也将提高。

水温过高时，混凝效果也会变差，主要是由于水温高时混凝剂水解反应速度过快，形成的絮凝体水合作用增强、松散不易沉降；在污水处理时，产生的污泥体积大，含水量高，不易处理。

#### 3.2.3.2 水的 pH 的影响

水的 pH 对混凝效果的影响很大，主要从两个方面来影响混凝效果。一方面是水的 pH 直接与水中胶体颗粒的表面电荷和电位有关，不同的 pH 下胶体颗粒的表面电荷和电位不同，所需要的混凝剂量也不同；另一方面，水的 pH 对混凝剂的水解反应有显著影响，不同混凝剂的最佳水解反应所需要的 pH 范围不同，因此，水的 pH 对混凝效果的影响也因混凝剂种类而异。使用聚合氯化铝的最佳混凝除浊 pH 范围为 5～9。

#### 3.2.3.3 水的碱度的影响

由于混凝剂加入原水中后，发生水解反应，反应过程中要消耗水的碱度，特别是无机盐类混凝剂，消耗的碱更多。当原水中碱度很低时，投入混凝剂因消耗水中的碱度而使水的 pH 降低，如果水的 pH 超出混凝剂最佳混凝 pH 范围，将使混凝效果受到显著影响。当原水碱度低或混凝剂投量较大时，通常需要加入一定量的碱性药剂如石灰等来提高混凝效果。

#### 3.2.3.4 水中浊质颗粒浓度的影响

水中浊质颗粒浓度对混凝效果有明显影响。浊质颗粒浓度过低时，颗粒间的碰撞概率大大减小，混凝效果变差；过高则需投高分子絮凝剂如聚丙烯酰胺，将原水浊度降到一定程度以后再投加混凝剂进行常规处理。

#### 3.2.3.5　水中有机污染物的影响

水中有机物对胶体有保护稳定作用，类似于水中溶解性的有机物分子吸附在胶体颗粒表面，形成一层有机涂层，将胶体颗粒保护起来，阻碍胶体颗粒之间的碰撞，阻碍混凝剂与胶体颗粒之间的脱稳凝集作用，在有机物存在条件下胶体颗粒比没有有机物时更难脱稳，混凝剂量需增大。此时可通过投高锰酸钾、臭氧、氯等预氧化剂，但需考虑是否有毒性。

### 3.2.4　混凝剂配制投加基本要求

#### 3.2.4.1　混凝剂配制应符合的规定

（1）固体混凝剂的配制：固体混凝剂溶解时应在溶液池内经机械或空气搅拌，使其充分混合、稀释，严格控制溶液的配比。药液配好后，继续搅拌 15min，并静置 30min 以上方能使用。溶液池需有备用，药剂的质量浓度宜控制在 5%～20% 范围内。

（2）液体混凝剂的配制：原液可直接投加或按一定的比例稀释后投加。

#### 3.2.4.2　混凝剂投加应符合的规定

（1）混凝剂宜按流量比例自动投加，控制模式可根据各水厂条件自行决定。

（2）重力式投加，应在加药管的始端装设压力水吹扫装置。

（3）吸入与重力相结合的方式投加（泵前式投加），应符合下列规定：泵前加药，药管宜装在泵体吸口前 0.5m 处左右；高位罐的药液进入转子流量计前，应安装恒压设施。

（4）压力式投加（加药泵、计量泵），应符合下列规定：采用手动方式，应根据絮凝、沉淀效果及时调节；定期清洗泵前过滤器和加药泵或计量泵；更换药液前，必须清洗泵体和管道。

（5）各种形式的投加工艺，均应配置计量器具。计量器具应定期进行检定。

（6）当需要投加助凝剂时，应根据试验确定投加量和投加点。

### 3.2.5　混凝剂配药规程

#### 3.2.5.1　聚合氯化铝（PAC）配药规程

（1）检查投药池是否有杂物，池底是否结块，若有应及时清除。

（2）打开进水阀门，水位达到投药池高度一半时，打开搅拌机，开始投药。

（3）投药人员须戴防护用品（手套、口罩、防护眼镜）。

（4）投药时注意加药速度不能太急，以防溅出。

（5）由于聚合氯化铝（PAC）产品中常带有杂物，应及时将其打捞出来，以防堵塞管道或泵。

（6）加药完毕，继续加水至所需水位。在药液均匀后，关闭搅拌机。

（7）记录当班投药量。

#### 3.2.5.2　PAM 配药日常规程

（1）检查投药池是否有杂物，池底是否结块，发现及时清除。

（2）打开进水阀门，水位达到投药池高度一半时，打开搅拌机，开始投药。

（3）加药时必须均匀地、慢慢地投放，以防结块。

（4）投药时注意加药速度不能太急，以防局部结块，不易溶解。

（5）记录当班投药量。

（6）有效巡视。每小时至少要巡视一次，根据水量水质及时调整加药量。发现问题要及时记录、解决；不能解决的要立即上报上级主管解决。

日常巡视内容如下：

① 检查投药装置有无异常现象，如异常振动和噪声等。

② 检查药剂池内是否还有药剂，如果没有及时添加。

③ 当系统出现故障时，及时找出故障原因，故障排除后方可继续运行。

④ 正确填写工作记录及设备运行记录，做到"认真、正确、具体、完整"。

### 3.2.6 混合絮凝技术要点

#### 3.2.6.1 混凝剂的选择

应用于饮用水处理的混凝剂应符合以下基本要求：混凝效果好；对人体健康无害；使用方便；货源充足，价格低廉。水处理工程常用混凝剂见表3.8。

**表 3.8 水处理工程常用混凝剂**

| 名称 | 硫酸铝 | 硫酸亚铁（绿矾） | 三氯化铁 | 聚合氯化铝（PAC）又名碱式氯化铝 |
|---|---|---|---|---|
| 对水温和pH的适应性 | 适用于 20～40℃；pH＝5.7～7.8 时，主要去除水中悬浮物；pH＝6.4～7.8 时，处理浊度高、色度低的水 | 适用于碱度和浊度高、pH＝8.5～11.0 的水；受温度影响小 | 受温度影响较小，适用于 pH＝6.0～8.4 | 温度适应性强，适用于 pH＝5.0～9.0 |
| 适用条件 | 一般都可适用，原水须有一定的碱度；处理低温低浊水时，絮凝效果差，投加量大，有剩余时，影响水质 | 处理低浊度水时，效果好于铝盐；不适用于色度高和含铁量高的原水；使用时，一般要把 $Fe^{2+}$ 转化成 $Fe^{3+}$ | 适用于高浊度原水，刚配制的水溶液温度较高 | 适用于低浊水、高浊水和微污染原水 |
| 特点 | 腐蚀性较小 | 价格低，絮凝体易沉淀，易腐蚀溶液池 | 絮凝体密度大，易下沉，杂质少；对金属和混凝土腐蚀极大 | 操作简便；腐蚀性较小；应用广泛 |

通过表3.8的比较可知，聚合氯化铝（PAC）的整体性能更佳，并且水厂地处我国北方地区，冬天温度偏低，聚合氯化铝（PAC）在混凝过程中可以同时起到电性中和与吸附架桥的双重作用，浊度去除效果较为理想。

#### 3.2.6.2 混凝剂的投加量

根据地表水厂原水进水平均浊度，参考相关资料确定混凝剂——聚合氯化铝（PAC）的投加量。

#### 3.2.6.3　混凝剂的投加方式

混凝剂的投加设备包括计量设备、药液提升设备、投药箱、必要的水封箱以及注入设备等，投药设备由投加方式确定。

（1）计量设备：主要包括转子流量泵、电磁流量泵、苗嘴、计量泵等。其中，苗嘴计量仅适用于人工控制，其他计量设备既可人工控制，也可自动控制。

（2）投加方式：主要包括泵前投加、高位溶液池重力投加、水射器投加、泵投加等。其中，采用计量泵不必另备计量设备，泵上有计量标志，可通过改变计量泵行程或变频调速改变药液投量，最适合用于混凝剂自动控制系统。

因此，许多地表水厂的混凝剂投加方式确定为计量泵投加。

#### 3.2.6.4　混合设备

混合设备的基本要求是，药剂与水的混合必须快速均匀。混合设备种类较多，我国常用的归纳起来有三类：水泵混合、管式混合、机械混合。常用混合方式的主要特点及适用条件见表 3.9。

表 3.9　常用混合方式

| 方式 | 特点及适用条件 |
|---|---|
| 水泵混合 | 混合效果好，不需增加混合设施，节省动力，大、中、小型水厂均可采用。但是，水泵混合通常用于取水泵房靠近水厂处理构筑物的场合，两者间距不宜大于 120m |
| 管式混合（管式静态混合器） | 构造简单，无活动部件，安装方便，混合快速而均匀，在我国被广泛采用。唯一缺点是当流量过小时，效果降低 |
| 机械混合 | 混合效果好，且不受水量变化影响，适用于各种规模的水厂。缺点是增加机械设备并增加维修保养工作 |

依据表 3.9 的分析，综合考虑整体经济效益，本设计水厂的混合设备确定为管式静态混合器。

#### 3.2.6.5　絮凝设备

絮凝设备的基本要求是，原水与药剂经混合后，通过絮凝设备应形成肉眼可见的、大的密实絮凝体。絮凝池的类型很多，概括起来可以分成两大类：水力絮凝池和机械絮凝池。我国在新型絮凝池的研究方面达到了较高的水平，尤其在水力絮凝池方面，常见池型见表 3.10。

表 3.10　絮凝池的类型及特点

| 类型 | | 特点 | 适用条件 |
|---|---|---|---|
| 隔板絮凝池 | 往复式 | 优点：絮凝效果好，构造简单，施工方便；<br>缺点：容积较大，水头损失较大，转折处矾花易破碎 | 水量大于 30000t 的净水厂；处理水量稳定、变动小 |
| | 回转式 | 优点：絮凝效果好，水头损失小，构造简单，管理方便；<br>缺点：出水流量不易分配均匀，出口处易积泥 | 水量大于 30000t 的净水厂；水量变动小者及改扩建旧池时更适用 |

| 类型 | 特点 | 适用条件 |
|---|---|---|
| 旋流絮凝池 | 优点：容积小，水头损失较小；<br>缺点：池子较深，地下水位高处施工较难，絮凝效果较差 | 一般用于中小型净水厂 |
| 折板絮凝池 | 优点：絮凝效果好，絮凝时间短，容积较小；<br>缺点：构造较隔板絮凝池复杂，造价高 | 流量变化较小的中小型净水厂 |
| 栅条（网格）絮凝池 | 优点：絮凝效果好，水头损失小，絮凝时间短；<br>缺点：末端池底易积泥 | 流量变化较小的中小型净水厂 |
| 机械絮凝池 | 优点：絮凝效果好，水头损失小，可适应水质水量的变化；<br>缺点：需机械设备，运行能耗大 | 大小水量均使用，并使用水量变动较大的净水厂 |

絮凝池类型选择和絮凝时间，应根据相似条件下的运行经验或通过原水水质试验确定。一般来讲，为保证在检修、事故时仍能供水，絮凝池数不应少于2个，并在池底设置排泥设施。此外，在絮凝池设计时，应分别符合以下要求：

1. 隔板絮凝池

（1）隔板絮凝池采用平直墙（板）将絮凝池体分隔，令水流往复或竖向流动。隔断方式多采用砖砌隔墙，厚度可采用120～240mm。

（2）隔板絮凝池反应时间宜为20～30min。

（3）絮凝池廊道的流速，应按由大到小渐变进行设计，起端流速宜为0.5～0.6m/s，末端流速宜为0.2～0.3m/s，工程上通常采用改变隔板间距的方法达到改变不同挡位流速的要求，隔板通常布置为平流式。

（4）隔板间净距不宜小于0.5m，以便于施工和清洗检修，隔板转弯处过水断面面积应为下一廊道断面面积的1.2～1.5倍，令水流稳定。

（5）当水流垂直隔板入池，在起端进水口处应采取挡水措施，以免水流直冲隔板。

（6）池底坡度宜向排泥口设2%～3%，以便于重力排泥，排泥管管径不小于150mm。

2. 折板絮凝池

（1）折板絮凝池分为异波折板、同波折板。在应用时，通常按异波→同波→直板组合设置，折板通常布置为竖流式。

（2）折板絮凝池反应时间为12～20min。

（3）通过改变折板间距使水流在絮凝反应过程中的流速逐段降低，且分段数不宜少于三段，其中，第一段流速0.25～0.35m/s，第二段流速0.15～0.25m/s，第三段流速0.10～0.15m/s。

（4）折板间距可采用0.5m，长度为0.8～1.5m，折板夹角可采用90°～120°，或依据技术进步或试验情况设定。

（5）池底坡度宜向排泥口设2%～3%，以便于排泥，排泥管管径不小于150mm。

3. 栅条（网格）絮凝池

（1）栅条（网格）絮凝池宜设计成多格竖流式，并在网格侧壁错落开口。

（2）栅条（网格）絮凝池反应时间宜为 12～20min。当处理低温或低浊水时，絮凝时间应适当延长，以保证絮凝效果。

（3）絮凝池竖井、过栅（过网）和过孔流速应逐段递减，分段数宜为三段，栅条（网格）絮凝池的水力参数及栅条、网格构件的规格和布置应根据原水水质及生产能力，通过试验或参照相似净水厂的运行经验确定，也可参考表 3.11 确定。

表 3.11　栅条、网格絮凝池主要设计参数

| 絮凝池<br>池型 | 絮凝池<br>分段 | 栅条缝隙或<br>网格孔眼<br>尺寸（mm） | 板条<br>宽度<br>mm | 竖井平均<br>流速 $v_2$<br>（m/s） | 过栅或过<br>网流速 $v_1$<br>（m/s） | 竖井之间<br>孔洞流速 $v$<br>（m/s） | 栅条或网<br>格构件层<br>距（cm） | 设计絮凝<br>时间<br>（min） | 速度<br>梯度<br>（s$^{-1}$） |
|---|---|---|---|---|---|---|---|---|---|
| 栅条<br>絮凝池 | 前段<br>（安放密栅条） | 50 | 50 | 0.12～0.14 | 0.25～0.30 | 0.30～0.20 | 60 | 3～5 | 70～100 |
| | 中段<br>（安放疏栅条） | 80 | 80 | 0.12～0.14 | 0.22～0.25 | 0.20～0.15 | 60 | 3～5 | 40～60 |
| | 后段<br>（不安放栅条） | — | — | 0.10～0.14 | | 0.14～0.10 | — | 3～5 | 10～20 |
| 网格<br>絮凝池 | 前段<br>（安放密网格） | 80×80 | 35 | 0.12～0.14 | 0.25～0.30 | 0.30～0.20 | 60～70 | 3～5 | 70～100 |
| | 中段<br>（安放疏网格） | 100×100 | 35 | 0.12～0.14 | 0.22～0.25 | 0.20～0.15 | 60～70 | 3～5 | 40～60 |
| | 后段<br>（不安放网格） | — | — | 0.10～0.14 | | 0.14～0.10 | — | 3～5 | 10～20 |

（4）池底设穿孔管重力排泥，排泥管径不小于 150mm。

4．机械絮凝池

（1）机械絮凝池的水力梯度通过搅拌器旋转速度由大到小进行分级，通常分 3 格以上串联，分格越多，絮凝效果越好。

（2）机械絮凝池絮凝时间为 15～20min。

（3）池内设 3～4 挡搅拌机，水平搅拌轴应设于池中水深 1/2 处，垂直轴则应设于池中间。搅拌机的转速应根据桨板边缘处的线速度通过计算确定，线速度宜自第一挡的 0.5m/s 逐渐变小至末挡的 0.2m/s。

（4）水平轴式叶轮直径应比絮凝池水深小 0.3m，叶轮外缘与池壁间距不大于 0.2m；垂直轴的上桨板顶端应设于池子水面下 0.3m 处，下桨板底端应设于距池底0.3～0.5m 处，桨板外缘与池壁间距不大于 0.25m。每根搅拌轴上桨板总面积宜为水流截面积的 10%～20%，不宜超过 25%，每块桨板的宽度为桨板长度的 1/15～1/10，一般采用10～30cm。

（5）池内应设固定挡板等防止水体短流或绕流的设施。

# 3.3　沉　淀

沉淀是在水处理工艺中，将水中的悬浮颗粒在重力作用下从水中分离出来的过程。常

用的沉淀池是按照进出水的方向来划分的,一般分为竖流沉淀池、平流沉淀池和辐流沉淀池。由于竖流沉淀池表面负荷选用值小,占地面积大,很大程度上限制了竖流沉淀池的使用。辐流沉淀池多设计成圆形,池底向中心倾斜。这种圆形沉淀池占地面积大,构造相对复杂,周边出水均匀性差,常常用于高浊度水的预沉淀处理,或者出水浊度要求不高的污水处理。平流沉淀池处理水量大小不限,沉淀效果好,且对水量和温度变化的适应能力强,平面布置紧凑,施工方便,造价低。所以,净水厂常常使用平流沉淀池。

### 3.3.1 沉淀池的类型

原水经投药、混合与絮凝后,水中的悬浮杂质已形成粗大的絮凝体,其要在沉淀池中分离出来以完成澄清的作用。若出水浊度仍有进一步降低的可能,沉淀池工艺的选择至关重要。

目前,我国净水厂常用的沉淀池类型主要包括平流沉淀池和斜板(斜管)沉淀池两种。其优点、缺点以及适用条件见表 3.12。

表 3.12 沉淀池特点及适用条件

| 类型 | 性能特点 | 适用条件 |
|---|---|---|
| 平流沉淀池 | 优点:可就地取材,造价低;操作管理方便,施工较简单;适应性强,潜力大,处理效果稳定;带有机械排泥设备时,排泥效果好。<br>缺点:不采用机械排泥装置,排泥较困难;机械排泥设备,维护复杂;占地面积较大 | 一般用于大中型净水厂;原水含砂量大时作预沉池 |
| 竖流沉淀池 | 优点:排泥较方便;一般与絮凝池合建,不需建絮凝池;占地面积较小。<br>缺点:上升流速受颗粒下沉速度所限,出水流量小,一般沉淀效果较差;施工较平流沉淀池困难 | 一般用于小型净水厂;常用于地下水位较低时 |
| 辐流沉淀池 | 优点:沉淀效果好;有机械排泥装置时,排泥效果好。<br>缺点:基建投资及费用大;刮泥机维护管理复杂,金属耗量大;施工较平流沉淀池困难 | 一般用于大中型净水厂;在高浊度水地区作预沉池 |
| 斜管(板)沉淀池 | 优点:沉淀效果好;池体小,占地少。<br>缺点:斜管(板)耗用材料多,且价格较高;排泥较困难 | 宜用于大中型厂;宜用于旧沉淀池的扩建、改建和挖潜 |

### 3.3.2 设计概述

沉淀池类型选择和沉淀时间,应根据相似条件下的运行经验或通过原水水质试验确定。一般来讲,为保证在检修、事故时仍能供水,沉淀池能够单独排空的个数或分隔数不应少于 2 个。此外,在沉淀池设计时,应分别符合以下要求。

#### 3.3.2.1 平流沉淀池

(1)平流沉淀池的沉淀时间宜为 1.5～3.0h,当处理低温、低浊度水或高浊度水时,沉淀时间应适当延长。

（2）平流沉淀池的水平流速可采用 $10\sim25mm/s$，在生产中也有将水平流速达到 $30mm/s$ 左右的，以缩短池长，但应保证池内水流顺直、流态良好。

（3）平流沉淀池的平均有效水深可采用 $3.0\sim3.5m$，超高一般为平均有效水深的 $0.3\sim0.5m$；沉淀池每格宽度（或导流墙间距）宜为 $3\sim8m$，最大不超过 $15m$，长度与宽度之比不得小于 4；长度与深度之比不得小于 10；平流沉淀池在长度方向一般采用直流式布置，为满足沉淀时间和水平流速要求，池长较大，一般为 $80\sim100m$，当受地形及厂区布局等限制时，可采用转折布置，但在转折处必须放大间距，减小流速，以免沉淀的泥沙被水流冲起。

（4）平流沉淀池进出水口形式对出水效果有至关重要的影响。进水端宜采用穿孔墙配水，穿孔墙在池底积泥面以上 $0.3\sim0.5m$ 处，至池底部分不设孔眼，以免冲动尘泥。此外，进口处穿孔墙流速不大于絮凝池最后一段流速，以免絮体破碎。出水端应考虑在出水槽前增加指形槽的措施，以降低出水堰溢流负荷，出水形式可采用三角堰溢流或孔口出流的方式，其溢流率（单宽流量）不宜超过 $300m^3/(m\cdot d)$。

（5）沉淀池需要设计放空管，其管径一般应使沉淀池泄空时间不超过 6h。

（6）由于沉淀池面积较大，一般采用机械排泥方式。当采用吸泥机排泥时，池底可为平坡，当采用刮泥机排泥时应向进水端找坡，坡度宜为 $2\%\sim3\%$。

### 3.3.2.2 斜管沉淀池

（1）由平流沉淀池的理想沉淀原理可知，提高悬浮颗粒去除效率的途径之一是增大沉淀面积，斜管（板）沉淀池即是以此理论开发的。在实践中，斜管沉淀池多采用上向流方式。

（2）斜管沉淀区液面负荷应按相似条件下的运行经验确定，可采用 $5.0\sim9.0m^3/(m^2\cdot h)$。

（3）斜管断面一般采用蜂窝六角形，其内径或边距一般为 $30\sim40mm$；斜长为 $1.0m$；倾角为 $60°$。

（4）斜管沉淀池上部的清水区保护高度不宜小于 $1.0m$，较高的清水区有助于出水均匀和减少日照影响及藻类繁殖；斜管下部的配水区高度不宜小于 $1.5m$，为使布水均匀，在沉淀池进口处应设穿孔墙或格栅等整流措施。

（5）斜管沉淀池排泥可采用穿孔管排泥或机械排泥。

### 3.3.2.3 斜板沉淀池

（1）斜板沉淀池水流方向主要有上向流、侧向流及下向流三种。工程实践中，侧向流斜板沉淀池应用较多。

（2）斜板沉淀池的设计颗粒沉降速度、液面负荷宜通过试验或参照相似条件下的净水厂运行经验确定，设计液面负荷可采用 $6.0\sim12.0m^3/(m^2\cdot h)$，低温低浊度水宜采用下限值。

（3）斜板板距宜采用 $80\sim100mm$；单层斜板板长不宜大于 $1.0m$；斜板倾斜角度宜采用 $60°$。

（4）为了防止水流不经斜板部分，应在沉淀池前端下部设置阻流墙，并使斜板顶部高出水面。

（5）为使水流均匀分配和收集，斜板沉淀池的进出水口应设置整流墙。其中，进口处整流墙的开孔率应使过孔流速不大于絮凝池出口流速，稳定流态，以免絮体破碎。

# 3.4 澄　　清

澄清是利用构筑物内已经形成的絮凝颗粒和新进入的颗粒碰撞接触、吸附、聚结，然后形成较大颗粒与水分离，使原水得到净化的过程。其基本原理是通过增大颗粒沉速的途径来提高悬浮颗粒的去除效率。澄清池综合了混凝和固-液分离作用，是集混合、絮凝、悬浮颗粒分离等过程于一体的净水构筑物，其水流基本上是上向流。

## 3.4.1　类型

澄清池按水与泥渣的接触情况，分为泥渣循环（回流）型和泥渣悬浮（过滤）型两大类，根据动力情况又可分为机械澄清和水力澄清池。净水生产中常见澄清池的性能特点及适用条件见表 3.13。

表 3.13　澄清池特点及适用条件

| 类型 | 性能特点 | 适用条件 |
| --- | --- | --- |
| 机械搅拌澄清池 | 优点：处理效率高，适应性强，效果稳定。<br>缺点：需要机械搅拌设备，维护复杂 | 进水悬浮物含量通常小于 1000mg/L，短时间内允许达到 5000mg/L；适用于大中型净水厂；一般为圆池 |
| 水力循环澄清池 | 优点：无机械搅拌设备，构造较简单。<br>缺点：投药量较大，水头损失较大，对水质水温变化适应性较差 | 进水悬浮物含量通常小于 1000mg/L，短时间内允许达到 2000mg/L；适用于中小型净水厂；一般为圆池 |
| 脉冲澄清池 | 优点：虹吸式机械设备较为简单，混合充分，布水均匀，池深较浅。<br>缺点：真空室需要一套真空设备，较复杂；虹吸式水头损失较大，脉冲周期较难控制；操作管理要求较高；对原水水质水量变化适应性较差 | 进水悬浮物含量通常小于 1000mg/L，短时间内允许达到 3000mg/L；适用于各种规模净水厂；池型多样 |
| 悬浮澄清池 | 优点：构造简单，形式多样。<br>缺点：需设气水分离器，对原水水质水量变化适应性较差，处理稳定性较机械澄清池差 | 进水悬浮物含量通常小于 1000mg/L；一般流量变化每小时不大于 10%，水温变化每小时不大于 1℃；一般为圆池或方池 |

## 3.4.2　设计概述

澄清池类型选择和反应时间，可根据相似条件下的运行经验或通过原水水质试验确定。此外，在澄清池设计时，应分别符合以下要求：

### 3.4.2.1　机械搅拌澄清池

（1）机械搅拌澄清池属泥渣循环型澄清池，利用机械搅拌的提升作用完成泥渣回流和接触反应。

（2）反应式计算流量一般为进水量的 3～5 倍。

（3）机械搅拌澄清池清水区的液面负荷，应按相似条件下的运行经验确定，也可采用上升流速 0.8～1.1mm/s，当处理低温低浊水时可采用 0.7～0.9mm/s。

（4）水在池中的总停留时间，可采用 1.2～1.5h，反应室的总停留时间一般控制在 20～30min，其中第二反应室停留时间按进水流量计算控制为 0.5～1min。

（5）清水区高度为 1.5～2.0m，底部锥体坡度控制在 45° 为宜，当装有刮泥装置时做成平底较好。

（6）机械搅拌澄清池是否设置机械刮泥装置，应根据水池直径、底坡大小、进水悬浮物含量及其颗粒组成等因素确定。

#### 3.4.2.2　水力循环澄清池

（1）水力循环澄清池属于泥渣循环型澄清池，利用水射器的作用进行混合和泥渣循环，以获得较好的澄清。

（2）水力循环澄清池的回流水量，可为进水流量的 2～4 倍。

（3）水力循环澄清池清水区的液面负荷，应按相似条件下的运行经验确定，可采用 2.5～3.2m³/(m²·h)。

（4）水在池中的总停留时间，可采用 1.0～1.5h，第一反应室和第二反应室的停留时间分别控制在 15～30s 和 80～100s。

（5）水力循环澄清池导流筒（第二絮凝室）的有效高度，可采用 3～4m。池底斜壁与水平面的夹角不宜小于 45°。

#### 3.4.2.3　脉冲澄清池

（1）脉冲澄清池属于泥渣悬浮型澄清池，利用脉冲配水方法周期性进水和出水，使悬浮层泥渣交替膨胀和收缩，以增加原水颗粒与池内絮凝体接触机会，从而提高澄清效果。

（2）脉冲澄清池清水区的液面负荷，应按相似条件下的运行经验确定，可采用 2.5～3.2m³/(m²·h)。

（3）脉冲周期可采用 30～40s，充放时间比为 3:1～4:1。

（4）脉冲澄清池的悬浮层高度和清水区高度可分别采用 1.5～2.0m。

#### 3.4.2.4　悬浮澄清池

（1）悬浮澄清池是较早应用的澄清池，投加混凝剂的原水向上流经泥渣层时，其中的细小颗粒被吸附去除。

（2）为防止原水中气泡对泥渣层破坏，在澄清池前需设置空气分离器，其水位高度一般高出澄清池 0.5～0.6m。

（3）悬浮澄清池停留时间不小于 45s，进水管流速不大于 0.75m/s。

（4）悬浮澄清池的悬浮层高度和清水区高度，可分别采用 2.0～2.5m 和 1.5～2.0m。

# 3.5　气　浮

## 3.5.1　气浮的特点

气浮是将微气泡黏附于絮体上，令气泡-絮体组合的平均密度小于水，从而实现絮凝体强制性上浮，达到固-液分离效果，常用于水处理中。其主要类型有分散空气气浮法、电解气浮法、射流气浮法、加压溶气气浮法等。当前，在城乡净水工艺中，加压溶气气浮法应用最为普遍，下文仅对这种气浮方式进行叙述。加压溶气气浮法即在高压下过量溶解空气于部分（或全部）原水中，然后在常压下令原水中超饱和的空气释放，形成微气泡，令其黏附絮凝体强制上浮。加压溶气气浮具有以下特点：

（1）由于气浮是依靠无数微气泡黏附絮体，接触概率高，且对絮体大小及质量要求不高，可以减少絮凝时间并节约混凝剂投加量，而且出水水质好。

（2）由于"微气泡-絮粒"组合体密度与水差异明显，分离效果好，因此，单位面积气浮池产水量高。

（3）池体构造相对简单，管理方便。

（4）气浮系统需要配置供气、溶气及释放气体系统，致使净水工艺日常运行电耗有所增加。

### 3.5.2　适用条件

（1）用于处理浑浊度小于100NTU及含有藻类、有机杂质等低密度悬浮物质的原水。

（2）水源受到污染，色度高、溶解氧低的原水。

（3）水温常年或季节性偏低，采用沉淀澄清处理效果不好的原水。

### 3.5.3　设计概述

（1）为避免打碎絮体，气浮池宜与絮凝池合建，进入气浮池水流尽可能分布均匀，流速控制在0.1m/s左右较适宜；气浮前的絮凝时间通常取10～20min。

（2）气浮池池长不宜超过15m，单格宽度不宜超过10m，有效水深可采用2.0～2.5m，停留时间为15～30min。

（3）溶气罐的压力及回流比，应根据原水气浮试验情况或参照相似条件下的运行经验确定，溶气压力可采用0.2～0.4MPa；回流比可采用5%～10%。

（4）压力溶气罐的总高度可采用3.0m，罐内装填料（多为阶梯环填料）的高度宜为1.0～1.5m；压力溶气罐水力负荷可采用100～150m³/(m²·h)。

（5）气浮池宜采用刮泥刮渣机同步刮除浮渣和沉泥，刮泥刮渣机的行车速度不宜大于5m/min；泥斗及排渣槽通常置于气浮池前端，应向进水端找坡，坡度宜为2%～3%；出水端设浮渣挡板，避免跑渣。

# 3.6　过　　滤

## 3.6.1　过滤的机理

### 3.6.1.1　拦截（或称接触）效应

在纤维层内纤维交错排列，形成无数网格。当某一尺寸的微粒沿着其流线刚好运动到纤维表面附近时，如果纤维表面的距离等于或小于微粒半径，运动中的粒子撞到障碍物时，粒子与障碍物表面间的引力使它粘在障碍物上，微粒就在纤维表面被拦截下来。

这种作用被称为拦截效应。

### 3.6.1.2　惯性效应

大粒子在气流中作惯性运动。气流遇障碍物绕行，粒子因惯性偏离气流方向并撞到障碍物上。粒子越大，惯性力越强，撞击障碍物的可能性越大，过滤效果越好。

### 3.6.1.3　扩散效应

小粒子做无规则运动。对无规则运动作数学处理时使用传质学中的"扩散"理论，粒子越小，无规则运动越剧烈，撞击障碍物的机会越多，因此过滤效果越好。

### 3.6.1.4　重力效应

微粒通过纤维时，在重力作用下发生脱离流线的位移，也就是因为重力沉降而沉积在纤维上。

### 3.6.1.5　静电效应

由于种种原因，纤维和微粒都可能带上电荷，产生吸引微粒的静电效应。

## 3.6.2　影响过滤的主要因素

使用水、无烟煤滤料、锰砂滤料、陶粒滤料、卵石滤料等这些颗粒滤料，目的是将水源内之悬浮颗粒物质或胶体物质清除干净。在选择滤料时应满足：足够的机械强度；足够的化学稳定性；合适的颗粒粒径、级配和空隙率；较低的成本。当处理废水时，由于废水水质复杂，悬浮物浓度高、黏度大，油料要求粒径更大些，机械更高些，更耐腐蚀。

影响过滤的主要因素有以下几点：

### 3.6.2.1　滤料的粒径和滤层的高度

在过滤设备的运行中，悬浮颗粒穿透滤层的深度主要取决于滤料的粒径。在同样的运行工况下，粒径越大，穿透滤层的深度也越大，滤层的截污能力也越大，也利于延长过滤周期。增加滤层的高度，同样有利于增大滤层的截污能力。但是应当指出的是截污能力增大，反冲洗的困难也同样增大。

### 3.6.2.2　滤料的形状和滤层的空隙率

滤料的形状会影响滤料的表面积，滤料的表面积越大，滤层的截污能力也越大，过滤效率也越高。如采用多棱角的破碎粒滤料，由于其表面积较大，因而可提高滤层的过滤效率。一般来说，滤料的表面积与滤层的空隙率呈反比，空隙大，滤层的截污能力大，但过滤效率较低。

### 3.6.2.3　过滤流速（滤速）

一般所指的滤速，是在无滤料时水通过空过滤设备的速度，也称"空塔速度"。过滤设备的滤速不宜过慢或过快。滤速慢意味着单位过滤面积的出力小，因此为了达到一定的出力，必须增大过滤面积，这大大增加了投资。滤速太快会使出水水质下降较大，而使过滤周期缩短。在过滤经过混凝澄清处理的水时，滤速一般取 $8\sim12m/h$。

### 3.6.2.4　进水的前处理方式

滤层的截污能力（又称泥渣容量），是指单位滤层表面积或单位滤料体积所能除去悬浮物的质量，可用每 $1m^2$ 过滤截面能除去泥渣的千克数（$kg/m^2$），或每 $1m^3$ 滤料能除去泥渣的千克数（$kg/m^3$）表示。

#### 3.6.2.5 水流的均匀性

过滤设备在过滤或反洗过程中，要求沿过滤截面水流分布均匀，否则就会影响过滤和反洗效果。在过滤设备中，对水流均匀性影响最大的是配水系统，为了使水流均匀，一般都采用低阻力配水系统。

#### 3.6.2.6 水温

水温是影响过滤的一个重要因素。水温低，水的黏度大，水中的杂质不易分离，因此在滤层中的穿透深度也就比较大。冬季水温低时，如若维持相同的出水水质，滤速应该减小一些。

#### 3.6.2.7 冲洗条件

经过一个周期，滤层内特别是上部截留了大量泥渣和其他杂质，把这些杂质冲洗干净恢复到过滤前的状态是过滤能够持续进行的重要条件。合理的冲洗要求有合理的冲洗条件、正确的冲洗方法，保持一定的滤层膨胀率和冲洗时间。

#### 3.6.2.8 投加助凝剂

对于滤池，如果在原水浊度较高时，或水温较低时再投加一些助凝剂，可以改善过滤性能。加量应该严格控制，否则会影响滤池的工作周期。

#### 3.6.2.9 原水加氯

对受到有机污染的原水采用原水加氯，不仅有利于絮凝沉淀和过滤消毒，也可以很好地灭活水中的藻类，可以防止滤层堵塞，改善过滤性能、提高出水水质。但是原水加氯会增加三卤甲烷等有机氯的有害成分，因此要适当控制。

综上所述，对于过滤，在确保出水水质的前提下如果要增加出水量、提高过滤速度则主要依靠降低沉淀出水浊度，合理选用滤料，维持良好的冲洗条件等。

### 3.6.3 类型

常规净水工艺中的过滤一般是指通过颗粒介质组成的滤层截留水体中固体颗粒的过程，完成这一过程的构筑物即为滤池。过滤是净水处理中的关键处理手段，对保证出水水质具有重要的作用。

滤池按滤速差别可分为慢速过滤滤池和快速过滤滤池；按滤料组成可分为单层滤料滤池、双层滤料滤池、多层滤料滤池以及混合滤料滤池；按冲洗方式可分为水冲洗滤池和气水反冲洗滤池；按配水系统可分为小阻力滤池、中阻力滤池和大阻力滤池；按水流方向可分为下向流滤池、上向流滤池、双向流滤池；按阀门设置可分为普通（四阀）滤池、双阀滤池、无阀滤池、虹吸滤池、移动罩滤池、V形滤池、翻板滤池；按滤池承压可分为重力式滤池和压力式滤池。

在工程实践中，为了全面描述滤池形式，通常将不同分类方式的滤池进行组合命名，如普通快滤池、重力式无阀滤池等。由于早期的滤池过滤速度通常在 $0.1\sim0.3m/h$，不能满足现代大型净水厂生产需要，因此快滤池得到快速发展和普遍应用。

净水生产中常用滤池的性能特点及适用条件见表 3.14。

表 3.14 常用滤池的特点及适用条件

| 类型 | 性能特点 | 适用条件 |
|---|---|---|
| 普通快滤池（四阀滤池） | 优点：运行经验丰富可靠，滤料易得、价格便宜，面积较大，池深较浅，便于高程设计和施工，出水水质较好。<br>缺点：阀门多，必须配备全套冲洗设备 | 进水浊度小于 10；单池面积不宜大于 100m²；适用于大、中、小型净水厂；有条件时尽量采用表面冲洗或空气助洗设备 |
| 均质滤料滤池（V 形滤池） | 优点：运行稳妥可靠，滤料易得、价格低，滤床含污量大、过滤周期长、滤速高、出水水质好，气水反洗与表面扫洗冲洗效果好。<br>缺点：配套设备多，运行能耗大，土建复杂，池深大 | 进水浊度小于 10；单池面积可达 150m²；一般用于大中型净水厂 |
| 无阀滤池 | 优点：不需设置阀门，自动冲洗管理方便，部分设备可定型制作。<br>缺点：清砂不便，单池面积较小，冲洗效果差且废水，出水水质一般 | 进水浊度小于 10；单池面积不大于 25m²；一般用于小型净水厂，规模小于 1 万 m³/d |
| 移动罩滤池 | 优点：造价低，不需要大量阀门设备，池深浅、结构简单，能连续自动运行，不需冲洗水塔或水泵，节约用地，运行能耗低。<br>缺点：必须配套移动冲洗设备，对材质要求高，罩体与隔墙间的密封要求高，施工难度大 | 进水浊度小于 10；单池面积不大于 10m²；一般用于大中型净水厂 |
| 接触双层滤料滤池 | 优点：砂和煤组合滤料滤池，对进水浊度适用幅度大，可作为直接过滤滤池使用，降速过滤，水质好，节约用地，投资少。<br>缺点：滤料要求高，价格高，对运转周期要求高，工作周期短，滤料易流失，冲洗困难，易积泥球 | 进水浊度可在 50~100；一般用于规模在 5000m³/d 以下的小型净水厂；应配套助洗设备 |

滤池形式、分格数及单格面积等应根据设计生产能力、运行管理要求、进出水水质和净水构筑物高程布置等因素，结合厂址地形条件，通过技术经济比较确定，但滤池个数不宜少于 2 个，且每个滤池应设取样装置。过滤速度是滤池设计的重要指标，决定了出水水质和运行效率。滤池滤速及滤料组成的选用，应根据进水水质、滤后水水质要求、滤池构造等因素，通过试验或参照相似条件下已有滤池的运行经验确定，可也按表 3.15 选用。

表 3.15 滤池的滤速及滤料组成

| 滤料种类 | 滤料组成 | | | 正常滤速（m/h） | 强制滤速（m/h） |
|---|---|---|---|---|---|
| | 粒径（mm） | 不均匀系数 $K_{80}$ | 厚度（mm） | | |
| 单层细砂滤料 | $d_{最小}=0.5$<br>$d_{最大}=1.2$ | <2.0 | 700 | 7~9 | 9~12 |

| 滤料种类 | 滤料组成 | | | 正常滤速（m/h） | 强制滤速（m/h） |
|---|---|---|---|---|---|
| | 粒径（mm） | 不均匀系数 $K_{80}$ | 厚度（mm） | | |
| 均质粗砂滤料 | 石英砂<br>$d_{最小}=0.9$<br>$d_{最大}=1.2$ | <1.4 | 1200～1500 | 8～10 | 10～13 |
| 双层滤料过滤 | 无烟煤<br>$d_{最小}=0.8$<br>$d_{最大}=1.8$ | <2.0 | 300～400 | 10～14 | 14～18 |
| | 石英砂<br>$d_{最小}=0.5$<br>$d_{最大}=1.2$ | <2.0 | 400 | | |
| 三层滤料过滤 | 无烟煤<br>$d_{最小}=0.8$<br>$d_{最大}=1.6$ | <1.7 | 450 | 18～20 | 20～25 |
| | 石英砂<br>$d_{最小}=0.5$<br>$d_{最大}=0.8$ | <1.5 | 230 | | |
| | 重质矿石<br>$d_{最小}=0.25$<br>$d_{最大}=0.5$ | <1.7 | 70 | | |

注：1. 表中正常滤速是指净水厂全部滤池工作时的滤速；强制滤速是指一格或两格滤池停役检修、冲洗或翻砂时其他工作滤池的滤速。

2. 当采用直接过滤时设计滤速宜采用低值；当采用双层滤料或均质滤料时，由于滤层的含污能力较大，可以采用高滤速；当运行周期较长时，宜适当降低滤速。

此外，在滤池设计时，应分别符合以下要求：

### 3.6.3.1 普通快滤池

（1）滤料上水深宜采用 1.5～2.0m，滤池超高一般采用 0.3m。

（2）滤池工作周期设计时一般采用 24h，单层、双层滤料滤池冲洗前水头损失宜采用 2.0～2.5m；三层滤料滤池冲洗前水头损失宜采用 2.0～3.0m。当运行时超过最大水头损失时，应及时进行滤池反冲洗。

（3）单层滤料滤池宜采用管式大阻力或中阻力配水系统，三层滤料滤池宜采用中阻力配水系统。

（4）冲洗排水槽的总平面面积一般大于过滤面积的 25%，滤料表面到洗砂排水槽底的距离，不应小于冲洗时滤层的膨胀高度。滤池底部应设泄空管，并在池底以坡度 0.5% 坡向泄空管；滤池池壁与砂层接触时应抹面拉毛，避免水流沿池壁短流。

### 3.6.3.2 均质滤料滤池（V形滤池）

（1）滤层表面以上水深一般为 1.2～1.5m。

（2）滤池工作周期较长，一般采用 24～48h，滤池冲洗前水头损失宜采用 1.5～2.0m，当运行时超过最大水头损失时，应提前进行滤池冲洗。

（3）均质滤料滤池宜用气、水联合冲洗，冲洗水泵和风机设计流量应按单个滤池反冲洗考虑，并设置备用机组，风机出风口应考虑防止水倒吸的措施。

（4）均质滤料滤池宜采用长柄滤头配气、配水系统，并控制同格滤池所有滤头滤帽或滤柄顶表面在同一水平高程，也可以采用整体浇筑的形式控制滤头出水出气均匀。

（5）均质滤料滤池两侧进水槽的槽底配水孔口至中央排水槽边缘的水平距离宜在3.5m 以内，最大不得超过 5m；表面扫洗配水孔的预埋管水平布置，内径一般为 20～30mm，其各管轴线应保持平行；冲洗排水槽顶面宜高出滤料层表面 500mm，其斜面与池壁的倾斜度宜采用 45°～50°。

（6）排水槽底板最低处应高出滤板 0.1m，最高处高出 0.4～0.5m，并以坡度不小于 2% 坡向出水口；排水槽正下方为滤池配水配气渠，两者宽度应一致。

（7）滤池池壁与砂层接触时应抹面拉毛，避免水流沿池壁短流。

## 3.6.4 滤池配套设计

### 3.6.4.1 滤料

用于净水生产快速过滤的滤料应具有足够的机械强度、抗蚀性能优良且不能释放或含有影响饮水安全的物质。在工程实践中，滤料多采用石英砂、无烟煤、陶粒、颗粒活性炭和重质矿石等。

滤料滤层厚度与滤料粒径有关：滤料粒径越小，滤层越不易被穿透，滤层厚度可较薄；反之，滤料的粒径越大，颗粒越容易穿透滤层泄漏，则需要的滤层厚度越深，因此，应在满足出水水质的前提下，寻求最佳的滤料粒径与厚度组合。可预先进行小试取得相关数据后再进行设计，也可采用滤料层厚度（$L$）与有效粒径（$d_{10}$）比值确定两者关系，通常细砂及双层滤料的 $L/d_{10}$ 应大于 1000，粗砂及三层滤料的 $L/d_{10}$ 应大于 1250。

用于净水生产的滤料可通过以下过程选定：

（1）以有效粒径 $d_{10}$ 和不均匀系数 $K_{80}$（$d_{80}/d_{10}$）来表示粒径的分布，其中 $d_{10}$、$d_{80}$ 分别表示累积质量百分数为 10%、80% 时的滤料粒径，$d_{10}$ 称为有效粒径。不均匀系数越大表明滤料粒径的分布越不均匀。

（2）有效粒径滤料的筛分。天然滤料颗粒的粒径组成往往并不符合设计的要求，必须对天然沙进行筛选。筛选方法如下：取天然河沙砂样，洗净后置于 105℃ 恒温箱中烘干，过筛，绘制筛孔孔径与通过筛孔沙量关系曲线；在滤料筛分曲线较陡一段，在横坐标上分别取 $d_{10}$、$d_{80}$ 的刻度值；自两点分别作垂线与筛分曲线相交，自两交点再作平行线与右侧纵坐标相交；以该纵坐标两交点定为 10% 和 80%；在 10% 和 80% 之间定为 7 等分，每等份为 10%；以 10% 为单位，确定右侧纵坐标的 0 点和 100% 点，即为选用滤料的新坐标；从新坐标原点和 100% 点作平行线与筛分曲线相交，该两交点以内部分即为选用的滤料，余下部分筛除。

### 3.6.4.2 承托层

（1）当滤池采用大阻力配水系统时，其承托层宜按表 3.16 布置。

表 3.16    大阻力配水系统承托层布置表

| 层次（自上而下） | 材料 | 粒径（mm） | 厚度（mm） |
|---|---|---|---|
| 1 | 砾石 | 2～4 | 100 |
| 2 | 砾石 | 4～8 | 100 |
| 3 | 砾石 | 8～16 | 100 |
| 4 | 砾石 | 16～32 | 本层顶面应高出配水系统孔眼100 |

（2）三层滤料池的承托层宜按表 3.17 布置。

表 3.17    三层滤料滤池的承托层材料、粒径与厚度

| 层次（自上而下） | 材料 | 粒径（mm） | 厚度（mm） |
|---|---|---|---|
| 1 | 重质矿石 | 0.5～1 | 50 |
| 2 | 重质矿石 | 1～2 | 50 |
| 3 | 重质矿石 | 2～4 | 50 |
| 4 | 重质矿石 | 4～8 | 50 |
| 5 | 砾石 | 8～16 | 100 |
| 6 | 砾石 | 16～32 | 本层顶面应高出配水系统孔眼100 |

（3）采用滤头配水（气）系统时，承托层可采用粒径 2～4mm 粗砂，厚度为 50～100mm。

### 3.6.4.3    配水、配气系统

滤池配水、配气系统，应根据当地水资源情况、滤池形式、冲洗方式、单格面积、配气配水的均匀性等因素考虑选用。单独采用水冲洗时，可选用穿孔管、滤砖、滤头等配水系统；气水冲洗时，可选用长柄滤头、塑料滤砖、穿孔管等配水、配气系统。

大阻力穿孔管配水系统孔眼总面积与滤池面积之比宜为 0.20%～0.28%；中阻力滤砖配水系统孔眼总面积与滤池面积之比宜为 0.6%～0.8%；小阻力滤头配水系统缝隙总面积与滤池面积之比宜为 1.25%～2.00%。

配水管道系统的管径是通过冲洗水量及流速计算得出的。其中，大阻力配水系统各级管道的选用流速分别为：配水干管（渠）进口处的流速为 1.0～1.5m/s，配水支管进口处的流速为 1.5～2.0m/s，配水支管孔眼出口流速为 5～6m/s；长柄滤头系统各级管道的选用流速分别为：配气干管进口端流速为 10～15m/s，配水（气）渠配气孔出口流速为 10m/s 左右，配水干管进口端流速为 1.5m/s 左右，配水（气）渠配水孔出口流速为 1.0～1.5m/s。

### 3.6.4.4    反冲洗

（1）滤池反冲洗方式，应根据滤料层组成，配水、配气系统形式，通过试验或参照相似条件下已有滤池的经验确定，若条件欠缺，可按表 3.18 选用。

表 3.18    滤池冲洗方式及程序

| 滤料组成 | 冲洗方式及程序 |
|---|---|
| 单层细砂级配滤料 | （1）水冲<br>（2）气冲→水冲 |

续表

| 滤料组成 | 冲洗方式及程序 |
|---|---|
| 单层粗砂均匀级配滤料 | 气冲→气水同时冲洗→水冲 |
| 双层煤、砂级配滤料 | (1) 水冲<br>(2) 气冲→水冲 |
| 三层煤、砂、重质矿石级配滤料 | 水冲 |

（2）当增设表面冲洗设备时，表面冲洗强度宜采用 $2\sim3$ L/（m²·s）（固定式）或 $0.50\sim0.75$ L/（m²·s）（旋转式），冲洗时间均为 $4\sim6$ min；单水冲洗强度及冲洗时间宜按表 3.19 计算，气水冲洗滤池的冲洗强度及冲洗时间宜按表 3.20 计算。

表 3.19 单水冲洗强度及冲洗时间

| 滤料组成 | 冲洗强度 [L/（m²·s）] | 膨胀率（%） | 冲洗时间（min） |
|---|---|---|---|
| 单层细砂级配滤料 | 12～15 | 45 | 7～5 |
| 双层煤、砂级配滤料 | 13～16 | 50 | 8～6 |
| 三层煤、砂、重质矿石级配滤料 | 16～17 | 55 | 7～5 |

注：1. 当采用表面冲洗设备时，冲洗强度可取低值；

2. 应考虑由于全年水温、水质变化因素，有适当调整冲洗强度的可能；

3. 选择冲洗强度应考虑所用混凝剂品种的因素；

4. 膨胀率数值仅作设计计算用。

表 3.20 气水冲洗强度及冲洗时间

| 滤料种类 | 气预冲洗 | | 气水同时冲洗 | | | 水冲洗 | | 表面扫洗 | |
|---|---|---|---|---|---|---|---|---|---|
| | 强度 [L/（m²·s）] | 时间 (min) | 强度 [L/（m²·s）] | 强度 [L/（m²·s）] | 时间 (min) | 强度 [L/（m²·s）] | 时间 (min) | 强度 [L/（m²·s）] | 时间 (min) |
| 单层细砂级配滤料 | 15～20 | 3～1 | — | — | — | 8～10 | 7～5 | — | — |
| 双层煤、砂级配滤料 | 15～20 | 3～1 | — | — | — | 6.5～10 | 6～5 | — | — |
| 单层粗砂均匀级配滤料 | 13～17<br>13～17 | 2～1<br>2～1 | 13～17<br>13～17 | 3～4<br>2.5～3 | 4～3<br>5～4 | 4～8<br>4～6 | 8～5<br>8～5 | 1.4～2.3 | 全程 |

注：表中单层粗砂均匀级配滤料中，上层数值适用于无表面扫洗的滤池，下层数值适用于有表面扫洗的滤池。

### 3.6.4.5 滤池管渠

滤池管渠流速控制见表 3.21。

表 3.21 滤池管渠流速

| 管渠名称 | 流速（m/s） |
|---|---|
| 进水管渠 | 0.8～1.2 |
| 出水管渠 | 1.0～1.5 |
| 冲洗进水管渠 | 2.0～2.5 |

续表

| 管渠名称 | 流速（m/s） |
|---|---|
| 冲洗排水管渠 | 1.0～1.5 |
| 初滤弃水管道 | 3.0～4.5 |
| 进气管道 | 10～15 |

### 3.6.5　滤料及其铺装

#### 3.6.5.1　滤料

滤料是水处理过滤材料的总称，主要用于生活污水、工业污水、纯水、饮用水的过滤。

滤料主要分为两大类：一类是用作水处理设备中的进水过滤的粒状材料，通常指石英砂、砾石、无烟煤、鹅卵石、锰砂、磁铁矿滤料、果壳滤料、泡沫滤珠、瓷砂滤料、陶粒、石榴石滤料、麦饭石滤料、海绵铁滤料、活性氧化铝球、沸石滤料、火山岩滤料、颗粒活性炭、纤维球、纤维束滤料、彗星式纤维滤料等。另一类是物理分离的过滤介质，主要包括过滤布、过滤网、滤芯、滤纸以及新膜。

物理滤料的特点：瓷砂滤料为球形颗粒，具有稳定的化学性能，机械强度高，耐高温，耐腐蚀，比表面积大，截污吸附性能好，颗粒均匀，密度适当，使用寿命长达 10 年以上，解决了天然滤料石英砂使用周期短、易破碎泥化、产生 $SiO_2$ 和遗留有机碳的二次污染问题。

用途：用作单层滤池、双层滤池、双层滤器、离子交换器等过滤设备的过滤介质及垫层，处理各种工业污水、工业用水、城乡污水等。稀土瓷砂由于添加了含有增强及耐腐蚀性的稀土，除具有瓷砂滤料的性能外，吸附性能进一步增强，化学稳定性更好，特别适合做反渗透系统的过滤和超滤介质。

#### 3.6.5.2　滤料的铺装方法

（1）配水系统安装完毕后，先将滤池内杂物全部清除，并疏通配水孔眼和配水缝隙，然后再用反冲洗法检查配水系统是否符合设计要求。

（2）在滤池内壁按承托料和滤料的各层顶高画水平线作为铺装高度标记。

（3）仔细检查不同粒径范围的承托料，按其粒径范围从大到小依次清洗，以备铺装。

（4）铺装最下一层滤料时应避免损坏滤池的配水系统。

（5）每层承托层的厚度应准确均匀地用锹或刮板刮动表面使其接近水平，高度应与铺装高度标记水平线相吻合。在铺毕粒径范围小于等于 2～4mm 的承托料后应用该上限冲洗强度冲洗，以完成有效的水力分级。

### 3.6.6　滤池的清洗

滤池是常规给水处理中的重要环节。滤池的反冲洗是维持滤池功能的关键。其基本要求是：在较短的反冲洗时间内，使滤料得到清洗，恢复其去除杂质的能力。反冲洗的质量对过滤后的水质、工作周期、运行情况、滤料含污量和级配组成的影响很大。

滤池工作一段时间后，由于被截留的污染物穿透滤层，使水质急剧变坏，或由于滤层过滤阻力增大至超过最大允许的阻力，需要利用反向水流（自下而上）对过滤层进行冲洗，从而使滤层再生，滤池重新开始正常工作。各种不同类型的滤池具有不同的反冲洗强度与反冲洗时间，普通快滤池反冲洗强度为10～15 L/(s·m²)，反冲洗时间为5～10min。

气、水反冲洗时，滤料组成不同，冲洗方式也不相同，一般有三种：

（1）先用空气高速冲洗，然后再用水中速冲洗；

（2）先用高速空气、低速水流同时冲洗，然后再用水低速冲洗；

（3）先用空气高速冲洗，然后用高速空气、低速水流同时冲洗，最后用低速水流冲洗。

# 3.7 消 毒

消毒是指杀死病原微生物但不一定能杀死细菌芽孢的方法。通常用化学的方法来达到消毒的作用，用于消毒的化学药物称为消毒剂。灭菌是指把物体上所有的微生物（包括细菌芽孢在内）全部杀死的方法，通常用物理方法来达到灭菌的目的。

## 3.7.1 消毒方法比较

为防止通过饮用水传播疾病，在生活饮用水处理中，消毒工艺必不可少。消毒并非要把水中的微生物全部消灭，而是消除水中致病微生物的致病作用。城乡大、中型水厂常用的消毒方法主要包括液氯、二氧化氯、臭氧等。其性能见表3.22。

表 3.22 消毒药剂的特点

| 消毒剂类型 | 优点 | 缺点 | 适用条件 |
|---|---|---|---|
| 液氯 | 具有余氯的持续消毒作用；<br>成本较低；<br>操作方便，投量精确；<br>不需要庞大的设备 | 原水有机物高时会产生有机氯化物；<br>原水含酚时产生氯酚味；<br>氯气有毒，使用时需注意安全，防止漏氯 | 液氯供应方便的地点 |
| 二氧化氯 | 不会生成有机氯化物；<br>较自由氯的杀菌效果更好；<br>具有强烈的氧化作用，可去除臭、色、锰、铁等物质；<br>投加量少，接触时间短，余氯保持时间长 | 成本较高；<br>一般需要现场随时制取使用；<br>制取设备较为复杂；<br>需控制氯酸盐和亚氯酸盐等副产物 | 适用于有机污染严重时 |
| 臭氧 | 具有强氧化能力，为最活泼的氧化剂之一，消毒效果好，接触时间短；<br>可去除臭、色、锰、铁等物质；<br>可去除酚，无氯酚味；<br>不会生成有机氯化物 | 基建投资大，经常电耗高；<br>在水中不稳定，易挥发，无持续消毒作用；<br>设备复杂，管理不便；<br>制水成本高 | 适用于有机物污染严重、供电方便处；<br>可结合氧化用作预处理或与活性炭联用 |

综合表3.22，结合实际运行经验，地表水厂常用液氯作为消毒剂。液氯消毒是一种安全、经济、有效的消毒方法。就目前情况而言，液氯消毒仍是应用最广泛的消毒方法。

1. 漂白粉溶药及投配系统

漂白粉可以直接使用粉剂投加到待处理的水中，即用干式投加法。也可采用湿式投加法，需设置溶药槽和投配槽，溶药槽需设有搅拌器，将一定量的漂白粉放入溶药槽，加水配置成有效氯含量为1%～5%的溶液，静置澄清，使用上清液投加。

主要设备：溶药槽、溶液槽、投药箱、管材管件、阀门等配件。

2. 液氯投加系统

液氯由氯瓶经压力表控制，经过滤罐进入加氯机，通过水射器混合投加到消毒池。

主要设备：氯瓶、过滤罐、压力表、加氯机、报警装置、安全装置、管材管件、阀门等配件。

3. 电解法二氧化氯发生器消毒系统

二氧化氯发生器以食盐为原料，通过特制的隔膜电解槽产生二氧化氯混合气体，经水射器制成协同消毒剂通入待消毒水中。

主要设备：溶药槽、电解法二氧化氯发生器全套设备、管材管件、阀门等配件。

4. 化学法二氧化氯发生器消毒系统

二氧化氯发生器以氯酸钠与盐酸为原料，反应产生二氧化氯混合气体，经水射器制成协同消毒剂通入待消毒水中。

主要设备：溶药槽、化学法二氧化氯发生器全套设备、管材管件、阀门等配件。

5. 臭氧发生器消毒系统

空气由无油空压机抽入至臭氧发生器中，经发生器内部的干燥与过滤由臭氧发生单元产生臭氧，经水射器与固定混合器投加到接触塔或其他接触装置中。

主要设备：无油空压机、臭氧发生器、固定混合器（或其他臭氧接触混合器）、管材管件、阀门等配件。

### 3.7.2 氯消毒的基本知识

到目前为止，净水厂主要以氯为消毒剂，可用来消除水中的细菌和有机物，氯加到水中后生成次氯酸和次氯酸根，而氯能起到消毒作用的主要成分是次氯酸。次氯酸是很小的中性分子，容易扩散到带负电的细菌表面，并通过细菌壁到达细菌内部，通过氧化作用破坏细菌的酶系统，因为酶是促进葡萄糖吸收和新陈代谢作用的催化剂，破坏了酶系统，从而使细菌死亡；次氯酸根也具有杀菌能力，但因带有负电，不容易接近带负电的细菌表面，杀菌能力比次氯酸差得多。

氯消毒主要受到加氯量、氯与水的接触时间、水的浑浊度、水的pH、水温、氨氮含量等因素的影响。

液氯消毒采用氯瓶贮存液氯进行消毒。在常温下，当按规定打开氯阀时，液态氯变成气态氯，氯气是一种氧化能力很强的黄绿色有毒气体，是一种具有特殊强烈刺鼻味的可导致窒息性的气体。

加氯气消毒的原理如下：

（1）当水中无氨氮存在时，反应生成次氯酸。氯消毒的作用主要来自次氯酸，并不是氯气本身。

（2）当水中存在氨氮时，反应产生一氯胺、二氯胺、三氯胺。

在含氨氮的原水中，随着加氯量的不断增加，氯胺的性质发生变化，分别生成一氯胺、二氯胺、三氯胺。

氯胺的消毒作用比次氯酸要慢得多。

## 3.7.3 加氯系统

标准加氯系统为真空室加氯系统，为循环水系统消毒工艺提供前加氯、后加氯功能。加氯系统由氯源提供系统、气体计量投加系统、监测及安全保护系统三个部分共同组成。其工艺流程为：氯瓶（带电子秤）—过滤器—自动切换器—减压阀—真空调节器—加氯机—水射器—加氯点。前加氯加注点位于混合反应池之前，采用流量配比控制方式。后加氯系统加注点位于过滤水之后，采用余氯和流量复合环控制方式。

氯气供气系统由两组氯瓶连接歧管、过滤器、真空调节器和一套自动压力切换系统所构成，由加氯歧管相接的每组氯瓶以工作/备用方式独立工作，当自动压力切换系统的压力开关探测到工作瓶氯气压力降到一定值时，则自动切换到备用瓶中，启动备用气源。

为保证安全供氯，与每组氯瓶相接的加氯歧管均配有隔离阀。该系统完全由人工操作。从氯瓶出来的氯气经过滤器去除杂质后，以有压状态进入真空调节器。真空调节器将来自氯瓶的有压氯气转变为负压状态，并通过管道流到加氯机间与加氯机相连。通过加氯机的加氯量要与水流量成比例控制。操作者可根据水流量先设定一个投加量，当原水流量发生变化时，加氯机可按比例自动投加。

前加氯机为流量配比加氯机。后加氯机为余氯控制加氯机，除了流量比例控制外，加氯机能接受余氯检测仪发出的信号进行余氯控制投加。前加氯通过阀门切换可作为后加氯在抵达投加点附近的水射器之前，氯气一直处于真空状态。在水射器中氯气与压力水混合，形成溶液再进入到水中。

以下介绍标准加氯系统设备配置。

### 3.7.3.1 氯源提供系统

氯源提供系统的功能是为真空加氯系统提供充足的连续气源。此系统由氯瓶、氯瓶歧管组件、氯瓶自动切换器、氯气过滤器、真空调节器及管路组成。共配置 4 个 1000kg 氯瓶，将 4 个氯瓶分为 2 组，每组 2 个氯瓶。2 组氯瓶互为备用，当在线氯瓶组用尽时启动备用氯瓶组，以保证连续供氯。系统配置 2 套氯瓶歧管组件。其功能是将每组 2 个氯瓶连接在一起以保证同时供氯。汇流排由 50mm×50mm 角钢焊成，长 2m，高 0.5m，以承托柔性管和氯气管。氯瓶阀要放置开关扳手，一旦漏氯，可立即关闭瓶阀。

为保证氯瓶的连续供氯，配置 1 台氯瓶自动切换器，在一组氯瓶用尽时可自动切换至备用氯瓶组，以保证连续供氯。为防止氯气中的杂质进入真空调节器和加氯机内，系统中配置 2 个氯气过滤器。系统配置 2 台真空调节器，一用一备，相互连成加氯机的气源，但必须注意同一时间只能用一套，避免压力不同而相互影响。调压器要连接 220V 电源进行加热，避免氯气重新液化。止回器要附装 DN15 聚乙烯排气软管降坡通向室外，附装防虫罩。调压器以前装 DN20 无缝钢管，止回器以后装 DN20 PVC 塑料管及塑料管件，直至加氯机。此氯源提供系统的所有管路采用厚壁无缝钢管。

### 3.7.3.2 气体计量投加系统

此系统为加氯系统提供气体的精确计量及真空投加，包括真空加氯机及水射器。加氯机进氯管从上面进入加氯机。DN20 PVC 出氯管从底部输出，沿墙经氯吸收间（或值班室）至室外埋入地下直至加氯点水射器。DN20 输氯管长度只适用于 150m 以内，若长度在 150～250m 则管径应增为 DN25，超过 250m 应增为 DN32。输氯管一旦破裂，则加氯机立即停止出氯，裂口只能进入空气而不会泄漏氯气。这就是真空加氯的特点。

本系统共配置 2 台真空加氯机（流量配比控制和复合环路控制），采用 DN25 固定喉管水射器。根据供水干管压力确定水射器高压供水压力和流量。但高压水的最低压力应为 0.3MPa，最低流量应为 8m³/h。高压输水管径最小为 DN25mm。水射器出口最短装 DN25×0.6m 直管段，然后装弯头、阀门和活接头，插入供水管。为保证系统全真空运行，水射器安装在投加点。

### 3.7.3.3 监测及安全保护系统

此系统是为加氯系统提供操作及运行监测、安全保护及报警功能。由监测设备及安全保护设备组成。配置 2 台电子秤，用于在线监测氯瓶的总重或净重，并输出相应信号。

在氯源提供系统中配置 2 块膜片保护的氯压力表，用于监测氯气管线的压力。内装于加氯机内的膜片保护氯气真空表，用于检测加氯机控制阀上下游的真空管路真空度。在所有投加点水射器的压力水入口配置水压表，用于监测压力水水压；系统配置 1 台双探头漏氯报警仪，用于在线监测氯瓶间和加氯机间氯气浓度，超标时提供报警。

在真空调节器中配有压力放泄阀。当有压氯气进入真空调节器中时，压力放泄阀启动，将氯气排放到室外，以免损坏设备。

当氯瓶间的氯气发生泄漏时，漏氯检测仪发出报警，分别启动轴流风机和氯气吸收装置。泄漏的氯气被引入到吸收塔中，与碱液中和，以免造成人员伤害。

## 3.7.4 其他消毒方法

### 3.7.4.1 次氯酸钠消毒技术

次氯酸钠内的有效氯因容易受日光、温度的影响而分解，所以要采用次氯酸钠发生器就地制造、应用。次氯酸钠发生器利用阳极电解食盐水而产生次氯酸钠，由发生器生产出的次氯酸钠，是淡黄色透明液体，次氯酸钠的灭菌原理主要是通过它的水解形成次氯酸，由次氯酸进行消毒。

### 3.7.4.2 氯胺消毒技术

水中有机物较多，含氨量高，给水管网中藻类和细菌再生提供可能。通过游离氯形式消毒要达到出厂水全部都成为游离氯确实有困难，或者需要减轻或避免自来水中的氯酚臭味时，可以考虑使用氯胺消毒。氯胺消毒是同时向水中加氯和加氨，氨可以是液氨、硫酸铵或氯化铵溶液。质量比控制在氨：氯＝1：3 或 1：6，在水位高时可取 1：3，在水温低时 1:6。除了控制加氯量和加氨量外，还要注意投药的顺序，一般是"先氯后氨"。氯和氨作用后生成氯胺，如果天然水中含有氨氮，也可和氯反应生成氯胺。氯胺消毒的杀菌持续时间长，所以当给水管和给水管网很长时，可防止细菌在管网中再度生长，但氯胺是逐渐放出次氯酸，其杀菌能力远比游离氯差，所以需要有 2h 以上的接触时间。

#### 3.7.4.3 漂白粉消毒技术

漂白粉是氯气和石灰加工而成，其组织复杂，分子式一般可写成 $Ca(OCl)_2$，含氯量为 $25\%\sim30\%$。漂白精的分子式为 $Ca(OCl)_2$，含氯量为 $50\%\sim60\%$，易受光、热和潮气作用而分解，含氯量随之降低，贮藏在干燥和通风处。漂白粉消毒原理与氯相同。

#### 3.7.4.4 臭氧消毒技术

制备臭氧时，因为臭氧在水中的溶解度有限，必须有臭氧和水的接触室，以及尾气回收利用和处置设备，才能提高使用效率。但由于臭氧制取设备复杂，投资大，运行费用高，一直没有得到普遍推广。臭氧的消毒机理包括直接氧化和产生自由基的间接氧化，与氯和二氧化氯一样，通过氧化来破坏微生物的结构，达到消毒的目的。因此，消毒效果与其氧化还原电位直接相关。由于臭氧分子不稳定，易自行分解，在水中保留时间很短，少于 30min，因此不能维持管网持续的消毒效率，而且臭氧消毒产生溴酸盐、醛、酮等副产物，其中溴酸盐在水质标准中有规定，醛、酮等副产物部分是有害健康的化合物，部分使管网水生物稳定性下降，因此臭氧消毒在使用中受到一定的限制。对于大中型管网系统，采用臭氧消毒时必须依靠氯来维持管网中持续的消毒效果。

#### 3.7.4.5 紫外线消毒技术

氯消毒、二氧化氯消毒、臭氧消毒是化学法消毒，而紫外线消毒则是物理法消毒。紫外线是指电磁波波长处于 $10\sim380nm$ 的光波。紫外线消毒机理与其他氧化剂不同，是利用波长 254nm 及其附近波长区域对微生物 DNA 的破坏，阻止蛋白质合成而使细菌不能繁殖。由于紫外线对隐孢子虫的高效杀灭作用和不产生副产物，紫外线消毒在给水处理中显示了很好的市场潜力。因为氯消毒不能有效杀灭隐孢子虫卵囊，而紫外线对隐孢子虫卵囊有很好的杀灭效果，而且在常规消毒剂量范围内紫外线消毒不产生有害副产物，但紫外线消毒不能维持管网内持续的消毒效果，在大型水厂的应用必须跟氯结合，其使用目前还受到一定限制。

### 3.7.5 消毒一般原则

（1）消毒剂可选用液氯、氯胺、次氯酸钠、二氧化氯等。小水量时也可使用漂白粉。

（2）加氯应在耗氯量试验指导下确定氯胺形式消毒还是游离氯形式消毒。采用氯胺形式消毒时接触时间不少于 2h；采用游离氯形式消毒时接触时间应多于 30min。

（3）加氯自动控制可根据各厂条件自行决定。

（4）当水厂供水范围较大或输送距离较远时，出厂水余氯宜以化合氯（氯胺）为好，此法可维持管网中的余氯，但出厂水氨氮值仍应符合水质标准。

（5）消毒必须设置消毒效果控制点，各控制点每小时监测一次或自动监测，余氯量要达到控制点设定值。

（6）消毒剂加注管应保证一定的入水深度，防止消毒剂外溢造成浪费和污染环境。

### 3.7.5.1 液氯

采用液氯消毒应符合以下规定：

（1）液氯的气化应根据水厂实际用氯量情况选用合适、安全的方式。

（2）电热蒸发器工作时（将氯瓶中的液态氯注入蒸发器内使其气化），水（油）箱内的温度应控制在安全范围。蒸发器维护按产品维护手册要求执行。

（3）采用真空室加氯机和水射器装置时，水射器的水压应大于 0.3MPa。

（4）加氯的所有设备、管道必须用防氯气腐蚀的材料。

（5）加氯设备（包括加氯系统和仪器仪表等）应按该设备的操作手册（规程）进行操作。

### 3.7.5.2 次氯酸钠

采用次氯酸钠时应符合以下规定：

（1）应选择能保证质量及供货量的供应商。

（2）次氯酸钠的运输应由有危险品运输资质的单位承担。

（3）次氯酸钠宜储存在地下的设施中并加盖。当采用地面以上的设施储存时，必须有良好的遮阳设施，高温季节需采取有效的降温措施。

（4）储存设施应配置可靠的液位显示装置。

（5）次氯酸钠储存量一般控制 5～7d 的用量。

（6）投加次氯酸钠的所有设备、管道必须采用耐次氯酸钠腐蚀的材料。

（7）采用高位罐加转子流量计时，高位罐的药液进入转子流量计前，应配装恒压装置。定期清洗转子流量计计量管。

（8）采用压力投加时，应定期清洗加压泵或计量泵。

（9）次氯酸钠加注时应配置计量器具，计量器具应定期进行检定。

（10）应每天测定次氯酸钠的含氯浓度，作为调节加注量的依据。

### 3.7.5.3 二氧化氯

采用二氧化氯时应符合以下规定：

（1）二氧化氯消毒系统应采用包括原料调制供应、二氧化氯发生与投加的成套设备，并必须有相应有效的各种安全设施。

（2）二氧化氯与水应充分混合，有效接触时间不少于 30min。

（3）制备二氧化氯的氯酸钠、亚氯酸钠和盐酸、氯气等严禁相互接触，必须分别储存在分类的库房内，储放槽需设置隔离墙。盐酸库房内应设置酸泄漏的收集槽。氯酸钠及亚氯酸钠库房室内应备有快速冲洗设施。

（4）二氧化氯制备、储存、投加设备及管道、管配件必须有良好的密封性和耐腐蚀性；其操作台、操作梯及地面均应有耐腐蚀的表层处理。其设备间内应有每 1h 换气 8～12 次的通风设施，并应配备二氧化氯泄漏的检测仪和报警设施及稀释泄漏溶液的快速水冲洗设施，设备间应与储存库房毗邻。

（5）二氧化氯储存量一般控制 5～7d 的用量。

（6）二氧化氯消毒系统应防毒、防火、防爆。

#### 3.7.5.4 泄氯吸收装置

泄氯吸收装置应符合如下规定：

（1）用氢氧化钠中和的溶液浓度应保持在 12％以上，并保证溶液不结晶结块。

（2）用氯化亚铁进行还原的溶液中应有足够的铁件。

（3）吸收系统采用探测、报警、吸收液泵、风机联动的应先启动吸收液泵再启动风机。

（4）风机风量要满足气体循环次数 8～12 次/h。

（5）泄氯报警仪设定值应在 $0.1 \times 10^{-6}$。

（6）泄氯报警仪探头应保持整洁、灵敏。

（7）泄氯吸收装置应每周联动一次。

# 3.8 强化处理

由于水源匮乏或污染严重，而采用不适宜作为水源原水的情况下，或常规净水工艺处理的水不能完全达到饮用水标准时，须采用其他方法、工艺作为深度处理。当前应用较多的工艺有颗粒活性炭处理、膜处理、超滤技术等。

## 3.8.1 颗粒活性炭处理

### 3.8.1.1 特点

颗粒活性炭除了可以表现出前文所述粉末活性炭的物化吸附性能外，在活性炭池还会出现生物活动，当水中不存在抑制性环境且溶解氧充足时，生物即可形成生物膜，可生化降解水中有机物。为此，当原水受有机污染且常规工艺难以去除时，宜采用颗粒活性炭＋生物处理。此时，活性炭的主要作用为生物降解。活性炭池的设计参数应通过试验或参照相似条件下炭吸附池的运行经验确定。为延长颗粒活性炭池工作周期，其进水浊度应小于 1NTU。

### 3.8.1.2 设计概述

（1）活性炭池个数及单池面积，应根据处理规模和运行管理条件经比较后确定，但不宜少于 4 个。

（2）炭床炭层厚度 1.0～2.5m；承托层宜采用砾石分层级配，粒径 2～16mm，厚度不小于 250mm；炭层最终水头损失应根据活性炭的粒径、炭层厚度和空床流速确定。

（3）活性炭池经常性冲洗周期宜采用 3～6d。活性炭池宜采用中、小阻力配水（气）系统。常温下经常性冲洗时，冲洗强度宜采用 11～13L/(m² · s)，历时 8～12min，膨胀率为 15％～20％；定期大流量冲洗时，冲洗强度宜采用 15～18L/(m² · s)，历时 8～12min，膨胀率为 25％～35％。为提高冲洗效果，可采用气水联合冲洗或增加表面冲洗方式，冲洗水宜采用滤池出水或活性炭池出水。

（4）活性炭再生周期应根据出水水质是否超过预定目标确定，并考虑活性炭剩余吸附能力能否适应水质突变的情况；炭吸附池中失效炭的运出和新炭的补充，宜采用水力输送，水力输炭管内流速应为 0.75～1.5m/s，输炭管内炭∶水（体积比）宜为 1∶4，输炭管的管材应采用不锈钢或硬聚氯乙烯（UPVC）管，输炭管道转弯半径应大于 5 倍管道直径；整池出炭、进炭总时间宜小于 24h。

（5）活性炭应具有吸附性能好、机械强度高、化学稳定性好和再生后性能恢复好等特性；活性炭池的钢筋混凝土池壁与炭接触部位应采取防电化学腐蚀措施。

### 3.8.2 膜处理

#### 3.8.2.1 膜处理特点

膜净水处理（膜处理）是以选择透过性膜为介质，在其两侧造成推动力（压力差、电位差、浓度差），从而分离出水中大颗粒，达到净水目的。与常规净水工艺相比，膜净水处理的特点主要集中在以下几个方面：

（1）膜净水处理主要通过膜孔进行无机物、有机物、病毒、细菌、微粒以及特殊溶液体系的分离，其主要机理是机械筛分，出水水质取决于膜孔径的大小，与原水水质以及运行条件无关，故出水稳定可靠。

（2）膜净水处理主要环节不用投加絮凝剂、助凝剂等化学药剂，不增加水中新的化学物质，不会引发二次污染。

（3）膜分离技术系统简单，占地面积小，运行环境清洁、整齐。

在应用过程中，膜净水技术也存在价格高、寿命短、能耗大等不足。但是，随着技术进步和饮水安全要求不断提高，膜技术的先进性及应用的普遍性仍得到广泛关注。用于净水生产的膜的种类及净水过程见表 3.23。

表 3.23 膜的种类及净水过程

| 膜的种类 | 分离驱动力 | 可透过物质 | 分离物质 |
|---|---|---|---|
| 微滤（MF） | 压力差 | 水、溶剂、溶解物 | 悬浮物、菌类、微粒子 |
| 超滤（UF） | 压力差 | 溶剂、离子、小分子 | 蛋白质、细菌、病毒、微粒子 |
| 反渗透（RO）和纳滤（NF） | 压力差 | 水、溶剂 | 无机盐、糖类、氨基酸、COD |
| 渗析 | 浓度差 | 离子、小分子 | 无机盐、糖类、氨基酸、COD |
| 电渗析 | 电位差 | 离子 | 无机、有机离子 |

#### 3.8.2.2 膜处理技术设计流程

（1）依据进出水水质、水量情况，进行膜的选型，之后确定预处理工艺、后处理工艺。

（2）确定水的脱盐率、回收率、膜的数量及排列方式、系统压力及高压泵、管路、管件选型和连接。

（3）根据系统启闭方式（有无延时要求）、高低压报警要求、流量控制等因素进行清洗系统、电路及自控系统的设计、计算。

在膜净水处理设计中，即使同一种性质、同种形状的膜，也会因生产制造厂家的不同，影响其处理工艺及计算方法。因此，在净水深度处理时使用 RO、MF、UF、NF

膜。使用时，遵循膜生产厂家的设计说明、导则、软件等进行设计、计算，以提高膜净水工艺的处理效果及效益。

#### 3.8.2.3　工艺流程的确定

1. 前处理

为保证膜的稳定、长期运行和出水水质，应在常规处理工艺中，采用多介质过滤、活性炭吸附等基本方法去除水中对膜影响比较大的污染物。

2. 膜处理

膜净水处理主要是去除水中溶解性有机物，根据工程经验，采用一级膜渗透工艺即可将水中溶解性有机物降到 $5\mu m/L$ 以下，此法可以避免在后续消毒过程中产生三氯甲烷等"三致物"。

3. 后处理

为保证处理水细菌学指标达标并控制细菌不再滋生，膜处理后的水应进行氯、二氧化氯等消毒处理。

### 3.8.3　超滤技术

超滤技术是在压力差的作用下通过膜表面的微孔结构对物质进行选择性分离，是一种能将溶液进行分离、净化、浓缩的膜透过分离技术。超滤膜的孔径在 $0.001\sim0.1\mu m$，位于微滤膜和纳滤膜之间，操作压力差一般为 $0.1\sim0.8MPa$，被分离组分的直径为 $0.005\sim10\mu m$，截留对象为水中的微粒、胶体、细菌、大分子的有机物和部分病毒，但是无法截留无机离子和小分子溶质。

图 3.15 是超滤工作过程的原理示意图。在外界推动力的作用下，原液中的胶体、颗粒和分子量相对较高的物质被截留，而溶剂与小分子量溶质透过膜从高压侧到达低压侧，从而达到分离净化的目的。

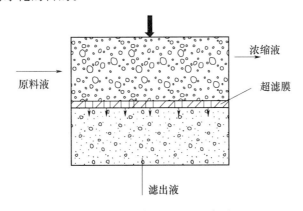

图 3.15　超滤过程原理示意图

超滤膜过滤并不是单纯的机械筛分作用，因为有时比超滤膜孔径小的溶剂和溶质分子也被截留，分离效果明显。这可能是膜表面的化学特性，如静电作用。经总结归纳，超滤膜过滤机理主要有膜表面及微孔吸附作用、膜孔阻滞作用和在膜表面的机械筛分作用。

### 3.8.3.1 超滤膜的组件及其优缺点

超滤膜组件主要有管式、卷式、中空纤维式、板框式等形式，各种类型膜组件的主要优缺点见表3.24。

表 3.24　各种形式膜组件的优缺点

| 膜组件 | 特征 | 优点 | 缺点 |
|---|---|---|---|
| 管式 | ·有支撑管<br>·进料流体走管内 | ·湍流流动<br>·不易堵塞<br>·易于清洗 | ·装填密度小<br>·运行通量较小<br>·压力损失较大 |
| 卷式 | ·有支撑材料<br>·进料流体单端流入 | ·装填密度相对较高<br>·结构简单、造价低廉<br>·物料交换效果良好 | ·渗透侧流体流动路径较长<br>·膜通道易堵塞、难清洗<br>·膜前必须预处理 |
| 中空纤维式 | ·自承压式膜<br>·进料流体走管内或管外 | ·装填密度很高<br>·耐压稳定性高<br>·单位膜面积造价低 | ·易堵塞<br>·压力损失较大 |
| 板框式 | ·有多孔支撑板<br>·进料流体走板间 | ·膜组件更换方便<br>·易清洗<br>·操作灵活 | ·装填密度相对较小<br>·密封要求较多<br>·压力损失较大 |

### 3.8.3.2 超滤膜的操作模式

超滤膜工作时有终端过滤、错流过滤两种过滤模式，示意图如图3.16所示。终端过滤又称直流过滤、死端过滤，待处理水进入膜组件，等量透过液流出膜组件，截留物留在膜组件内。错流过滤的待处理水以一定的速度流过膜表面，透过液从垂直方向透过膜，同时大部分截留物被浓缩液夹带出膜组件。终端过滤的膜组件污染在膜丝表面，因此过滤通量下降较快，膜容易堵塞，需周期性地反复冲洗来恢复通量。错流过滤中，平行于膜面流动的水不断将截留在膜表面的杂质带走，通量下降缓慢，但正是由于系统的部分能量消耗在水的循环上，因而错流过滤比终端过滤耗能大。

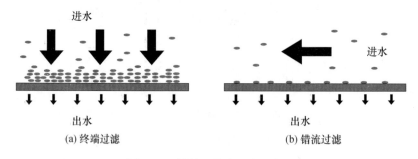

图 3.16　终端、错流过滤示意图

按照进水方向超滤可分为外压式过滤和内压式过滤，多见于中空纤维膜。内、外压过滤的示意图如图3.17所示。外压式过滤即进水从中空纤维膜丝外部流向膜丝内部；内压式过滤即进水从中空纤维膜丝内部流向膜丝外部。外压式过滤虽然过滤通道被阻塞的可能性较小，但膜组件的死角易导致堵塞，清洗困难。内压式过滤虽然可以避免膜组件端部污染物的积累，但是膜丝内部却聚集了大量的污染物，膜清洗难度更大。

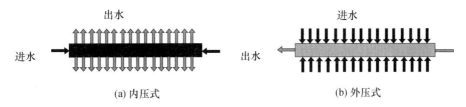

(a) 内压式　　　　　　　　　(b) 外压式

图 3.17　内、外压过滤示意图

# 3.9　膜净水工艺

随着我国地表水源受污染程度的加剧，传统的混凝—沉淀—过滤—消毒处理工艺已经无法满足日益严格的饮用水水质标准要求，开发、集成新型水处理技术显得极为迫切。在水量缺乏、水质污染、工艺受限和标准严格的大背景下，膜分离技术应运而生。浸没式超滤膜工艺出水水质好，膜过滤面积较大且安装操作方便，其以独特的优势在众多膜技术中脱颖而出。现今，我国大部分给水厂正在进行提标改造任务，多在传统的处理工艺后端增加膜工艺或臭氧-活性炭工艺，单纯靠增加深度处理单元存在一定的局限性，不仅增长了水处理流程，亦提高了净水成本。针对此类问题，水处理工作者应该充分利用已有的处理单元，合理地进行升级改造，于是混凝—沉淀—超滤和混凝—超滤新型处理工艺逐渐成为人们关注的焦点。混凝—超滤短流程工艺在膜池内完成膜过滤、污水回收、沉淀、污泥浓缩等功能，产水率高，占地小，正是由于这些突出的特点，超滤膜短流程工艺备受人们的青睐。由于不同的地表水有着不同的水质特点，超滤膜在进行工程应用前，有必要针对特定的水源，进行中试掌握运行参数、检验其水质处理效果以及膜的污染状况，为今后的工程应用提供技术依据。

本中试试验在河北省某南水北调水厂内开展，试验用水取自平原型调蓄水库。根据不同时段源水显示的不同特征，水库可分为以下水质期：低温低浊期、正常水质期、高温高藻期。中试试验采用长、短流程工艺进行对比，自运行以来，正好经历了所有的水质期，试验数据参考价值较高。

采用浸没式超滤膜短流程净水工艺对水库水进行中试试验研究，考察超滤膜短流程工艺对浊度、细菌、藻类、有机污染物等污染物的去除效果，并与超滤膜长流程工艺和水厂常规工艺进行比较分析。研究超滤膜短流程工艺的最佳运行工况及膜污染清洗技术，开发适合我国北方水质条件的新型超滤工艺，为今后进一步研究超滤的分离效果、膜污染状况及超滤预处理工艺奠定一定的基础，为超滤膜短流程工艺在华北地区的推广与应用积累经验。

## 3.9.1　试验设计及方法

### 3.9.1.1　试验用水

本试验用源水为水库水。每年冬季蓄一次水，夏季时候水位较低，水温高，有机物浓度高，藻类数量异常偏高，浊度较大。

在线反冲洗用水为储存在产水箱里经过膜处理的水。在线维护性清洗所用溶液为浓度 $200\sim500\times10^{-6}$ 的 NaClO 溶液，需要在反冲洗水的引动下加入到膜池。离线化学清洗液先采用碱溶液浸泡，排空后用试验来水进行漂洗，再使用酸溶液浸泡，最后再用试验来水进行漂洗。

### 3.9.1.2 试验用膜

本试验处理工艺的核心元件为复合 PVC 浸没式超滤膜组件，型号为 LJ2A-2000-PV2。将一支支超滤膜组件集中装配在一起，可以形成标准尺寸的膜箱，既可以增加装填密度，还可以适应不同水处理构筑物的尺寸，如图 3.18 所示。

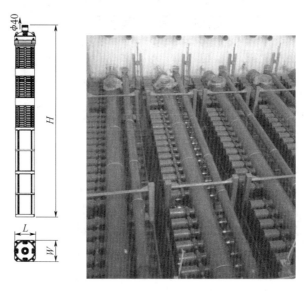

图 3.18　LJ2A-2000-PV2 型膜组件

膜组件的主要性能参数见表 3.25。

表 3.25　LJ2A-2000-PV2 型膜组件参数

| 内容 | 参数 |
| --- | --- |
| 超滤膜材质 | 复合 PVC |
| 膜壳材质 | ABS |
| 端头封胶材料 | 环氧树脂 |
| 膜孔径 | $0.02\mu m$ |
| 通量 | $20\sim75L/(m^2 \cdot h)$ |
| 操作压力 | $<0.05MPa$ |
| 进水温度 | $<40℃$ |
| pH | $1\sim13$ |

#### 3.9.1.3 工艺流程

本试验共分三个工艺流程，工艺一为短流程处理技术，试验水取自絮凝池配水花墙端，即沉淀池始端；工艺二为长流程处理技术，试验水取自沉淀池末端；工艺三为常规处理技术。膜系统产水经收集后进入清水箱，清水箱中放置潜水泵，通过液位计控制开启，将清水回流到沉淀池，避免了研究过程中水资源的浪费。各工艺流程示意图如图 3.19~图 3.21 所示。

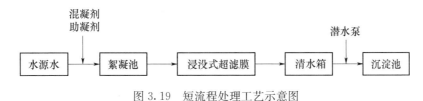

图 3.19　短流程处理工艺示意图

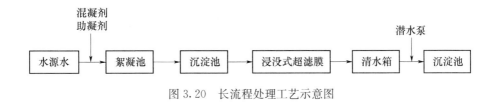

图 3.20　长流程处理工艺示意图

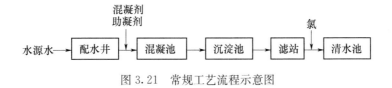

图 3.21　常规工艺流程示意图

#### 3.9.1.4 试验装置

浸没式超滤膜主体设备的现场装置情况如图 3.22 所示。超滤膜设备的触摸控制屏如图 3.23 所示。

试验设备核心单元由数支膜组件组成，每支膜组件有效面积为 $15m^2$。该设备经过精心设计而成，主要包含以下几个部分：

（1）膜产水系统。

（2）反洗系统。

（3）气冲系统。

（4）维护性清洗系统。

（5）恢复性化学清洗系统。

（6）PLC 自控系统。

（7）在线、就地仪表。

整套设备配置齐全，自动化程度高，操作方便，可以实现运行数据的在线监测。该设备可以说是实际工程的缩小版，应用于实际工程时，只需将膜池按比例扩大，添加相应的膜组件。主要设备及其规格见表 3.26。

图 3.22　浸没式超滤膜试验装置图

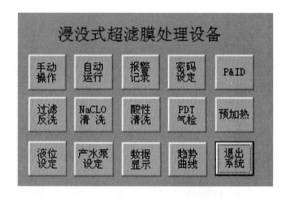

图 3.23　浸没式膜装置触摸控制屏

表 3.26　主要设备及其规格

| 序号 | 设备名称 | 规格 |
|---|---|---|
| 1 | 抽吸泵 | $Q=4m^3$　$H=23.5m$　$P=0.75kW$ |
| 2 | 反洗泵 | $Q=12m^3$　$H=19.5m$　$P=1.20kW$ |
| 3 | 鼓风机 | 额定频率50Hz，$r=2850r/min$ |
| 4 | 空压机 | 容积流量 $0.15m^3/min$，$r=780r/min$，$P=1.5kW$ |
| 5 | 产水箱 | $V=1m^3$　材质：PVC |

### 3.9.1.5　分析项目与测试方法

试验中主要在线检测项目包括产水流量、工作压力、跨膜压差、膜池液位；主要人工检测项目包括水温、pH、浊度、高锰酸盐指数、$UV_{254}$、氨氮、硝酸盐氮、铁、锰、铝、藻类和细菌总数。主要检测项目和测定方法见表 3.27。

表 3.27　检测项目及测定方法

| 分析项目 | 分析方法 | 测试仪器 |
|---|---|---|
| 水温 | 仪器法 | 精密水银温度计 |
| pH | 复合电极法 | pHS-3C 型 pH 计 |
| 浊度 | 浊度仪法 | HACH-1900C 型浊度仪 |
| 高锰酸盐指数 | 酸性高锰酸钾滴定法 | 沸水浴装置、酸式滴定管 |
| $UV_{254}$ | 分光光度法 | 日本岛津 UV-2450 紫外分光光度仪 |
| 氨氮 | 纳氏试剂分光光度法 | 日本岛津 UV-2450 紫外分光光度仪 |
| 硝酸盐氮 | 酚二磺酸分光光度法 | 日本岛津 UV-2450 紫外分光光度仪 |
| 铁、锰、铝 | 火焰原子吸收分光光度法 | 美国 PE 公司 AA800 原子吸收分光光度仪 |
| 藻类 | 目测计数法 | 显微镜 XSP-2C |
| 细菌总数 | 平皿计数法 | 电热恒温培养箱 |
| 总大肠菌群 | 滤膜法 | 电热恒温培养箱 |
| 膜污染元素 | 扫描电镜-能谱法 | 电镜 |

### 3.9.1.6　浸没式超滤膜系统的操作运行

1. 新膜冲洗

未使用的新膜表面经常涂抹一层甘油，起到保护膜丝的作用。因此在新膜投入使用前，需要进行处理，把保护膜丝的甘油冲洗干净，反复用水漂洗，大概半小时。

2. 膜过滤

过滤操作流程如下：

（1）过滤。待过滤水通过进水管和进水控制阀进入超滤膜池，通过抽吸泵负压抽吸把待滤水从中空纤维膜外侧抽吸过膜壁，收集于集水管，通过抽吸泵送至产水箱。

（2）反洗。过滤降液至设定的反洗液位后，超滤产水反向透过中空纤维膜，同时在膜堆底部通过气冲擦洗膜丝表面去除沉积物。

（3）排污。反洗结束后，膜池进行排空。

（4）补水。膜池排空后，进水阀开启，进行补水。

（5）引水。补水至设定液位后，水射器开始进行抽真空操作，15s 后抽吸泵启动，开始下一过滤周期。

3. 维护性清洗

维护性清洗是使用低浓度的酸性或氧化性碱液清洗膜丝，延缓膜污染速率。维护清洗时使用的是储存在 PVC 清水箱中的膜产水。膜产水携带着维护洗药剂一同被输送到膜池时，由内向外渗透膜丝，超滤膜在化学溶液中浸泡反应一定时间后，堵塞、黏附在膜外的污染物被溶解。然后，曝气擦洗膜丝表面，将溶解物从膜表面吹脱，随清洗液排出膜池，排空后用膜产水对残留的溶解物和化学药剂进行冲洗。

本试验维护清洗的相关技术参数如下：

（1）清洗药剂：次氯酸钠，浓度范围为 $200\sim500\times10^{-6}$。

（2）清洗周期：一般可选择一周或两周，具体实行需要根据进膜水质、膜污染程度确定。

（3）浸泡时间：$10\sim180$min，具体根据进膜水质、膜污染程度、清洗周期确定。

（4）清洗曝气适宜时长：$5\sim10$min。

4. 恢复性清洗

随着过滤的进行，膜污染越来越严重，操作压力和跨膜压差越来越大，反冲洗和维护性清洗难以有效地控制膜污染，要想产生预期水量，需要引入恢复性清洗，恢复膜的渗透性。

本试验恢复性清洗的相关技术参数如下：

（1）碱清洗药剂：次氯酸钠，浓度为 $1000\times10^{-6}$；氢氧化钠，浓度为 0.5%。

（2）酸清洗药剂：盐酸，浓度为 0.5%。

（3）清洗周期：一般一年进行 $2\sim3$ 次，具体实行需要根据进膜水质、膜污染程度确定。

（4）浸泡时间：$20\sim22$h，根据进膜水质、膜污染程度确定。

（5）清洗曝气适宜时长：$5\sim10$min。

清洗结束后用膜产水对设备进行 $2\sim3$ 次漂洗，冲洗掉残留的溶解物和化学药剂。

浸没式超滤膜系统的整个运行流程如图 3.24 所示。

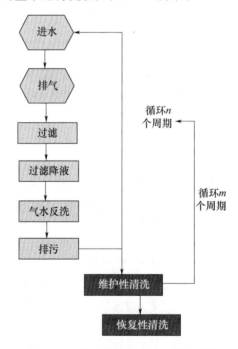

图 3.24　超滤膜系统运行工艺流程图

## 3.9.2　超滤中试设备处理大浪淀水库水的试验研究

### 3.9.2.1　试验概述及水源水质指标

试验从 2014 年 6 月开始，2014 年 12 月结束，经历了高温高藻期、正常期和部分低温低浊期。表 3.28 为水源水质的主要指标参数。

表 3.28 大浪淀水源水质指标

| 指标 | 水质期 | | |
| --- | --- | --- | --- |
| | 高温高藻期（夏）06-11—10-10 | 正常期（秋）10-11—12-10 | 低温低浊期（冬）12-11—12-21 |
| 水温（℃） | 18.7～30.0 | 4.20～18.4 | 2.2～4.5 |
| 浊度（NTU） | 7.11～33.4 | 13.5～32.7 | 3.05～4.21 |
| pH | 7.90～8.69 | 8.21～8.33 | 8.09～8.13 |
| $COD_{Mn}$（mg/L） | 2.67～6.04 | 3.29～6.54 | 3.75～4.93 |
| $UV_{254}$（$cm^{-1}$） | 0.044～0.083 | 0.053～0.064 | 0.068～0.074 |
| 藻类（万个/L） | 2440～13687 | 625～2877 | 200～548 |

在高温高藻期藻类生长旺盛，最高达 13687 万个/L，由于大量的藻类消耗了水中的 $CO_2$，水的 pH 也比另外两个水质期的 pH 高。

试验主要研究内容有：一是浸没式超滤膜短流程工艺连续运行时对水中污染物的去除效果分析；二是超滤膜不同工艺流程及常规工艺流程处理水质效果的对比。

### 3.9.2.2 短流程工艺处理效果分析

1. 浊度的处理效果

水中的泥土、粉砂、微细有机物、无机物、浮游生物等是水中悬浮物和胶体的主要组成物，这些物质可以使水质变浑浊而呈现一定浊度，浊度的大小直接反映水中悬浮物质和胶体物质含量的多少，也间接反映着微生物学性状，同时还可以作为感官性状的评判依据，因此浊度常被作为评价水质好坏的重要指标。比较理想的处理方法是在去除浊度的同时不引入其他污染，膜法处理工艺便是较佳选择。膜法处理工艺在去浊方面较其他工艺有着独特的优势，除了不引入其他物质外，处理效果稳定，进水水质的变化对膜工艺影响较小。

本试验期间水源水浊度在 7.11～33.4NTU，虽然变化范围较大，但膜后水浊度一直比较稳定，并不受进水水质的影响。浊度日常检测结果如图 3.25 所示，膜后水前期维持在 0.14NTU 左右，虽然已经达到规范的要求值（1.0NTU），但是距超滤膜出水理论值相差较大。考虑到可能是浊度仪的原因，自 9 月末开始使用新的浊度仪——HACH-1900C。开始阶段也在 0.1NTU，取水样可观测到肉眼可见物，后拆卸取样口，发现取样手动铜质球阀已生锈，于是更换取样口，并拆卸球阀，直接用尼龙扎带控制取样。此后出水浊度维持在 0.07～0.09NTU。

图 3.26 为膜出水浊度频率分布图。从图中可以看出，≥0.1NTU 分布了 46％的出水浊度，占出水浊度最主要的分布区间，跟理论值相差较大。经检查后发现，这期间使用的浊度仪误差性较大，水样取水口的铜质球阀生锈，并存积了部分活性炭粉末，这些原因造成膜出水浊度比理论值偏大。9 月底开始更换浊度仪取样口及取样方式，问题解决后浊度恢复正常，此后出水浊度在 0.07～0.09NTU 变化，出水浊度为 0.07NTU、0.08NTU、0.09NTU 的频率均是 17％，≤0.06NTU 的频率为 3％，占极少部分。从

总体来看，膜出水浊度≤0.1 NTU 的保证率在可达 100%。

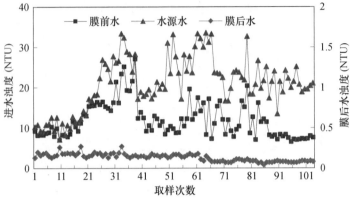

图 3.25　浊度检测结果

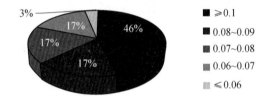

图 3.26　膜出水浊度频率分布图

## 2. 有机物的处理效果

本试验以高锰酸盐指数和 UV$_{254}$ 作为有机物去除效果的评价指标。

（1）COD$_{Mn}$ 的处理效果。

从图 3.27 可看出试验期间水源水高锰酸盐指数在 4～7mg/L 变化，膜前水在 2.8～5.7mg/L 变化，膜出水基本维持在 2～3mg/L。虽然已达到标准的要求，但超滤系统对高锰酸盐指数的去除效果并不是很高。这主要是由于水中大部分有机物能溶解于水中，且有机物分子量较小，超滤膜难以截留。此期间超滤系统对高锰酸盐指数最高去除率为39.12%，最低为 13.82%，平均 25.42%。出水 COD$_{Mn}$ 受膜进水水质影响较大。所以对于有机物偏高的水源，有必要采取一定的联合处理措施以保证出水水质符合饮用水规范的要求。

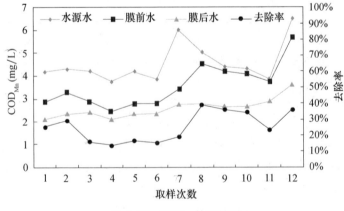

图 3.27　COD$_{Mn}$检测结果

（2）UV$_{254}$的处理效果。

图 3.28 为 UV$_{254}$检测结果。

从图 3.28 中可以看出，超滤系统对絮凝水的 UV$_{254}$有一定的处理效果，去除率变化较大，且不稳定，而且受水源水水质的影响较大，最高去除率为 26.1%。最低为 3%。膜进水的 UV$_{254}$为 0.031～0.074cm$^{-1}$，平均 0.045cm$^{-1}$，膜出水的 UV$_{254}$为 0.030～0.051cm$^{-1}$，平均 0.040cm$^{-1}$。从较低的去除率可以推测出混凝后的水中以可溶性小分子有机物为主。

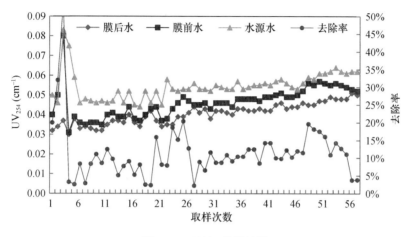

图 3.28　UV$_{254}$检测结果

**3. 藻类、微生物的处理效果**

该水库水在高温高藻期的突出特点是水中藻类植物多，生长茂盛。藻类的大小变化范围很大，从几微米到几百微米不等。其中数十微米以下的微小藻类的去除，很难通过常规工艺处理达标。试验采用的超滤膜孔径为 0.02μm，远远小于藻类，理论上膜对藻类的去除可以达到 100%。图 3.29 是试验期间对水样的抽样检测结果。由图可看出，经过絮凝后的水含藻量大大降低，经过超滤系统之后的出水却偶有藻类，与理论不符。后经排查分析，由于在藻类检测的过程中共用了抽吸管路，误将少量藻类带入膜后水中。操作过程严谨后，膜后水未发现有藻类，超滤膜对藻类的去除率为 100%。

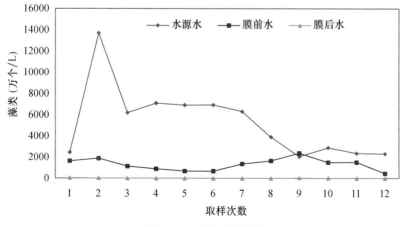

图 3.29　藻类检测结果

微生物指标是生活饮用水水质标准四大指标之一，饮用水中应不含细菌、病毒等致病性微生物。病原微生物可以通过水媒介传播多种疾病，最常见的有伤寒、霍乱、痢疾、肠胃炎等。由于病原微生物种类繁多，直接检测各种病原微生物显然不符合实际，因此，自来水厂常以细菌总数和总大肠菌群作为微生物的控制指标，这样一来大大简化了检测方法。

试验期间对水中细菌总数和总大肠菌群进行了抽样检测，检测结果见表 3.29。前六次抽样检测处于高温高藻期，水源水和絮凝水（膜前水）的细菌含量异常高，布满视野，无法计数，经考虑是该期水中营养旺盛，腐殖质比较多，各种细菌生长繁殖较快所致。膜后水也检测到了细菌，第 3 次检测到的细菌数较多，第 5 次和第 7 次抽样未检测到细菌，考虑是反洗水中带入细菌的可能性比较大，但细菌总数也满足《生活饮用水卫生标准》的规范要求。总大肠菌群在膜前水、膜后水中均未检出，说明膜处理系统的微生物安全保障性是非常高的，水源水也只有在第 9 次和第 10 次抽检中检测到，足见该水源水质的优质性。抽样检测数据表明，超滤系统对微生物的去除效果很好，但是膜出水中存在的细菌说明了超滤产水微生物安全方面存在隐患，因此有必要对膜出水进行消毒，从而增强饮用水的安全保障性。

表 3.29　超滤系统对微生物的去除效果

| 次数 | 细菌（CFU/mL） | | | 总大肠菌群（个/L） | | |
|---|---|---|---|---|---|---|
| | 水源水 | 膜前水 | 膜后水 | 水源水 | 膜前水 | 膜后水 |
| 1 | 无法计数 | 无法计数 | 4 | 未检出 | 未检出 | 未检出 |
| 2 | 无法计数 | 无法计数 | 3 | 未检出 | 未检出 | 未检出 |
| 3 | 无法计数 | 无法计数 | 16 | 未检出 | 未检出 | 未检出 |
| 4 | 无法计数 | 无法计数 | 1 | 未检出 | 未检出 | 未检出 |
| 5 | 无法计数 | 无法计数 | 未检出 | 未检出 | 未检出 | 未检出 |
| 6 | 无法计数 | 无法计数 | 3 | 未检出 | 未检出 | 未检出 |
| 7 | 32 | 20 | 未检出 | 未检出 | 未检出 | 未检出 |
| 8 | 42 | 37 | 1 | 未检出 | 未检出 | 未检出 |
| 9 | 120 | 50 | 2 | 2 | 未检出 | 未检出 |
| 10 | 40 | 34 | 2 | 2 | 未检出 | 未检出 |
| 11 | 50 | 35 | 未检出 | 未检出 | 未检出 | 未检出 |
| 12 | 46 | 20 | 3 | 未检出 | 未检出 | 未检出 |

4. 金属离子的处理效果

水源水中铁、锰、铝含量比较低。从表 3.30 的抽样检测结果可以看出，水源水铁、锰、铝的含量已经小于《生活饮用水卫生标准》（GB 5749—2006）的限值（铁：0.3mg/L；锰：0.1mg/L；铝：0.2mg/L）。由于检测方法受限，铁、锰的去除率无法精确分析，但是可以看出膜出水水质比较优良。观察铝的检测结果，发现膜前水含量反而比水源水高，这跟水厂选用的混凝剂有关。水厂选用的混凝剂是聚合氯化铝铁，在高温高藻期为了增强常规工艺对藻类的去除效果，混凝剂剂量加大，势必造成后续出水的铝量值增高。超滤系统对铝的去除率最高为 86.4%，最低为 19.78%，平均为 47.38%，膜出水铝含量受膜前水的影响较大。在 7 月中旬到 8 月中旬，加药量达到峰值，出水铝含量＞0.2mg/L，已超过标准规定的限值，考虑到膜对藻类有着优良的去除效果，所以在膜处理工艺中可以适当调低混凝剂加药量，以防出水中铝量超标。

表 3.30   金属离子抽样检测结果

| 次数 | 铁（mg/L） | | | 锰（mg/L） | | | 铝（mg/L） | | |
|---|---|---|---|---|---|---|---|---|---|
| | 水源水 | 膜前水 | 膜后水 | 水源水 | 膜前水 | 膜后水 | 水源水 | 膜前水 | 膜后水 |
| 1 | ＜0.2 | ＜0.2 | ＜0.2 | 0.013 | 0.006 | 0.005 | ＜0.008 | 0.2 | 0.079 |
| 2 | 0.2 | ＜0.20 | ＜0.2 | 0.019 | 0.007 | ＜0.005 | 0.05 | 0.263 | 0.369 |
| 3 | ＜0.20 | ＜0.20 | ＜0.20 | 0.09 | 0.02 | 0.014 | 0.026 | 0.304 | 0.217 |
| 4 | ＜0.20 | ＜0.20 | ＜0.20 | 0.188 | 0.079 | 0.039 | ＜0.008 | 0.24 | 0.166 |
| 5 | ＜0.20 | ＜0.20 | ＜0.20 | 0.074 | 0.056 | 0.019 | 0.053 | 0.277 | 0.171 |
| 6 | ＜0.20 | ＜0.20 | ＜0.20 | 0.1 | 0.036 | ＜0.005 | 0.038 | 0.112 | 0.075 |
| 7 | ＜0.20 | ＜0.20 | ＜0.20 | 0.87 | 0.043 | ＜0.005 | 0.024 | 0.1 | 0.062 |
| 8 | ＜0.20 | ＜0.20 | ＜0.20 | 0.1 | 0.01 | ＜0.005 | 0.01 | 0.098 | 0.054 |
| 9 | ＜0.20 | ＜0.20 | ＜0.20 | 0.088 | 0.056 | ＜0.005 | 0.01 | 0.117 | 0.041 |
| 10 | ＜0.20 | ＜0.20 | ＜0.20 | 0.088 | 0.056 | ＜0.005 | ＜0.008 | 0.125 | 0.017 |
| 11 | ＜0.20 | ＜0.20 | ＜0.20 | 0.012 | ＜0.005 | ＜0.005 | 0.013 | 0.095 | 0.04 |
| 12 | ＜0.20 | ＜0.20 | ＜0.20 | 0.036 | 0.02 | 0.014 | ＜0.008 | 0.172 | 0.026 |

5. 氨氮的处理效果

水中氨氮虽然不像病原微生物、重金属离子可对人体产生直接危害，但是水中过高的氨氮含量不仅会影响水中其他指标的去除，还会转化成亚硝酸盐，长期饮用会增加癌变的概率。因此，将氨氮作为饮用水的评价标准是非常科学的。

由图 3.30 可知，膜前水氨氮在 0.1～0.22mg/L 变化，经过超滤膜处理后，氨氮含量进一步降低，去除率最高为 67.47%，最低为 20.59%，平均为 47.48%。水中氨氮的去除并不是单纯靠超滤膜的筛分作用，而是通过超滤膜去除吸附着氨氮的有机物来达到去除的目的，所以有机物和氨氮往往是同时去除的。

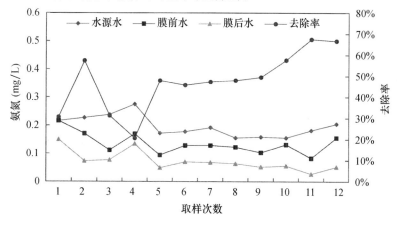

图 3.30   氨氮检测结果

### 6. 膜出水 pH 的变化

pH 亦称氢离子浓度指数、酸碱值，是饮用水最重要的理化参数之一。虽然人体健康与 pH 没有直接关系，但 pH 指标能够影响其他水质指标，其他水质指标直接或间接地影响人体健康。另外，输送饮用水的管道多为金属管材，pH 太低会增加水管的腐蚀速率，而且 pH 太高会对采用氯消毒的工艺产生消减作用。从图 3.31 中可以看出，膜前水（絮凝水）的 pH 相比水源水是有所下降的，膜后水的 pH 在 8.05～8.39 变化，属于微碱性，符合《生活饮用水卫生标准》（GB 5749—2006）规定的 pH 的值域要求。膜后水和絮凝水的 pH 检测曲线趋势一致，两者相差甚微，说明进膜前后的水中 $OH^-$ 和 $H^+$ 浓度变化不大，膜对离子去除效率很小。

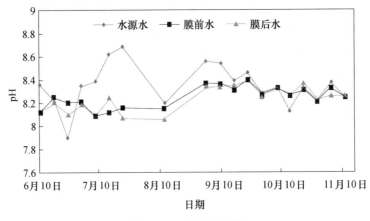

图 3.31　pH 检测结果

### 3.9.2.3　不同工艺流程除污效果的比较

#### 1. 对浊度处理效果的比较

浸没式超滤膜在处理水时，无论是短流程还是长流程工艺，与常规工艺对比，在除浊方面都有着明显的优势，如图 3.32 所示。在更换浊度仪之前，超滤膜出水浊度稳定在 0.1NTU 左右。更换浊度仪后，膜出水稳定在 0.08NTU 左右，去浊率达 99.67%，且出水浊度不受膜前水的影响。常规工艺除浊效果波动大，在高温高藻期除浊效果极差，已接近生活饮用水标准规定的限值。

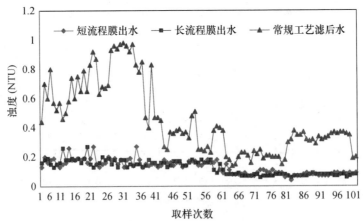

图 3.32　不同工艺对浊度的处理效果

超滤膜优异的去浊效果与膜的作用机理息息相关：首先是机械筛分作用，膜孔径为 $0.02\mu m$，理论上大于 $0.02\mu m$ 的颗粒都会被截留去除；其次吸附截留，小于 $0.02\mu m$ 的颗粒会与大分子颗粒发生黏附作用，在筛分去除大分子颗粒的同时，小于 $0.02\mu m$ 的颗粒被截留去除。正是这种协同作用使得膜系统在除浊方面效果极佳。

2. 对有机物处理效果的比较

以 $COD_{Mn}$ 作为有机物的评价指标来对比不同工艺流程的去污效果如图 3.33 所示。膜出水的 $COD_{Mn}$ 平均含量为 2.54mg/L，常规工艺出水为 2.34mg/L，超滤膜工艺在去除有机物方面与常规工艺相比并没有优势，反而略逊色于常规工艺。主要原因在于水厂条件的限制，没有对超滤膜预处理阶段进行充分研究，导致超滤膜未发挥最佳效果。今后试验有必要对预处理工艺进行优化。

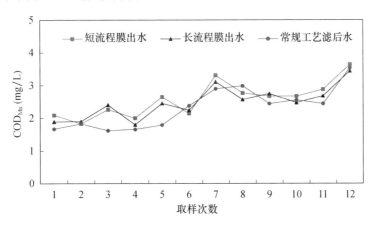

图 3.33　不同工艺对 $COD_{Mn}$ 的处理效果

3. 对藻类、细菌处理效果的比较

不同工艺对藻类、细菌处理效果的比较见表 3.31。

表 3.31　不同工艺对藻类、细菌的处理效果

| 次数 | 藻类（万个/L） | | | 细菌（个/mL） | | |
|---|---|---|---|---|---|---|
| | 短流程 | 长流程 | 常规工艺 | 短流程 | 长流程 | 常规工艺 |
| 1 | 12 | 未检出 | 35.4 | 3 | 2 | 2 |
| 2 | 未检出 | 未检出 | 47.2 | 3 | 4 | 5 |
| 3 | 未检出 | 未检出 | 118 | 2 | 1 | 10 |
| 4 | 未检出 | 未检出 | 253 | 3 | 1 | 21 |
| 5 | 未检出 | 未检出 | 76.6 | 1 | 未检出 | 26 |
| 6 | 5 | 未检出 | 41.3 | 6 | 4 | 20 |
| 7 | 未检出 | 未检出 | 38.2 | 未检出 | 未检出 | 10 |
| 8 | 未检出 | 未检出 | 30.1 | 12 | 6 | 26 |
| 9 | 未检出 | 未检出 | 29.6 | 2 | 4 | 23 |
| 10 | 未检出 | 未检出 | 23.5 | 1 | 未检出 | 18 |
| 11 | 未检出 | 未检出 | 17.7 | 未检出 | 2 | 13 |
| 12 | 未检出 | 未检出 | 11.8 | 1 | 2 | 9 |

从表 3.31 可以看出膜工艺对藻类和细菌的处理效果明显优于常规工艺，对藻类和细菌的去除几乎近 100%，检测时偶有藻类，经过分析有两种原因：一是由于检测方法不当，共用抽吸管道，导致在膜出水中混入了其他水样；二是反冲洗水箱长时间未清洗，藻类和细菌得以滋生，在反冲洗时随反洗水进入膜处理系统。鉴于超滤工艺出水中有含藻、含菌的可能，在实际工程应用中应增加消毒的步骤，以提高供水的安全可靠性。

4. 对金属铝处理效果的比较

水源水在高温高藻期浊度大、色度高，水厂为了提高常规工艺的除浊除藻效果，往往加大混凝剂的投加量。当混凝剂——聚合氯化铝铁投加量在 30mg/L 左右时可造成滤后水的铝含量超标（>0.2mg/L），如图 3.34 所示。由图中曲线变化规律可知膜工艺和常规工艺在除铝方面无明显差别，不管是膜工艺还是常规工艺，出水中铝的含量受混凝剂投加量的影响较大。如果选用膜工艺，会减少混凝剂的投放量，这样一来，不仅节约了药剂，也保障了出水的达标排放。

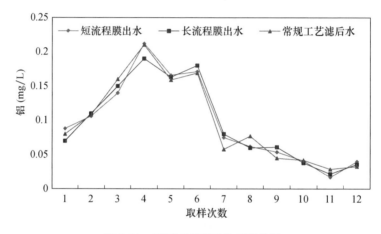

图 3.34　不同工艺对铝的处理效果

### 3.9.3　超滤膜短流程工艺的膜污染控制及其清洗

膜工艺技术具有众所周知的优点，如良好的除浊效果、理想的除微生物效果、自动化程度高、运行简单，节约占地等。但是这项理想的工艺技术本身也存在着缺点，长期运行造成膜污染。膜污染是膜工艺技术研究中最重要的热点之一，由于其存在的普遍性、控制的艰难性，已成为膜工艺技术中关键性技术问题。

#### 3.9.3.1　膜污染机理

膜污染指待处理原液中的微粒与膜存在某种物理化学作用或者机械作用，从而引起膜表面或膜孔内吸附、沉积微粒粒子，以致膜孔变小或堵塞，使膜的透水通量下降的现象。

仔细分析膜污染的原因，发现可归纳为如下：膜表面吸附、膜孔隙堵塞、压力差引起的浓差极化、压缩滤饼层。

膜表面吸附、膜孔隙堵塞引起的污染主要是溶解性小分子有机物所致，通过气水反冲洗无法彻底消除，属于不可逆污染；由浓差极化、压缩滤饼层引起的污染主要是胶体和大分子有机物所致，经过反冲洗后可得到有效去除，属于可逆污染。

### 3.9.3.2 膜污染评价指标

超滤膜过滤方式一般有恒流和恒压两种方式。净水厂运行的属于规模性生产，所以通常采用恒流过滤方式。为了更贴合实际，本试验采用的也是恒流过滤方式。恒流过滤时，膜过滤阻力可以用跨膜压差（TMP）的变化反映，采用 TMP 作为试验考察的重点，可以直观地反映膜污染的程度。

### 3.9.3.3 不同工况对膜污染的影响

1. 排空周期对膜污染的影响

以浸没式超滤膜技术为核心的短流程净水工艺，絮凝水进入超滤膜池后，在膜池内完成膜过滤、浓水回收、沉淀、污泥浓缩等步骤，实行多过滤周期排水，即每一个过滤周期只排出少量浓缩液，多个过滤周期后执行一次膜池排空，这样可大大减少水资源的浪费。理论上来讲，排空周期设定越长越节水，但是排空周期对膜污染有一定影响，关系着跨膜压差的变化，因此确定排空周期是超滤系统参数优化的内容之一。

在通量为 25L/(m² · h)、过滤周期为 60min 的情况下，不同排空周期下跨膜压差的变化情况如图 3.35 所示。

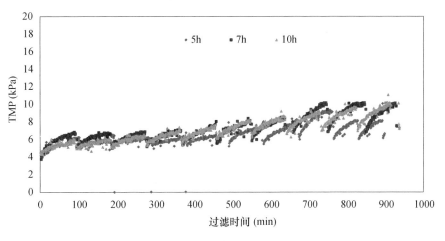

图 3.35 排空周期对 TMP 的影响

由图 3.35 可看出，排空周期为 7、10 时，跨膜压差增长趋势比较相似，虽然第 7 次过滤周期完成后进行了膜池排空，但是紧随的 3 个过滤周期跨膜压差增长迅速，与排空周期为 10 的工况后 3 个过滤周期相仿。由此可见，排空周期设定为 7，对超滤膜造成的污染已不能靠简单的反冲洗得到缓解。排空周期为 5 时，前 5 个过滤周期与周期为 7、10 没有太多差别，但是经过一次膜池排空后，跨膜压差的恢复效果明显优于后两者。分析原因可能是：排空周期较小时，在膜丝表面附着的滤饼层相对松散，反冲洗时，气冲联合水冲能够有效冲去部分滤饼层，有效阻止了大量污染物在膜丝表面沉积，从而膜污染速率得以降低。

### 2. 加药量对膜污染的影响

由于膜前水取自水厂沉淀池始端，待处理水的预处理情况不能随意改变，需要顺应常规工艺流程。试验混凝剂采用聚合氯化铝铁，加药量随不同水质期加以调整，混凝方式采取机械三级混凝。图3.36反映的是高温高藻期加药量大幅度调整时超滤膜的污染状况，该时期运行工况为：通量为25L/(m²·h)，过滤周期为90min。在7月14日到7月15日期间，加药量变化范围为8～10mg/L，跨膜压差在5～9kPa之间波动，经过每周期的反冲洗后，跨膜压差恢复好，膜污染相对较轻；在7月15日到7月17日期间，加药量范围为10～15mg/L，跨膜压差在6～19kPa波动，波动幅度明显变大，但是每周期经过反冲洗后跨膜压差仍可以恢复到运行初始阶段；自7月17日起，水源水质明显变差，浊度增高，藻类变多，为了使常规工艺出厂水符合规范标准，混凝剂投加量增到20～25mg/L，跨膜压差明显增大，并且反冲洗后恢复效果差，说明这时的膜污染是不可逆的。

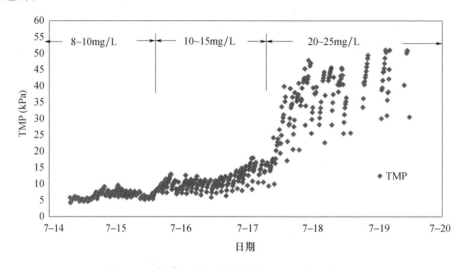

图3.36　水质突变期混凝剂投加量对TMP的影响

图3.36反映的是7月份水质突变期的运行状况。为了使常规工艺流程的出水达标，水厂对加药量进行了调整。从膜系统的运行状况分析，严重的膜污染是由于混凝剂和助凝剂的剧增所导致，适合膜运行的PFAC投加量在8～10mg/L之间。为了进一步研究适宜加药量，对同一个运行工况进行了多周期研究，不同周期选取不同的加药量。图3.37反映PFAC投加量为6～10mg/L、HAC为0.3～0.5mg/L的膜污染状况，每个加药量的运行工况：通量为30L/(m²·h)，过滤周期为60min。从图中不难看出，过滤开始阶段跨膜压差增长速率快，越往后越趋于平缓。投加量为6mg/L时，虽然起点的跨膜压差有些高，但是经过多个过滤周期之后反而比8mg/L、10mg/L时低。投加量8mg/L、10mg/L的跨膜压差在前20个过滤周期变化趋势几近相同。超过20个周期后，变化趋势开始有所不同，投加量为10mg/L的跨膜压差明显高于同阶段其他加药量，并且到第100个过滤周期后，增长速率明显上升，标志着膜污染已相当严重，单纯的物理反冲洗已不能够恢复，应该导入维护性清洗步骤。两次8mg/L的跨膜压差变化趋势基本相似，而且160个过滤周期过后跨膜压差大小与6mg/L的比较接近。

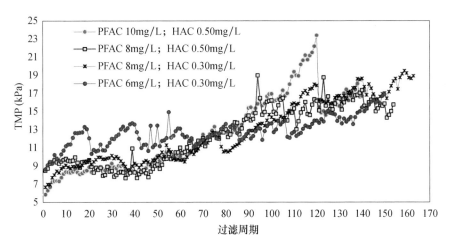

图 3.37　混凝剂投加量对 TMP 的影响对比图

分析出现这些现象的原因是：适宜剂量的混凝剂、助凝剂，可以使水源水形成大而松散的絮体，这些絮体在膜丝表面形成一层比较疏松的凝胶层，不仅可以保护膜丝不被小分子物质造成深度污染，还可以在反冲洗时较轻松地清洗干净。过少地投加混凝剂、助凝剂，使得水中絮体细小、致密，这些絮体容易进入膜孔而导致不可逆污染。过多地投加混凝剂、助凝剂，不仅使得水中脱稳颗粒重新恢复稳定状态，形成较小的絮体，而且多余的混凝剂、黏稠的助凝剂也会附着到膜丝表面，这些小絮体和多余的药量均会造成膜孔堵塞，进而导致膜的不可逆污染。

从节省药剂和膜污染状况综合来看，该水质期比较适宜的混凝剂投加量为 6mg/L，助凝剂适宜投加 0.3mg/L。由于水质不同时期有着不同的特质，投加量的确定还需要具体情况具体分析，但最佳的 PFAC 投加范围为 6～10mg/L，HAC 为 0.2～0.5mg/L。

3. 运行通量对膜污染的影响

运行通量是膜工艺运行的重要参数之一。在产水量一定的情况下，高运行通量可以节省膜用量，同时减少占地面积，从而可以减少投资费用。但是高运行通量会使跨膜压差增长迅速，膜污染现象严重，长期运行肯定需要频繁的药洗，不仅增加药剂费用，频繁的药洗还会减少产水时间、缩短膜丝使用寿命，因此确定合理的膜运行通量意义重大。试验考察了 25L/(m²·h)、30L/(m²·h)、35L/(m²·h)、40L/(m²·h)、45L/(m²·h) 五种不同的运行通量，不同运行通量下跨膜压差随时间的变化规律如图 3.38 所示。

跨膜压差取自每周期过滤开始的第五分钟，从图中可以看出通量越大，起始跨膜压差越大。25L/(m²·h)、30L/(m²·h)、35L/(m²·h)、40L/(m²·h)、45L/(m²·h) 的起始跨膜压差分别为：3.87kPa、8.66kPa、11.23kPa、11.25kPa、14.83kPa。通量 25L/(m²·h) 工况的跨膜压差增长趋势最为平缓，基本维持在 4～6kPa 之间，但是从第 130 个过滤周期开始变陡，这是由于超滤设备发生故障，过滤失常导致。通量 30L/(m²·h)、35L/(m²·h)、40L/(m²·h) 工况的跨膜压差分别波动于 9～15kPa、11～16kPa 和 11～18kPa，增长趋势和波动范围量近似，并且这三个运行工况与 25L/(m²·h)、45L/(m²·h) 的工况分区明显。40L/(m²·h)、45L/(m²·h) 的工况下，跨膜压差在单个过滤周期内增长明显，但是经过周期性膜池排空后可以得到明显恢复，但是 45L/（m² · h）的工况经过长期的运行，跨膜压差恢复率逐渐降低，很难恢复到运行初始状态，说明膜污染已比较严重。产生这些现象的原因是：低通量运行时，在膜丝表面形成的凝胶层比较疏松，经过物理反冲洗后较容易脱落，在保持低污染的情况下对膜丝起到了保护作用，比如 25L/（m² · h）、30L/（m² · h）、35L/（m² · h）的运行工况。当通量变大时，过滤流速加快，膜丝表面形成的凝胶层在高速水流的剪力作用下深入膜孔内部，从而超滤膜形成了不可逆污染。通量为 25L/（m² · h）时，虽然膜污染最轻，但单位时间产水量过低，对于一定规模的水厂，会增加用膜量，增大占地面积，也就意味着加大了经济投资；通量为 40L/（m² · h）、45L/（m² · h）时，虽然单位时间产水量较高，但是膜污染严重，会增加药洗频率，长期运行不仅增加药剂费，还降低了膜的使用寿命，意味着折旧费增高，综合各种因素来看，比较适合的运行通量是 30L/（m² · h）和 35L/（m² · h）。

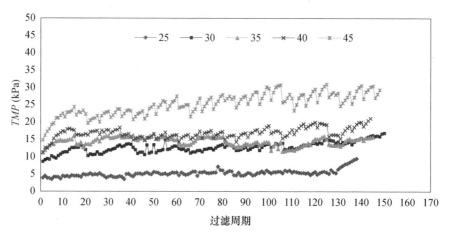

图 3.38　不同通量对 TMP 的影响

### 3.9.3.4　污染膜化学清洗与污染物成分分析

1. 维护性清洗

本试验采用的清洗药剂为次氯酸钠，清洗效果的好坏用跨膜压差恢复率来衡量。跨膜压差恢复率的定义式如下：

$$K = \frac{TMP_1 - TMP_2}{TMP_1 - TMP_0} \qquad (3-1)$$

试验的维护清洗情况见表 3.32。从表中数据不难看出，不同的运行通量、药剂浓度、浸泡时长，清洗效果明显不同。短流程工艺中，25L/（m² · h）的通量，在药剂浓度 0.02%、浸泡时长 0.5h 时，$TMP$ 恢复率达到 89.11%，清洗效果比较成功，清洗条件相同时，30L/（m² · h）的 $TMP$ 恢复率只达到了 67.47%，效果欠佳，需要调整清洗条件增强恢复效果。于是恒通量 30L/（m² · h）运行 4 周，变化清洗条件，考察清洗效果。短流程第 3 次清洗条件设为：药剂浓度 0.05%，浸泡时长 4h，$TMP$ 恢复率为 116.16%，可见 $TMP$ 得到很大程度的恢复，于是将第 4 次清洗的浸泡时长设为 3h，此时 $K$ 值为 86.13%，恢复率还是相当不错。后又将第 5 次的浸泡时长增设为 7h，$K$ 值为 97.58%，说明 $TMP$ 恢复率不会随着浸泡时长的增加而无限增大。考虑实际生产的需求，通量 30L/（m² · h）的适宜浸泡时长为 3h。结合通量 35L/（m² · h）、40L/（m² · h）

的 $TMP$ 恢复率,可推测适宜清洗时间为 $2\sim 4h$,过长的清洗时间对于清洗效果的提高并无太大益处,反而会影响大规模的生产,考虑到维护性清洗实现在线操作是众望所归,故统一将清洗时长设定为 3h。

表 3.32 超滤膜维护清洗状况一览表

| 次数 | 温度 (℃) | 通量 [L/(m² · h)] | 运行初 $TMP$ (kPa) | 清洗前 $TMP$ (kPa) | 清洗后 $TMP$ (kPa) | 浓度 (%) | 浸泡 (h) | 压力降 (kPa) | $K$ (%) |
|---|---|---|---|---|---|---|---|---|---|
| 1 | 27.9 | 25 | 4.46 | 9.6 | 5.02 | 0.02 | 0.5 | 4.58 | 89.11 |
| 2 | 26.1 | 30 | 5.73 | 33 | 14.6 | 0.02 | 0.5 | 18.4 | 67.47 |
| 3 | 23.1 | 30 | 8.1 | 18 | 6.5 | 0.05 | 4 | 11.5 | 116.16 |
| 4 | 19.7 | 30 | 6.5 | 22 | 8.65 | 0.05 | 3 | 13.35 | 86.13 |
| 5 | 18.4 | 30 | 8.65 | 19 | 8.9 | 0.05 | 7 | 10.1 | 97.58 |
| 6 | 16.6 | 35 | 10.58 | 24 | 15.28 | 0.05 | 2 | 8.72 | 64.98 |
| 7 | 15.7 | 35 | 10.57 | 19.28 | 9.9 | 0.05 | 7 | 9.38 | 107.69 |
| 8 | 14.1 | 40 | 11.0 | 24.6 | 12.0 | 0.05 | 4 | 12.6 | 92.65 |

2. 恢复性清洗

在运行过程中,当膜污染达到一定程度,即跨膜压差达到规定的限值时,就要对膜系统进行恢复性清洗,从而提高膜的渗透性,清洗次数较少,一年中只需要进行 $2\sim 3$ 次即可。膜的恢复性清洗药剂分为碱液和酸液。酸性清洗剂主要用来溶解矿物质,去除金属离子等;强碱性溶液主要用来去除蛋白质;次氯酸盐主要用来清洗膜孔中累积的污染物。本研究采用的清洗药剂为 NaClO、NaOH 和 HCl,先进行碱洗,后进行酸洗。Veronique 等人在研究污染膜清洗技术时发现,在恢复性清洗前先用清水进行过滤有助于膜通量的恢复,因此本研究在进行药洗之前先采用清水清洗过滤,药洗后再用清水进行漂洗。整个试验共进行了两次恢复性清洗,具体清洗状况见表 3.33。

表 3.33 超滤膜恢复性清洗状况一览表

| 次数 | 水温 (℃) | 运行初 $TMP$ (kPa) | 清洗前 $TMP$ (kPa) | 清洗后 $TMP$ (kPa) | 药液/浓度 (%) | 浸泡时长 (h) | 压力降 (kPa) | $K$ (%) |
|---|---|---|---|---|---|---|---|---|
| 1 | 10.4 | 14.21 | 33.37 | 15 | NaClO /0.1 | 22 | 18.77 | 97.96 |
| | | | | | NaOH/0.5 | | | |
| | 10.3 | — | 15 | 14.6 | HCl/0.5 | 20 | | |
| 2 | 2.1 | 23.35 | 36.41 | 23.68 | NaClO /0.1 | 21 | 12.79 | 97.93 |
| | | | | | NaOH/0.5 | | | |
| | 2.1 | — | 23.68 | 23.62 | HCl/0.5 | 22 | | |

注:表中 $TMP$ 显示的是每一阶段最后运行通量 $45L/(m^2 \cdot h)$ 的值。

从表 3.33 可以看出两次清洗后的跨膜压差比运行初期增长无几,均小于 1kPa,跨膜压差恢复率 $K$ 值相对较高,清洗效果良好。两次运行初期的跨膜压差不同,这是水温的差距导致的,水温不仅影响黏度,还影响超滤膜的孔径,表现在膜孔的收缩或扩大。温度越高,水的黏度越小,膜孔径越大,跨膜压差越小;温度越低,水的黏度越大,膜孔径越小,跨膜压差则越大。从压力降一栏中可以发现第一次清洗的压力降大于第二次，跨膜压差的涨幅区间较大，但是清洗效果与长流程相差甚小，说明试验选择的清洗方式清洗效果良好，即使外界环境温度较低时也可以达到理想的恢复效果。

3. 超滤膜表征分析

图 3.39 是新膜和受污染膜表面对比图。受污染膜表面呈黄色，并有褐色黏状物附着，说明膜系统经过长期的运行之后，污染物沉积比较多，黏附现象严重。

(a) 新膜　　　　　　　　　　(b) 受污染膜

图 3.39　新膜和受污染膜表面对比图

用海绵将污染膜表面的污垢轻轻擦去，然后利用扫描电子显微镜对膜表面进行表征分析。从电镜扫描图片（图 3.40）可以明显看到受污染膜表面上黏附有泥饼层，膜孔径不可见，这是膜的渗透性下降的主要原因。

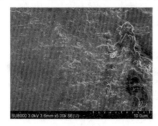  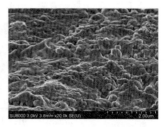

(a) 放大5000倍　　　　　　(b) 放大10000倍　　　　　　(c) 放大20000倍

图 3.40　受污染膜表面

将海绵擦拭后的污染膜丝剪成同等的长度，分别浸泡在 250mL，0.01mol/L 的 HCl 溶液和 0.01mol/L 的 NaOH 溶液中。24h 后取出，并用超纯水将膜丝表面的浸泡液清洗干净，利用扫描电子显微镜分别对酸、碱清洗的膜表面进行表征分析，结果如图 3.41、图 3.42 所示。

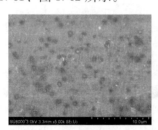  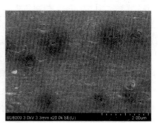

(a) 放大5000倍　　　　　　(b) 放大10000倍　　　　　　(c) 放大20000倍

图 3.41　酸洗后膜丝表面

(a) 放大5000倍

(b) 放大10000倍

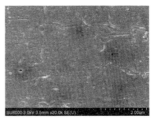
(c) 放大20000倍

图 3.42 碱洗后膜丝表面

从扫描电镜的结果来看，清洗后的膜表面均可看到相对清晰的膜孔，表明酸洗和碱洗对污染膜均有较好的清洗效果。

4. 膜污染物成分分析

将海绵擦拭后的污染膜丝剪成同等的长度，分别浸泡在 250mL，0.01mol/L 的 HCl 和 0.01mol/L 的 NaOH 溶液中。24h 后取出，并用超纯水将膜丝表面的浸泡液清洗干净后，冷冻干燥，对浸泡液进行相关指标测定，包含有机物、金属元素、三维荧光等。

（1）有机物（表 3.34）。

表 3.34　有机物成分分析

| 方式 | TOC（ppm） | $UV_{254}$（$cm^{-1}$） | SUVA $[L/(m \cdot mg)]$ |
|---|---|---|---|
| 酸洗 | 0.287 | 0.003 | 1.045 |
| 碱洗 | 0.354 | 0.005 | 1.412 |

通过表 3.34 发现碱洗后溶液中 TOC 和 SUVA 的浓度较高，表明碱洗对有机物的去除效果更好，这是由于蛋白质、脂肪、腐殖酸等有机物在碱性溶液中的溶解度较高，易溶于 NaOH 溶液。$UV_{254}$ 代表水样中腐殖酸的浓度，$UV_{254}$ 不高，说明该膜受腐殖酸污染不严重。

（2）金属元素（表 3.35）。

表 3.35　金属元素分析

| 方式 | Ca（ppm） | Mg（ppm） | Al（ppm） | Si（ppm） | Fe（ppm） | Mn（ppm） |
|---|---|---|---|---|---|---|
| 酸洗 | 0.3166 | 0.0608 | 0.0519 | 0.5270 | 0.0357 | 0.0184 |
| 碱洗 | 0.0066 | 0.0040 | 0.0825 | 1.1293 | 0.0122 | — |

通过表 3.35 数据可看出酸洗对于金属 Ca、Mg、Fe、Mn 的清洗效果较好，且 Ca 的含量相对较高；碱洗对于 Al 和 Si 的清洗效果较好，对于 Mn 几乎没有清洗效果。六种金属元素，清洗液中 Si 元素浓度最高，说明该膜受 Si 污染较严重。

（3）浸泡液荧光光谱分析。

荧光光谱图 EEM 实际是二维坐标平面图，以入射波和激发波波长为横纵坐标，将荧光强度以等高线的形式表示在谱图上。在 EEM 谱图中，一般存在着一个到数个特征峰，这些特征峰各代表一类有机物。通常情况下，荧光光谱图可以划分为 5 个区域：酪氨酸类芳香族蛋白质、色氨酸类芳香族蛋白质、溶解性微生物代谢产物（SMP）、类腐殖酸和类富里酸。

由图 3.43 可见，酸洗和碱洗后的光谱图相似，都有 A 和 B 两个波峰。波峰位置为：峰 A：EX/EM＝270～290/320～350nm；峰 B：EX/EM＝220～240/320～350nm。根据各区域代表的有机物可以得出峰 A 为色氨酸类蛋白质，峰 B 为酪氨酸类芳香族蛋白质。表明色氨酸类芳香族蛋白质和酪氨酸类芳香族蛋白质是引起膜污染的主要物质。

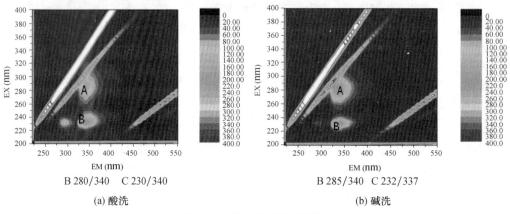

(a) 酸洗　　　　　　　　　　　　　　　(b) 碱洗

图 3.43　浸泡液荧光光图谱

### 3.9.4　超滤膜短流程工艺可行性分析

#### 3.9.4.1　经济技术分析

1. 动力费

净水厂的主要支出是动力耗能支出。本试验主要监测加药间和膜车间的动力能耗，这些能耗主要来自加药泵、抽吸泵、反冲洗泵、鼓风机。加药间以 24h 为时间段计算，得出吨水动力平均能耗为 0.0024kW·h/m³；膜车间不同通量的动力能耗见表 3.36。从表中可以看出超滤膜运行能耗为 0.087～0.158kW·h/m³。如果膜运行通量按 30L/(m²·h)，水厂电价按 0.7 元/kW·h 计算，加药间和膜车间水动力能耗费用为 0.07448 元/m³。

表 3.36　运行能耗分析表

| 通量<br>[L/(m²·h)] | 总运行时间<br>(h) | 总耗电量<br>(kW·h) | 产水量<br>(m³) | 吨水耗电量<br>(kW·h/m³) |
|---|---|---|---|---|
| 25 | 93.5 | 38.85 | 245.438 | 0.158 |
| 30 | 511.79 | 167.89 | 1612.139 | 0.104 |
| 35 | 313.21 | 113.6 | 1151.047 | 0.0987 |
| 40 | 157 | 57.45 | 659.4 | 0.087 |
| 45 | 139 | 60.80 | 656.775 | 0.093 |

2. 药剂费

(1) 混凝剂。

混凝剂采用聚合氯化铝铁，投加量根据水源水质的变化而调整。适于超滤膜系统的混凝剂投加量为 6～10mg/L，聚合氯化铝铁的市场参考价格为 1000 元/t，折合成单位产水处理成本为 0.006~0.01 元/m³。

（2）膜清洗药剂。

膜清洗药剂分为维护性清洗药剂和恢复性清洗药剂。

维护性清洗使用次氯酸钠，清洗周期为 7d，浸泡浓度为 500ppm，10% 的次氯酸钠的市场参考价格为 1000 元/t。折合成吨水处理成本为 0.0057 元/m³。

恢复性清洗用到的药剂有次氯酸钠，浸泡浓度 $1000\times10^{-6}$；氢氧化钠，浸泡浓度 0.5%；盐酸，浸泡浓度 0.5%。清洗频率按 4 月一次，各种药剂市场参考价格分别：1000 元/m³（10%），2500 元/t（99%），300 元/t（31%）。折合成吨水处理成本为 0.0018 元/m³。

（3）出水消毒剂。

膜出水加氯消毒是为了保证管网拥有持续的消毒能力，防止藻类、细菌的滋生，消毒剂投加量为 2.5mg/L。折合成吨水处理成本为 0.0221 元/m³。

综上，吨水药剂费为：（0.006~0.01）+0.0057+0.0018+0.0221=（0.0356~0.0396）元/m³。

3. 膜系统投资费

以某城区新建水厂为例，处理规模为 $2.5\times10^5$ m³/d，设计通量采用 30L/(m²·h)，过滤周期采用 90min，气水反冲洗时间采用 90s，膜过滤系统一次性投资费用见表 3.37。

表 3.37　工程投资费用表

| 编号 | 项目 | 费用（万元） |
|---|---|---|
| 1 | 膜组件及配套设备 | 5000 |
| 2 | 征地 | 1500 |
| 3 | 土建安装 | 800 |
| 4 | 合计 | 7300 |

短流程工艺与长流程工艺相比，省去了沉淀池及附属设备，节约用地的同时减少了基建投资费，估算表见表 3.38。

表 3.38　基建投资节约估算表

| 编号 | 项目 | 费用（万元） |
|---|---|---|
| 1 | 沉淀池占地费 | 187.5 |
| 2 | 沉淀池土建费 | 125 |
| 3 | 沉淀池抽吸水泵费 | 50 |
| 4 | 沉淀池设备安装费 | 50 |
| 5 | 合计 | 412.5 |

通过分析可知，超滤膜短流程工艺比长流程工艺投资少。综合前文所述的出水水质情况来看，短流程工艺的确是一种性价比较高的净水技术，应用前景广阔。

### 3.9.4.2　运行稳定性分析

中试试验进行了约半年的时间，其间出现的故障见表 3.39。

表 3.39　设备故障记录表

| 编号 | 停机时间 | 故障原因 |
|---|---|---|
| 1 | 2014-07-19 | 进水量偏小，无法支持高通量运行 |
| 2 | 2014-08-15 | 空气过滤器漏气 |
| 3 | 2014-08-19 | 射流进气阀失灵，处于常开状态 |
| 4 | 2014-08-22 | 进水气动球阀中轴断裂，阀门失灵 |
| 5 | 2014-09-08 | 产水箱液位计失灵，产水故障 |
| 6 | 2014-09-17 | 清理沉淀池，断水 |
| 7 | 2014-11-17 | 液位变输器故障 |
| 8 | 2014-12-07 | 水厂断电 |
| 9 | 2014-12-23 | 系统排水管道结冰，无法排水 |

故障 1 是由于超滤膜系统配套管路的设计问题引起的；故障 6、8、9 是由于外界因素引起的，实际生产中完全可以避免；故障 2、3、4、5、7 是由于超滤膜设备本身配套设施出现问题引起的，该套超滤设备经远距离运输，某些配件难免会受损伤。总体来说，除去可避免的原因，超滤系统整体稳定性的保障还是比较不错的，试验期间膜本身及自控系统未曾有过故障。

### 3.9.4.3　产水率分析

在错流过滤系统中，大部分得到过滤净化，还有少部分直接排出了处理系统，这部分排出水包括反洗水、浓缩水和漂洗水。由于这部分水的处理同样会造成动力能耗，故而这部分水量的大小与超滤能耗和制水成本息息相关，这就引入了产水率的概念：膜产水总量与膜进水总量之比。以浸没式超滤膜技术为核心的短流程净水工艺，絮凝水进入超滤膜池后，在膜池内完成膜过滤、浓水回收、沉淀、污泥浓缩等步骤，可拥有较高的产水率。

浸没式超滤膜系统产水率的计算公式为：

$$\eta=\frac{QT+Q_1-Q_2T_1}{QT+Q_3}\times100\%$$ (3-2)

式中　$\eta$——产水率；

$Q$——水处理流量，$m^3/h$；

$Q_1$——降液产水量，$m^3$；

$Q_2$——反冲洗流量，$m^3/h$；

$Q_3$——升液水量，$m^3$；

$T$——过滤周期，$h$；

$T_1$——反冲洗时间，$h$。

本试验研究前期发现进水量难以满足规定的通量范围，于是对中试设备做了改装，将原设备中的 10 支膜组件拆除了 3 支，膜面积从 $150m^2$ 减少到 $105m^2$，在通量不变的情况下水处理量相应减小，因此产水率相应地发生变化。由式（3-2）计算的不同工况的产水率见表 3.40。

从表中结果可以看出浸没式超滤膜系统的产水率几乎在 90% 以上，产水率随着运行通量的增加而增大。在运行通量一定时，有效运行的膜面积越大，产水率越大。

表 3.40 不同工况的产水率

| 膜面积（m²） | 产水率（%） | | | | |
|---|---|---|---|---|---|
| | 25L/(m² · h) | 30L/(m² · h) | 35L/(m² · h) | 40L/(m² · h) | 45L/(m² · h) |
| 150 | 92.89 | 94.04 | 94.87 | 95.50 | 95.99 |
| 105 | 89.98 | 91.58 | 92.75 | 93.63 | 94.32 |

# 4 输配水管网系统

## 4.1 供水管网系统的功能和组成

### 4.1.1 供水管网系统的功能

供水管网系统（给水管网系统）是给水工程设施的重要组成部分，是由不同材料的管道和附属设施构成的输水网络，承担供水的输送、分配、压力调节（加压、减压）和水量调节任务，起到保障用户用水的作用。供水管网系统应具有以下功能：

（1）水量输送，即实现一定水量的位置迁移，满足用水的地点要求；

（2）水量调节，即采用贮水措施解决供水、用水的水量不平均问题；

（3）水压调节，即采用加压和减压措施调节水的压力，满足水输送、使用的能量要求。

### 4.1.2 供水管网系统的组成

供水管网系统一般由输水管（渠）、配水管网、水压调节设施（泵站、减压设施）及水量调节设施（清水池、水塔、高位水池）等构成。

（1）输水管（渠），是指在较长距离内输送水量的管道或渠道。输水管（渠）一般不向沿线两侧供水。如从水厂将清水输送至供水区域的管道（渠道）、从供水管网向某大用户供水的专线管道、区域给水系统中连接各区域管网的管道等。输水管道的常用材料有铸铁管、钢管、钢筋混凝土管、UPVC管等。输水渠道一般由砖、砂、石、混凝土等材料砌筑。

由于输水管发生事故将对供水产生较大影响，所以较长距离输水管一般敷设成两条并行管线，并在中间的一些适当地点分段连通和安装切换阀门，以便其中一条管道局部发生故障时由另一条并行管道替代。采用重力输水方案时，采用渡槽输水，可以就地取材，降低造价。

输水管的流量一般都较大，输送距离远，施工条件差，工程量巨大，甚至要穿越山岭或河流。输水管对安全可靠性要求严格，特别是在现代化城市建设和发展中，远距离输水越来越普遍，对输水管道工程的规划和设计必须给予高度重视，这具有特别重要的意义。

（2）配水管网，是指分布在供水区域内的配水管道网络。其功能是将来自较集中点（如输水管渠的末端或贮水设施等）的水量分配输送到整个供水区域，使用户能从近处接管用水。

配水管网由主干管、干管、支管、连接管、分配管等构成。配水管网中还需要安装消火栓、阀门（闸阀、排气阀、泄水阀等）和检测仪表（压力、流量、水质检测等）等附属设施，以保证消防供水和满足生产调度、故障处理、维护保养等管理需要。

（3）泵站，是输配水系统中的加压设施，一般由多台水泵并联组成。当水不能靠重力流动时，必须使用水泵对水流增加压力，以使水流有足够的能量克服管道内壁的摩擦阻力，在输配水系统中还要求水被输送到用户接水地点后有符合用水压力的水压，以克服用水地点的高差及用户的管道系统与设备的水流阻力。

供水管网系统中的泵站有供水泵站（二级泵站）和加压泵站（三级泵站）两种形式。供水泵站一般位于水厂内部，将清水池中的水加压后送入输水管或配水管网。加压泵站则对远离水厂的供水区域或地形较高的区域进行加压，即实现多级加压。泵站一般从贮水设施中吸水，也有部分加压泵站直接从管道中吸水，前一类属于间接加压泵站（亦称水库泵站），后一类属于直接加压泵站。

泵站内部以水泵机组为主体，由内部管道将其并联或串联起来，管道上设置阀门，以控制多台水泵灵活地组合运行，并便于水泵机组的拆装和检修。泵站内还应设有水流止回阀，必要时安装水锤消除器、多功能阀（具有截止阀、止回阀和水锤消除作用）等，以保证水泵机组安全运行。

（4）水量调节设施，有清水池（又称清水库）、水塔和高位水池（或水塔）等形式。其主要作用是调节供水与用水的流量差，也称调节构筑物。水量调节设施也可用于贮存备用水量，以保证消防、检修、停电和事故等情况下的用水，提高系统的供水安全可靠性。

设在水厂内的清水池（清水库）是水处理系统与管网系统的衔接点，既可作为清水的贮存设施，也是管网系统中输配水的水源点。

（5）减压设施，用减压阀和节流孔板等降低和稳定输配水系统局部的水压，以避免水压过高造成管道或其他设施漏水、爆裂、水锤破坏，或避免用水的不舒适感。

# 4.2 供水管网系统规划布置

## 4.2.1 供水管网布置原则和形式

### 4.2.1.1 供水管网布置原则

（1）按照城乡总体规划，结合当地实际情况布置给水管网，要进行多方案技术经济比较。

（2）主次明确，先搞好输水管渠与主干管布置，然后布置一般管线与设施。

（3）尽量缩短管线长度，节约工程投资与运行管理费用。

（4）协调好与其他管道、电缆和道路等工程的关系。

（5）保证供水具有适当的安全可靠性。

（6）尽量减少拆迁，少占农田。

（7）保证管渠的施工、运行和维护方便。

（8）远近期结合，留有发展余地，考虑分期实施的可能性。

#### 4.2.1.2 供水管网布置基本形式

在进行供水管网布置之前,首先要确定供水管网布置的基本形式——树状网和环状网。

树状网一般适用于小城市和小型工矿企业,这类管网从水厂泵站或水塔到用户的管线布置成树枝状。树状网的供水可靠性较差,因为管网中任意段管线损坏时,在该管段以后的所有管线就会断水。另外,在树状网的末端,因用水量已经很小,管中的水流缓慢,甚至停滞不流动,因此水质容易变坏。

用环状网中,管线连接成环状,当任一段管线损坏时,可以关闭附近的阀门,与其余管线隔开,然后进行检修,水还可从另外管线供应用户,断水的地区可以缩小,从而增加供水可靠性。环状网还可以大大减轻因水锤作用产生的危害,而在树状网中,则往往因此而使管线损坏。但是环状网的造价明显比树状网高。

一般,在城市建设初期可采用树状网,以后随着给水事业的发展逐步连成环状网。实际上,现有城市的供水管网多数是将树状网和环状网结合应用。

在城市中心地区,布置成环状网,在郊区则以树状网形式向四周延伸。供水可靠性要求较高的工矿企业须采用环状网,并用树状网或双管输水至较远的车间。

### 4.2.2 输水管渠定线

从水源到水厂或水厂到相距较远给水管网的管道或渠道叫作输水管渠。当水源、水厂和给水区的位置相近时,输水管渠的定线问题并不突出。但是由于需水量的快速增长,以及水源污染的日趋严重,为了从水量充沛、水质良好、便于防护的水源取水,就需有几十公里甚至几百公里外取水的远距离输水管渠,定线就比较复杂。

输水管渠在整个给水系统中是很重要的。它的一般特点是距离长,因此与河流、高地、交通路线等的交叉较多。输水管渠定线时,应先在图上初步选定几种可能的定线方案,然后到现场沿线踏勘了解,从投资、施工、管理等方面,对各种方案进行技术经济比较后再作决定。缺乏地形图时,则需在踏勘选线的基础上,进行地形测量,绘出地形图,然后在图上确定管线位置。

输水管渠定线时,必须与城市建设规划相结合,尽量缩短线路长度,减少拆迁,少占农田,便于管渠施工和运行维护,保证供水安全;应选择最佳的地形和地质条件,尽量沿现有道路定线,以便施工和检修;减少与铁路、公路和河流的交叉;管线避免穿越滑坡、岩层、沼泽、高地下水位和河水淹没与冲刷地区,以降低造价和便于管理。这些是输水管渠定线的基本原则。

在输水管渠定线时,经常会遇到山嘴、山谷、山岳等障碍物以及穿越河流和干沟等。这时应考虑:在山嘴地段是绕过山嘴还是开凿山嘴;在山谷地段是延长路线绕过还是用倒虹管;遇到山岳时是从远处绕过还是开凿隧洞通过;穿越河流或干沟时是用过河管还是倒虹管等。即使在平原地带,为了避开工程地质不良地段或其他障碍物,也须绕道而行或采取有效措施穿过。

输水管渠定线时,前述原则难以全部做到,但因输水管渠投资很大,特别是远距离输水时,必须重视这些原则,并根据具体情况灵活运用。为保证安全供水,可以用一条输水管渠而在用水区附近建造水池进行流量调节,或者采用两条输水管渠。输水管渠条数主要根据输水量、事故时需保证的用水量、输水管渠长度、当地有无其他水源和用水量增长情况而定。供水不许间断时，输水管渠一般不宜少于两条。当输水量小、输水管长或有其他水源可以利用时，可考虑单管渠输水另加调节水池的方案。

### 4.2.3　供水管网定线

供水管网定线是指在地形平面图上确定管线的走向和位置。定线时一般只限于管网的干管以及干管之间的连接管，不包括从干管到用户的分配管和接到用户的进水管。

由于供水管线一般敷设在街道下，就近供水给两侧用户，所以管网的形状常随总平面布置图而定。城市供水管网定线取决于城市平面布置，供水区的地形，水源和调节构筑物位置，街区和用户特别是大用户的分布，河流、铁路、桥梁等的位置等。考虑的要点如下：

干管延伸方向应和二级泵站输水到水池、水塔、大用户的水流方向基本一致。循水流方向以最短的距离布置一条或数条干管，干管位置应从用水量较大的街区通过。干管的间距，可根据街区情况，采用 $500\sim800m$。从经济上来说，给水管网的布置采用一条干管接出许多支管，形成树状网，费用最省。但从供水可靠性着想，以布置几条接近平行的干管并形成环状网为宜。

干管和干管之间的连接管使管网形成了环状网。连接管的作用在于局部管线损坏时，可以通过它重新分配流量，从而缩小断水范围，提高供水管网系统的可靠性。连接管的间距可根据街区的大小考虑在 $800\sim1000m$。

干管一般按规划道路定线，但尽量避免在高级路面或重要道路下通过，以减小今后检修时的困难。管线在道路下的平面位置和标高，应符合城市或厂区地下管线综合设计的要求，给水管线和建筑物、铁路以及其他管道的水平净距，均应参照有关规定。

考虑了上述要求，管网将是树状网和若干环状网相结合的形式，管线大致均匀地分布于整个给水区域。

供水管网中还须安排其他一些管线和附属设备，如在供水范围内的道路下需敷设分配管，以便把干管的水送到用户和消火栓。最小分配管直径为 $100mm$，大城市采用 $150\sim200mm$，主要原因是通过消防流量时，分配管中的水头损失不致过大，以免火灾地区的水压过低。

城市内的工厂、学校、医院等用水均从分配管接出，再通过房屋进水管接到用户；一般建筑物用一条进水管；用水要求较高的建筑物或建筑物群，应在不同部位接入两条或数条进水管，以增加供水的可靠性。

## 4.3　供水管道材料及附件

### 4.3.1　供水管道材料

管道是供水工程中投资最大并且作用重要的组成部分，管道的材料和质量是影响供水工程质量和运行安全的关键。管道是工厂化生产的现成产品，通过采购和运输，在施工现场埋设和连接。供水管道有多种制作材料产品规格。

供水管道可分金属管（铸铁管和钢管等）和非金属管（预应力和自应力钢筋混凝土管、玻璃钢管、塑料管等）。管道材料的选择，取决于管道承受的水压、外部荷载、地质及施工条件、市场供应情况等。按照供水工程设计和运行的要求，给水管道应具有良好的耐压力和封闭性，管道材料应耐腐蚀，内壁不结垢、光滑，管路畅通，使管网运行安全可靠，水质稳定，节省输水能量。

在管网中的专用设备包括：阀门、消火栓、通气阀、放空阀、冲洗排水阀、减压阀、调流阀、水锤消除器、检修人孔、伸缩器、存渣斗、测流测压设备等。

#### 4.3.1.1 铸铁管

根据铸铁管制造过程中采用的材料和工艺不同，可分为灰铸铁管和球墨铸铁管。后者的质量和价格比前者高得多，但它们的产品规格基本相同，连接方式主要有两种形式：承插式和法兰式。

承插式接口适用于埋地下管线，安装时将插口插入承口内，两口之间的环形空隙用接口材料填实，接口时施工麻烦，劳动强度大。接口材料一般可采用橡胶圈、膨胀性水泥或石棉水泥，特殊情况下也可用青铅接口。膨胀性填料接口是利用材料的膨胀性达到接口密封的目的。承插式铸铁管采用橡胶圈接口时，安装时无须敲打接口，因而减轻了劳动强度，并加快了施工进度。

法兰式接口的优点是接头严密，检修方便，常用于连接泵站内或水塔的进、出水管。为使接口不漏水，在两法兰盘之间嵌以3～5mm厚的橡胶垫片。

在管线转弯、分支、直径变化以及连接其他附属设备处，须采用各种标准铸铁水管配件。例如承接分支管用丁字管和十字管；管线转弯处采用各种角度的弯管；变换管径处采用渐缩管；改变接口形式处采用短管，如连接法兰式和承插式铸铁管处用承盘短管；还有修理管线时用的配件，接消火栓用的配件等。

1. 灰铸铁管

灰铸铁管或称连续铸铁管，有较强的耐腐蚀性，以往使用最广。但由于连续铸管工艺的缺陷，质地较脆，抗冲击和抗震能力较差，质量较大，且经常发生接口漏水、水管断裂和爆管事故，给生产带来很大的损失。灰铸铁管的性能虽相对较差，但可用在直径较小的管道上，同时采用柔性接口，必要时可选用较大一级的壁厚，以保证安全供水。近年来，我国城乡供水管网中，已逐步停止使用灰铸铁管，广泛使用材料性能优越的球墨铸铁管。

2. 球墨铸铁管

球墨铸铁管具有灰铸铁管的许多优点，而且机械性能有很大提高，其强度是灰铸铁管的多倍，抗腐蚀性能远高于钢管，因此成为理想的管材。球墨铸铁管的质量较小，很少发生爆管、渗水和漏水现象，可以减少管网漏损率和管网维修费用。球墨铸铁管采用推入式楔形胶圈柔性接口，也可用法兰式接口，施工安装方便，接口的水密性好，有适应地基变形的能力，抗震效果好。

球墨铸铁管在给水工程中已有50多年的使用历史，在欧美发达国家已基本取代了灰铸铁管。近年来，随着工业技术的发展和给水工程质量要求的提高，我国已推广和普及使用球墨铸铁管，逐步取代灰铸铁管。据统计，球墨铸铁管的爆管事故发生率仅为普通灰铸铁管的1/16。球墨铸铁管主要优点是耐压力高，管壁比灰铸铁管薄30%～40%，因而较灰铸铁管轻。同时，它的耐腐蚀能力优于钢管。球墨铸铁管的使用寿命是灰铸铁管的 1.5～2.0 倍，是钢管的 3～4 倍。球墨铸铁管已经成为我国城市供水管道工程中推荐使用的管材。

#### 4.3.1.2 钢管

钢管有无缝钢管和焊接钢管两种。钢管的特点是耐高压、耐振动、质量较小、单管的长度大和接口方便，但承受外荷载的稳定性差，耐腐蚀性差，管壁内外都需有防腐措施，并且造价较高。在给水管网中，通常只在管径大和水压高处，以及因地质、地形条件限制或穿越铁路、河谷和地震地区时使用。

钢管用焊接或法兰式接口。所用配件如三通、四通、弯管和渐缩管等，由钢板卷焊而成，也可直接用标准铸铁配件连接。

#### 4.3.1.3 预应力和自应力钢筋混凝土管

预应力钢筋混凝土管分普通和加钢套筒两种，其特点是造价低，抗震性能强，管壁光滑，水力条件好，耐腐蚀，爆管率低，且质量大，不便于运输和安装。预应力钢筋混凝土管在设置阀门、弯管、排气、放水等装置处，须采用钢管配件。预应力钢筒混凝土管是在预应力钢筋混凝土管内放入钢筒，其用钢量比钢管省，价格比钢管便宜。接口为承插式，承口环和插口环均用扁钢压制成型，与钢筒焊成一体。

自应力钢筋混凝土管是用自应力混凝土并配置一定数量的钢筋制成的。制管工艺简单，成本较低。但容易出现二次膨胀及横向断裂，目前主要用于城乡及乡镇供水系统中。

近年来，一种新增的钢板套筒加强混凝土管（称为 PCCP 管）正在大型输水工程项目中得到应用，受到设计和工程主管部门的重视。钢筒预应力管是管壁中间夹有一层 1.5mm 左右的薄钢筒，然后再环向施加一层或两层预应力钢丝。这一技术由法国 Bonna 公司最先研制。国内在 20 世纪 90 年代引进这一制管工艺，其中主要设备有薄钢板、缝焊卷筒设备，钢筒水压检验设备，振动成型蒸养设备，混凝土搅拌、提升设备，预应力钢丝缠绕设备，砂浆喷涂设备，承、插口环成型、高频对焊设备。目前制造的最大管径达 DN4000mm 以上，单根管材长度为 6m，工作压力 0.2～2.5MPa。

#### 4.3.1.4 玻璃钢管

玻璃钢管是一种新型的非金属材料，以玻璃纤维和环氧树脂为基本原料预制而成，耐腐蚀，内壁光滑，重量小。

在玻璃钢管的基础上发展起来的玻璃纤维增强塑料夹砂管（简称玻璃钢夹砂管或 RPM 管），增加了玻璃钢管的刚性和强度，在我国给水管道中也开始得到应用。RPM 管用高强度的玻纤增强塑料作内、外面板，中间以树脂和石英砂作芯层组成一夹芯结构，以提高弯曲刚度，并辅以防渗漏和满足水质稳定要求（例如达到食品级标准或耐腐蚀）的内衬层形成一复合管壁结构，满足地下埋设的大口径供水管道和排污管道使用要求。

RPM 管直管的公称直径 DN600～DN3500；工作压力 PN0.6～2.4MPa；标准的刚度等级为 2500N/m²、5000N/m²、10000N/m²。RPM 管的配件如三通、弯管等可用直管切割加工并拼接黏合而成。直管的连接可采用承插口和双"O"形橡胶圈密封，也可将直管与管件的端头都制成平口对接，外缠树脂与玻璃布。拼合处需用树脂、玻璃布、玻璃毡和连续玻璃纤维等局部补强。玻璃钢管亦可制成法兰式接口，与其他材质的法兰连接。

#### 4.3.1.5 塑料管

塑料管具有强度高、表面光滑、不易结垢、水头损失小、耐腐蚀、质量小、加工和接口方便等优点，但是管材的强度较低，膨胀系数较大，用作长距离管道时，需考虑温度补偿措施，例如伸缩节和活络接口。

塑料管有多种，如聚丙烯腈-丁二烯-苯乙烯塑料管（ABS）、聚乙烯管（PE）和聚丙烯塑料管（PP）、硬聚氯乙烯塑料管（UPVC）等，其中以 UPVC 管的力学性能和阻燃性能较好，价格较低，因此应用较广。

与铸铁管相比，塑料管的水力性能较好，由于管壁光滑，在相同流量和水头损失情况下，塑料管的管径可比铸铁管小；塑料管相对密度在 1.40 左右，比铸铁管轻，又可采用橡胶圈柔性承插接口，抗震和水密性较好，不易漏水，可以提高施工效率，降低施工费用。

上述各种材料的给水管多数埋在道路下。水管管顶以上的覆土深度，在不冰冻地区由外部荷载、水管强度以及与其他管线交叉情况等决定。金属管道的管顶覆土深度通常不小于 0.7m。非金属管的管顶覆土深度大于 1～1.2m。覆土必须夯实，以免受到动荷载的作用而影响水管强度。冰冻地区的覆土深度应考虑土壤的冰冻线深度。在土壤耐压力较高和地下水位较低处，水管可直接埋在管沟中未扰动的天然地基上。

一般情况下，铸铁管、钢管、承插式钢筋混凝土管可以不设基础。在岩石或半岩石地基处，管底应垫砂铺平夯实，金属管的砂垫层厚度至少为 100mm，非金属管道不小于 150～200mm。如遇流沙或通过沼泽地带，承载能力达不到设计要求时，需进行基础处理。

### 4.3.2 供水管网附件

给水管网的附件主要有调节流量用的阀门、供应消防用水的消火栓、监测管网流量的流量计等，其他还有控制水流方向的单向阀、安装在管线高处的排气阀和安全阀等。

#### 4.3.2.1 阀门

阀门用来调节管线中的流量或水压。阀门的布置要数量少而调度灵活。主要管线和次要管线交接处的阀门常设在次要管线上。承接消火栓的水管上要安装阀门。

阀门的口径一般和水管的直径相同，但当管径较大以致阀门价格较高时，为了降低造价，可安装口径为水管直径 0.8 倍的阀门。

阀门内的闸板有模式和平行式两种。根据阀门使用时阀杆是否上下移动，可分为明杆和暗杆两种。明杆是阀门启闭时，阀杆随之升降，因此易于掌握阀门启闭程度，适宜于安装在泵站内。暗杆适用于安装和操作位置受限制之处，否则，当阀门开启时因阀杆上升而妨碍工作。由手工启闭，用法兰连接，阀杆不上下移动，闸板为模式。

大口径的阀门，在手工开启或关闭时，很费时间，劳动强度也大。所以直径较大的阀门有齿轮传动装置，并在闸板两侧接以旁通阀，以减小水压差，便于启闭。开启阀门时先开旁通阀，关闭阀门时则后关旁通阀，或者应用电动阀门以便于启闭。安装在长距离输水管上的电动阀门，应限定开启和闭合的时间，以免因启闭过快而出现水锤现象，损坏水管。

蝶阀的作用和其他阀门相同，但结构简单，开启方便，旋转 90° 就可全开或全关。蝶阀宽度较一般阀门小，但闸板全开时将占据上下游管道的位置，因此不能紧贴和平行于阀门安装。蝶阀可用在中、低压管线上，如水处理构筑物和泵站内。

### 1. 止回阀

止回阀是限制压力管道中的水流朝一个方向流动的阀门。阀门的闸板可绕轴旋转。水流方向相反时，闸板因自重和水压作用而自动关闭。止回阀一般安装在出水管上，防止因突然断电或其他事故时水流倒流而损坏水泵设备。在直径较大的管线上，如工业企业的冷却水系统中，常用多瓣阀门的单向阀，由于几个阀瓣并不同时闭合，所以能有效地减轻水锤所产生的危害。止回阀的类型除旋启式外，微阻缓闭止回阀和液压式缓冲止回阀还有防止水锤的作用。

### 2. 排气阀和泄水阀

排气阀安装在管线的隆起部分，使管线投产时或检修后通水时，管内空气可经此阀排出。平时用以排除从水中释出的气体，以免空气积在管中，以致减小过水断面面积和增加管线的水头损失。长距离输水管一般随地形起伏敷设，在高处设排气阀。

一般采用的单口排气阀，垂直安装在管线上。排气阀口径与管线直径之比一般采用 $1:12 \sim 1:8$。排气阀放在单独的阀门井内，也可和其他配件合用一个阀门井。

在管线的最低点须安装泄水阀。它和排水管连接，以排除水管中的沉淀物以及检修时放空水管内的存水。泄水阀和排水管的途径，由所需放空时间决定。放空时间可按一定工作水头下孔口出流公式计算。为加速排水，可根据需要同时安装进气管或进气阀。

#### 4.3.2.2 消火栓

消火栓分地上式和地下式。前者适用于气温较低的地区。每个消火栓的流量为 $10 \sim 15L/s$。

地上式消火栓一般布置在交叉路口消防车可以驶近的地方。地下式消火栓安装在阀门井内。

# 4.4 供水管网附属构筑物

## 4.4.1 检查井

### 4.4.1.1 检查井概述

给水管网是维持正常的城乡社会生活的基础条件，而供水检查井则是给水管网系统的窗口，沟通了管网与地面，连接了供水管线上的硬件和软件，起到了检修管道、查抄检修水表、方便管理、连接不同方向不同高度管线的作用。

供水检查井一般设置在给水管道交会处、转弯处、管径或坡度改变处，以及直线管段处，是给水管网的汇合枢纽，是检查管网、阀门、仪表、压力检测设备的工作站。

现阶段在我国，供水检查井分为三种。

1. 以砖砌为代表的检查井

在早期的城乡建设中，砖砌给水检查井得到迅速地普及和大面积地应用，直到现在依然可以在城乡的旧城区见到砖砌给水检查井。在一些偏远的经济落后地区，依然有些城乡建设继续使用砖砌给水检查井，究其原因有以下几点：

（1）材料价格低廉，易获取，烧制黏土砖不需要太高的技术，投入成本低。

（2）施工难度低，砌砖工艺对于施工人员技术要求很低，一般工人也可以施工，验收标准不严格，遇见特殊地形现场随意调整。

（3）原材料运输成本低。在很多地区都有黏土砖的生产，覆盖范围广，运输半径短，运输设备低廉，运输费用得以大幅度降低。

但是随着技术的进步、城乡建设水平的提高，人们对于环保的要求越来越高，供水检查井本身已经不再是单一功能，而是朝着多功能、智能化方向发展，因此对砖砌给水检查井提出了更高的要求，砖砌给水检查井因自身的缺点已不再适应时代的发展，处于淘汰的阶段，具体有如下几个原因：

（1）没有密封性。现在的供水系统要求安装越来越多的电子设备，而电子设备对防水、防尘级别要求高，必须保证密封不进水，无水浸泡，以延长电子设备寿命。砖砌给水检查井使用了大量的黏土砖，透水性高，缝隙间砂浆不密实，一旦内涝就会大量进水，破坏井内的电子设备。

（2）强度低，结构性差。砖砌给水检查井需要砂浆水泥灌缝，使用一段时间后表皮脱落、内里疏松，造成井体整体下沉，周边路面沉降，甚至会污染地下水资源。成为道路工程的一大通病，由此而产生的给水检查井伤人、损坏车辆的事故时有发生。

（3）抗冻损差，寿命短。黏土砖有较高的吸水率，在冬天较低的气温下容易出现冻融循环的现象，黏土砖出现碎裂，直接降低给水检查井的整体抗压强度，给水检查井的寿命也会大大减少，翻建进一步增加了成本。不利于生态环境的保护，不可持续发展。

（4）施工周期长，开挖面积大，土方作业量增加，增加工程成本；不能全天候施工，隐性成本高。

（5）砖砌给水检查井需要用到水泥砂浆，而水泥砂浆的凝固需要时间，易受天气影响，增加施工工期，无形中增加了成本。

无论是从砖砌给水检查井的功能还是国家政策上讲，砖砌给水检查井都已经是时代淘汰产品。

2. 以混凝土为材料的给水检查井

城乡建设过程中，混凝土给水检查井也是砖砌给水检查井的替代产品，在中早期的城乡建设中，是各设计单位和建筑施工单位常采用的一种产品。

混凝土给水检查井分为三类：预制混凝土给水检查井、浇筑混凝土给水检查井、混凝土模块给水检查井。预制混凝土给水检查井可以根据客户的技术标准，提前在搅拌站或者厂房预制好，然后运输到现场吊装；混凝土模块给水检查井属于装配式的一种，主要是通过预定好拼接件，产品运输到现场进行组装。一些老旧城乡依然继续使用混凝土给水检查井，主要有以下原因：

（1）预施工周期短，强度高，整体性好，节省了土地资源；

（2）自重小，运输半径短，运输成本低；

（3）节约了土地资源，增加了井体的整体强度，增加了施工便利性。

但是混凝土给水检查井还是没有解决以下一些问题：

（1）井体不够密封，渗水，滴水，浸泡井内设备，抄表困难，冬天冻损井内设备，维修困难。

（2）对通信信号具有很强的屏蔽作用，影响井内设备与基站之间的数据交换，不能满足检查井将来作为通信数据传输节点的需求。

（3）施工难度大，施工条件要求高，施工周期较长，预留管接口容易渗漏。

3. 以 PE 材料为主的给水检查井

PE 给水检查井是继砖砌给水检查井和混凝土水检查井之后，对于井的密封性进行的有效尝试，具有如下优点：

（1）抗腐蚀、耐酸碱、使用寿命长；

（2）防渗漏、井体轻便、施工简单。

虽然 PE 给水检查井有很多的优点，但是因为本身的材质问题，具有以下缺点：

（1）由于 PE 材质本身的强度低、整体承压结构性差，井的轴向压力只达到 25kN，侧向压力只达到 8kN，这对于实际使用的环境中，远远达不到理想的效果，再加上实际的使用环境中高温变形、低温易碎、吸水率等问题，很容易造成井体变形，无法有效密封，而造成井内污水聚积。

（2）PE 塑料给水检查井体积大，运输不便，运输成本高。不便于安装，增加了施工的难度。

因此从市场的使用和反馈的信息来看，PE 给水检查井也不是一种理想的井，依然无法解决密封性的问题，无法为井内的智能设备提供理想的工作环境，无法完成市场赋予给水检查井的新要求。所以亟待开发新型井来保证井内智能元件的良好工作环境。

### 4.4.1.2　装配式高强复合树脂给水检查井研究

1. 高强复合树脂材料的研究

（1）新型复合树脂材料的研究。

人们很早就已经开始研究新型树脂材料了，1888 年就已经有关于聚苯硫醚树脂合成的报道。另外，国内外在各领域里也都有新型复合树脂材料的应用。

目前航空航天工业使用的高性能复合材料，要求在宽广的温度范围内可以正常使用，因此，树脂体系通常需在 170～180℃固化。由 Advaneed Comsite Maethalslimited 研究的 LTM10 树脂体系，可与各类增强纤维制成预浸料，固化温度 20～65℃，热压成型压力 0.6MPa，层板最高工作温度可达 200℃，在高温下表现出良好的力学性能。近年来，人们对开发热塑性树脂基体有很大兴趣，这主要是以芳香聚合物为基础的新型热塑性树脂。另外，航空航天工业用的结构复合材料逐步由承力结构向主承力结构过渡，为此，要求复合材料有足够的损伤容限。而确定损伤容限，需要检验经过冲击后的剩余压缩强度。以日本东丽公司为例，近 10 年内碳纤维的延伸率几乎增加了一倍，其他性能不仅没有降低，有的还有明显提高。

我国对新型树脂材料的研究与应用起步较晚，但近年来我国对于新型树脂材料的研究也在逐渐深入。

新型树脂 HT-TM01 在工程机械轮胎面胶中的应用，即在工程机械轮胎面胶中加入

HT-TM01 树脂，硫化胶的邵尔 A 型硬度、定伸应力、拉伸强度、撕裂强度、回弹值等均有不同程度的提高，从而提高了胎面胶的耐磨和抗切割性能。此外，胶料的压缩温升也有一定程度的降低，说明胶料的耐疲劳性能有所提高。成品试验结果也证明 HT-TM01 树脂可以提高轮胎的耐磨和抗切割性能。

另外，陶氏化学公司宣布开发一种由质量分数 70％再生塑料制成的新型树脂。Dow Agility CE 是陶氏首个消费后回收（PCR）产品。这种新型树脂由低密度聚乙烯组成，在其中掺入了可回收的塑料收缩膜，而在最终应用中不会改变材料的质量和功能，使这种新型树脂材料具有良好的物理和化学性能。

邻苯二甲腈树脂是一类新兴的集良好的加工性、阻燃性和耐辐射性于一体的热固性树脂，然而作为超耐高温结构材料使用，其耐热性能需进一步提升。通过有机/无机杂化的方式，以邻苯二甲腈树脂为基体，碳化硼为改性粒子，采用溶液浸渍法，与碳纤维复合热压制备杂化结构材料体系。研究表明，添加 $B_4C$ 后，复合材料在氮气氛围下 800℃残碳率由 67％提升至 77％，5％热失重温度由 579℃升至 600℃。同时，复合材料还具有优异的力学性能和耐热性。其室温下的弯曲强度为 1829MPa，350℃时强度保持率高于 75％，400℃时的强度保持率高于 55％，均优于未改性复合材料。该类杂化材料在航天、军事、船舶以及核能源等领域具有良好的应用前景。

（2）高强复合树脂材料的研究。

高强复合树脂材料是在研究分析了其他类型的新型树脂材料之后，研制者走访了上海及日本各地，研制出来的一种新型树脂材料。

为了更好地保证井具的密封性和抗压性，应推广采用高强复合树脂基。该材料硬度是 PE 材质的 3～5 倍，彻底解决因 PE 材质引起的变形塌陷导致的密封不足问题，完美实现了密封、防水、保温，让智能设备在干净无尘的环境中，延长了使用寿命。

借鉴国外新型材料研发经验和成果，与日本 RIMTEC 株式会社的材料专家一起探讨新材料，进行试验测试。2017 年年底在材料专家指导下，技术人员首先在 PE 材料基础上增加了不同比例的 S1 材料和 M2 材料，添加两种材料后试验结果显示复合后的材料硬度和强度有所增加，其样品检测抗压能力可以超过 30kN；在 2018 年年初经研发团队同专家一起研讨后，又添加了 F3 材料和 Q4 材料，样品检测数据显示各项性能有显著提升，后期经过大量试验后，复合添加不同比例的 S1、M2、F3、Q4 材料研制的井具其综合性能也得到显著提升，抗压测试结果达到 50kN 以上；2019 年 4 月技术人员进行了多次试验测试，经过不断调整添加不同材料的成分比例，研制出目前强度达到 70kN 以上甚至 90kN 的高强复合树脂，此种复合树脂材料经过多次试验研究先后添加了不同比例的 S1、M2、F3、Q4（分别代表四种不同材料）材料成分。

该材料具有硬度大，易切割，良好的抗冲击、抗弯曲强度的性能以及高耐摩擦性、高耐腐蚀性，破损安全性好，抗老化，收缩率低，材料稳定牢靠，不易变形等特点，所以以此种复合材料制成的井具，不仅强度和硬度有了显著提高，并且其抗腐蚀耐摩擦、耐热抗老化等性能都有很大提升，收缩率也明显降低，使得此种材质生产的井具更具稳定性。

2. 装配式高强复合树脂给水检查井研究

（1）装配式高强复合树脂给水检查井构造的研究。

在调查现状的基础上，发现很多现有给水检查井的问题。为了改变现有的检查井现状，为给水检查井提供良好的工况环境，大胆地采用高强复合树脂材料来制作给水检查井。

第一步尝试了封闭式复合材料检查井。经过多次研发和试验，终于在高密度 PE 材料的基础上添加化学助剂，成功打造出封闭式复合材料检查井。该产品推向市场后得到了广大客户的认可。如图 4.1 所示，封闭式井具底部设计成方形而不是传统的圆形，是因为方形的底部更适合作业，可以更有效地利用空间。

图 4.1　各种类型的装配式高强复合树脂给水检查井

得到反馈之后，进行了下一步创新，研究出装配式高强复合树脂给水检查井。装配式高强复合树脂给水检查井在保证了良好的密封、保温、防水的功能基础上且对通信信号具有良好的传输效果，采用装配式更加灵活以及便于安装。

（2）装配式高强复合树脂给水检查井密封性的研究。

在考察了城乡给水检查井的现状之后，发现了市面上的给水检查井除了材料强度低使井具破坏或变形从而导致漏水渗水的问题外，井具的连接方式也会影响井具的密封性。

在研究装配式高强树脂给水检查井的连接问题时，起初认为检查井上下体连接处为平面，仅用法兰对接连接，但是井具安装后进行闭水试验发现井内有渗水，井具不能达到完全密封。技术人员一起分析后发现，是因为连接处有缝隙不能达到良好的密封。为了解决这一问题，在原法兰接点处增加了橡胶密封垫，再次进行闭水密封试验，但井内仍有少许水渗漏发生，后又使用了密封胶再用法兰螺栓固定加橡胶密封件进行试验还是不能达到完美的密封效果。后来，技术人员通过上下子母纽扣的启发，又重新改制检查井模具，将井具上下体连接处设计成凹凸槽的结构形式，上下井具中间通过卸力凹凸纹嵌合压胶密封，外力螺栓均匀紧固，密封子盖外加井口承压复合树脂井盖，达到完全密封。卸力凹凸纹为独创设计，通过相互之间的咬合，外加齿间的结构胶密封，再通过外力螺栓均匀加固，可以完全密封井具结合部位。井具成型后，经过多次闭水密封试验检测，均无渗漏现象出现。这样，最终研制出现在的装配式高强复合树脂给水检查井。

另外根据使用方管径要求，可用管径相对应的开孔器在井壁打孔安装并配置与管径相应的密封胶圈保证其密封性，对于需要特殊斜插的管道，配备特殊的密封斜插胶圈保证其密封性。密封胶圈是具有弹性的高分子材料，有较宽的温度范围，在不同介质中给予较小的应力就会产生较大的变形，这种变形可以提供接触压力，补偿泄漏间隙，达到密封的目的。

（3）装配式高强复合树脂给水检查井的技术优势。

装配式高强复合树脂给水检查井选用高强复合树脂材料，井具主体由用于相互结合能形成密闭腔室的上井具和下井具或多体组成，装配时通过结构胶或橡胶密封件密封连接，保证其密闭效果，密闭部具有良好的抗垂直力冗余量，在抵抗垂直力过程中，具有良好的抗压力。

装配式高强复合树脂给水检查井具有密封、保温、防水的功能且对通信信号具有很好的传输作用。其技术优势主要在于以下几个方面：

① 优异的密封结构设计。

② 高强复合树脂材料性能优异，其轴向压力可以达到 70kN，侧向达到 25kN。在 -50℃到150℃之间井具无变形，密封效果依然良好，力学性能依然保持稳定。

装配式高强复合树脂给水检查井物理性能测试及试验，见表 4.1 和图 4.2。

表 4.1　装配式高强复合树脂给水检查井物理性能测试表

| 序号 | 检测项目 | 检测依据 | 技术要求 |
|---|---|---|---|
| 1 | 外观和颜色 | 目测，内部可用光源照射 | 黑色，体表光滑流畅，无黏附异物 |
| 2 | 规格尺寸 | 按 GB/T 8806—2008 测定方法进行测量 | 井体误差 ±5mm，井口误差 ±2mm，壁厚 ≥6mm |
| 3 | 落锤试验 | 按 GB/T 14152 规定方法 | 20℃，2kg 质量，d90 型落锤，2m 高落下，无破裂，无损坏 |
| 4 | 压力试验（轴向/侧向压力试验） | 按 CJ/T 326—2010 规定方法 | 轴向压力≥70kN，不塌陷，不开裂 |
| | | | 侧向压力≥25kN，不塌陷，不开裂 |
| 5 | 绝缘电阻 | 常态（Ω） | ≥1×10^{13} |
| | | 浸水 24h（Ω） | ≥1×10^{12} |
| 6 | 弯曲强度 | 按 GB/T 9341 检测方法进行检测 | ≥109MPa |
| 7 | 拉伸强度 | CJ/T 409—2012、GB/T 1447—2005 | ≥60MPa |
| 8 | 巴氏硬度 | 按 GB/T3854 鉴定方法检测 | ≥34HBa |
| 9 | 长期耐热性温度指数 | — | ≥155℃ |
| 10 | 密封性 | 井体密封性检测按 CJ/T 326—2010 试验方法 | 注满水 72h，井体及密封处无渗透、无物理浸透 |
| | | 井口密封性检测 | 将检查井上体子盖密封，倒置注水，放置 72h 后，井口无渗漏 |

图 4.2　检查井强度测试

　　③ 独特的装配式分体结构。该结构设计便于运输安装，施工方便，尤其是针对大管径的设备，比如大型阀门，在安装的过程中就可以先铺设下井具，固定完工后，露天安装阀门，覆盖上井具，解决了大型设备井内安装面临的空间狭窄问题，为工人施工提供了极大的便利。另外，高分子检查井可做到现场打孔，根据不同管径的管道现场施工，无须预留孔洞，如图 4.3 和图 4.4 所示。

图 4.3　现场打孔施工图

图 4.4　装配式高强复合树脂给水检查井施工安装图

④ 对电子信号具有良好的传输效果。为了检测井内不同位置对信号的接收效果，编制单位进行了 4G 通信模组以及 NB-IOT 信号在井内不同位置的信号强度的测试。

A. 4G 通信模组信号强度测试的条件是在装配式高强复合树脂给水检查井埋深 2m、井盖密封、周边树木遮盖面积大。该测试共有五个测试点，分别为 A1、A2、A3、A4、A5。该五点分布在井底的不同位置。

测试结果见表 4.2。

表 4.2　通信模组信号测试结果

| 测试点 | 联通信号 | 移动信号 | 电信信号 |
| --- | --- | --- | --- |
| A1 | 96% | 97% | 99% |
| A2 | 99% | 96% | 98% |
| A3 | 99% | 97% | 97% |
| A4 | 96% | 96% | 95% |
| A5 | 99% | 99% | 99% |

B. NB-IOT 信号测试在装配式高强复合树脂给水检查井埋深 2m、井盖密封、周边树木遮盖面积大的环境中进行了测试。该测试共有五个测试点，分别为 A1、A2、A3、A4、A5。该五点分布在井底的不同位置。

测试结果见表 4.3。

表 4.3　NB-IOT 信号测试结果

| 测试点 | 移动信号 | 电信信号 |
| --- | --- | --- |
| A1 | 93% | 99% |
| A2 | 95% | 98% |
| A3 | 97% | 97% |
| A4 | 99% | 96% |
| A5 | 97% | 97% |

通过测试结果可以看出移动、电信在五个测试点的信号强度均高于 93%，其中移动信号在五个测试点信号强度均高于 93%，电信信号在五个测试点强度均高于 96%。

3. 效益分析

（1）环境效益。

装配式高强复合树脂给水检查井解决了以往各种材质的检查井未解决的渗漏问题，密封性好，避免了因渗水漏水造成的井内环境污染的问题。以高强复合树脂材料为原料，材料节能环保。装配式高强复合树脂给水检查井具有节地、节能、节水、节材等优点，且产品在生产加工及使用过程中均不会对环境造成污染，低碳环保，绿色节能，有巨大的环境效益。

（2）经济效益。

装配式高强复合树脂给水检查井每个售价为 1500～2500 元，使用年限最高可达 30 年。900mm×700mm×700mm 规格的井市场售价是 1980 元，安装快捷方便，使用可超过 50 年。

### 4.4.2　调节构筑物

水塔和水池这类调节构筑物是用来调节供水系统的流量。建于高地的水池的作用和水塔相同，既能调节流量，又可保证管网所需的水压。当城乡或工业区靠山或有高地时，可根据地形建造高地水池。如城乡附近缺乏高地，或因高地离给水区太远，以致建造高地水池不经济时，可建造水塔。中小城乡和工矿企业等建造水塔以保证水压的情况比较普遍。

#### 4.4.2.1　水塔

多数水塔采用钢筋混凝土建造。也可采用装配式和预应力钢筋混凝土水塔。装配式水塔可以节约模板用量。塔体形状有圆筒形和支柱式。

#### 4.4.2.2　水池

水池应有单独的进水管和出水管，应保证池内水流的循环。此外应有溢水管，管径和进水管相同，管端有喇叭口，管上不设阀门。水池的排水管接到集水坑内，管径一般按 2h 内将池水放空计算。容积在 $1000m^3$ 以上的水池，至少应设两个检修孔。为使池内自然通风，应设若干通风孔，高出水池覆土面 0.7m 以上。池顶覆土厚度视当地平均室外气温而定，一般在 0.5～1.0m，气温低则覆土应厚些。当地下水位较高、水池埋深较大时，覆土厚度需按抗浮要求决定。为便于观测池内水位，可装置浮标水位尺或水位传示仪。

预应力钢筋混凝土水池可做成圆形或矩形，它的水密性高。对于大型水池，可较钢筋混凝土水池节约造价。

装配式钢筋混凝土水池也有采用。水池的柱、梁、板等构件事先预制，各构件拼装完毕后，外面再加钢箍，并加张力，接缝处喷涂砂浆以免漏水。

# 4.5　城镇供水计量设备

## 4.5.1　城镇供水计量现状

在国内的各种民用水表中，旋翼式湿式水表以其结构简单、计量稳定、价格低廉得到广泛的应用。因水费收取制度、方式的改革出现的电子远传水表、预付费水表，包括 IC 卡（插卡式和射频式）水表、TM 卡水表等智能型水表，支持了一户一表、阶梯式水价的政策。

预付费水表主要由发信基表、电控板、电动阀三大部分组成。收费载体分 IC 卡水表、射频卡水表、红外线水表。IC 卡水表是市场上使用量较大的水表，使用时需要将卡插入水表中进行充值。射频卡水表类似公交卡，收费卡与水表不需要进行插入式接触，只需要把卡贴于水表表面就可以，水表采用封闭式结构，有防水防尘的功能。红外线水表主要是针对距离较远时水卡无法与水表接触而开发的一种收费卡体，卡体类似家庭遥控器，可以远距离对水表进行操作。

IC 卡智能水表具有以下优点：无须人工抄表，避免打扰用户，节约人员；明白消费，用户一看就能明白；有效解决了收费难问题；充分体现水的商品属性等。但仍然没有解决季节水价的问题；水表里面的电池质量无法保证，IC 卡、射频卡等在使用几次后不能再使用，也容易产生更换费用，水表的计量干簧管在损坏后或遭到磁铁攻击后，电磁阀自动关阀，这个故障是预付费水表一个通病，不容易解决；IC 卡智能水表中的用户数据不能通过远传的方式回传给自来水公司，出现用户漏水的情况时用户和供水企业无法及时发现。

虽然智能水表在运行过程中出现了诸多的问题，但是随着科学技术的不断进步，智能水表必将是供水行业的首选。

### 4.5.1.1　有线远传水表

有线远传水表目前大量使用，主要都是通过集中器、采集器和远传水表组成系统实现数据远传，它们之间通过架设缆线进行连接。

现在有线远传水表在南方等城市采用得比较多，分为有源和无源、光电和脉冲、阀控与不带阀控等多种组合方式。要是无源光电远传水表就不带阀控功能，阀控只能是有源阀控远传水表，传输方式分为 M-BUS 和 RS-485。

有线远传水表包括以下组成部分：

无源：电子元器件工作时，其内部没有任何形式的电源，则这种器件叫作无源器件。

有源：电子元器件工作时，其内部有电源存在，则这种器件叫作有源器件。

光电直读：它的结构方式为在每一位水表字轮周面上设置五个反射面，在与之相对应的位置上设置五只光电耦合器，通过耦合器是否反射对计数字轮的位置进行判定。希望读取几位就在几个字轮上安装传感器。例如，读取 5 位数就安装 $5 \times 5 = 25$ 对传感装置。这种直读式水表由于全部器件都在表芯内部字轮周围，因此，一般采用干式水表。

触点直读式：远传水表的结构方式为在指针式水表的表盘下面每一位指针轴上装上一只电位器，通过触点电位器测出的阻值，判定指针所指的位置，这种直读式水表可用于湿式水表。

传输方式：①M-BUS。水表采取一种串联的方式，水表连接线不分正负极，在一条主干线上任意连接水表的两根通信线。这种连接方式经济、方便，施工难度小，是大部分厂家采用的一种方式。②RS-485。水表采取并联的方式，每个水表的通信线都要与采集器相连接。这种连接方式费线，施工难度大，已经被淘汰。

采集器：负责将一栋或者多栋的水表数据进行采集，各厂家设计不同，采集水表的数量也不相同。一般以 250 只水表为最佳。

集中器：负责将采集器采集的数据进行汇总的设备。一个集中器可以汇总约 1000 只水表。集中器可以以网络、电话线、GPRS 等方式将数据传到供水公司的电脑服务器上面。

有线远传水表可以实时监控用户使用的情况，自动抄表监控系统普遍采用采集器集中安装在楼道中，将各种计量表传感信号线都连接到采集控制器上的方式来进行集中的采集控制，之后将水表数据线通过楼与楼之间连接，最后汇总到一个总的集中器上，将数据集中传输。

有线远传水表的优点：实时显示用户的用水量，做到即抄即得；通过软件，可以远程控制用户阀门，做到人工开关阀门；控制软件多样，可以采取预付费、后付费、预付阶梯等多种形式。

有线远传水表存在的问题：传感信号、驱动信号的线路长，易受到外界因素的影响，如装修破坏、其他人为破坏、电气干扰等因素。电源方面一旦出现问题，如线路问题、电源本身问题，将导致多个采集控制器不能正常工作，导致无法抄收水表数据。由于以上几种因素都与工程安装有密切的关系，质量不容易受到严格的控制，且受外界的影响较大，使维护量人。

### 4.5.1.2　无线远传水表

无线远传水表主要是由基表、流量传感器、电气控制部分、无线射频部分及电池组件组成。系统具有电池欠电检测、计量部件磁干扰检测等自诊断功能。整个电子控制单元采用全密封结构，可在较恶劣的环境中使用。

对于高层建筑，可实现楼层之间智能表无线通信的级联，从而简化整个抄表操作，提高抄表效率。

该表的安装使用与普通机械式水表相同，无须预埋信号传输管线，无须破坏用户的墙面装修、打孔、穿线，安装简便，使用可靠。

无线远传水表早期均采用免费433频段进行传输，水表使用常见的问题有卡式水表电池、干簧管在损坏后或遭到磁铁攻击，最重要的问题是该水表采用的无线通信使用的是业余频段（专用频段是要付费的），所以其发射功率不得超过10mW，否则会造成相互的干扰或受其他业余无线设备干扰，比如遥控器、对讲机等发生干扰，而如此小的功率，根本不可能适应复杂的楼群之间传递数据，如果不采用类似移动公司的高昂的设备信号传输还不如有线的。为解决无线发射功率小的问题，行业内又推出自组网方式，就是每个水表都可以作为一个转发台，实现接力式数据传递，这样虽然能够解决传输距离的问题，但新的问题又来了，原来每个水表是可以休眠省电的，但如果作为中继，就需要长期供电。

## 4.5.2　自发电多水表无线共抄系统

NB-IOT技术的发展为水表数据无线传输系统提供了很好的技术支持，也给水表数据远传系统提供了很好的发展空间。在水表数据远传系统中，无线通信技术是实现数据传输的通道，源于数据采集基础的电子远传水表是一个密集型安装的设备，安装环境相对恶劣且没有电源，NB-IOT其标准的通信模块和协议解决了数据传输通道的问题。针对系统的运行稳定、底层数据的准确、系统常年持续的供电问题，深圳市格金电力电子技术有限公司在"HPCC256/80A住宅三表远程抄收及管理系统"多年研究的基础上开发出"自发电多水表无线共抄系统"。

### 4.5.2.1　电源解决方案研究

1. 传统电源技术

目前已在使用的水表数据远传系统分有线和无线两种。较为成熟的为有线，无线刚刚兴起。有线施工相对复杂，工程量大，尤其是老旧小区的改造，对居民的日常生活会产生极大的干扰。户用水表缺乏电源是数据远传系统的先天不足，我们也曾经尝试过用太阳能供电，但受安装环境和造价成本的影响无法运用。

传统的无线抄表系统均是采用一次性锂电池（锂-亚硫酰氯电池，$Li-SOCl_2$，简称锂亚电池）为其通信和设备供电，该类电池的比能量是所有商业化电池中最高的，放电电压平稳，一般用于不能经常维护的电子设备、仪器上。

锂亚电池性能受到以下几种主要因素的影响：

首先，储存时间是影响锂亚电池性能的一个重要因素。在相同温度下储存时，锂亚电池储存时间越长，电池的阻抗越大。储存时间越长，电池放电平台越低，电压滞后效应越严重，放电容量也就越低。

其次，锂亚电池性能的重要影响因素是储存温度。锂亚电池储存时间相同时，储存温度越高，锂与电解液的反应越剧烈，储存后导致电池的电化学极化越严重，放电平台也就越低，电极表面生成的钝化膜也会越厚，导致电压滞后效应越严重，电池阻抗越大，电池放电容量越低。

此外，锂亚电池在储存过程中，锂亚电池体系的电势高而且气体的含量会随着储存时间的延长和储存温度的升高而变大，电池经过高温储存时，开路电压会升高，如图 4.5 所示。

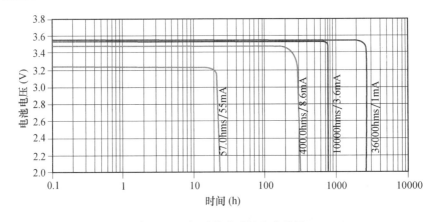

图 4.5　20℃时的典型放电曲线图

由上述分析可知，锂亚电池在储存期容量会下降，初始电压滞后会越来越明显，内阻、内压的升高使得使用安全性变差。

NB-IOT 无线传输技术在与基站通信的时候需要提供不少于 200mA 的电流 3～5s，持续提供 50mA 的平均电流 20～60s。一次性锂电池长期工作电流推荐为 100mA 左右，并不能满足无线传输的需求，所以现在水表厂家均是通过增加一个储能装置——超级电容来支持该功能的完成。

2. 新型电源自发电技术

自发电技术是本方案的核心技术，它通过微型电网控制系统和微型水流发电机组成微型电网来完成此项功能。当用户用水时带动水流发电机转动，产生电流供给设备。微型电网控制系统将水流发电机发出的电能统一调度，除向无线采集器供电外，还将剩余的电能储存到可充电锂电池。

微型水流发电机可连续工作 7000h，按照用户用水累计每天 2h，微型水流发电机使用寿命约 10 年。微型电网控制系统其组成框图如图 4.6 所示。

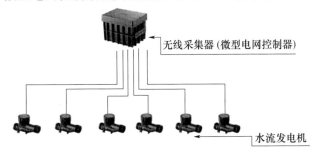

图 4.6  微型电网控制系统架构示意图

自发电技术实现了双电源的供电模式：可通过水流发电机和备用可充电锂电池供电，双重保障让无线传输系统更稳定。

自发电技术实现了能源共享的概念：多个用户共享一套供电系统，降低了能源的消耗和成本的增加。

自发电技术实现了可持续发展：微型电网提供了清洁、可持续的能源，大大降低了因一次性锂电池更换电池所带来的费用和对环境的污染。

### 4.5.2.2  数据传输解决方案研究

1. 传统数据传输技术

现存的自动抄表系统可分为无线抄表和有线抄表两种形式。在有线抄表中，常用的有电力线载波技术、公众电话线网以及专用通信线缆，大多采用 RS-485 总线等来传输数据。

现有的有线抄表方式因为其布线复杂、调试维护困难、易受电网影响、安全性不高、容易受到非正常损坏、扩展性差等缺陷，所以不能可持续发展，需要配备相应的技术力量进行维护。

当今全球联网趋势已成为物联网应用发展的内在需求，而组成智能水表无线抄表系统往往采用多样的无线接入方式以扬长避短，一般可分为局域网无线技术（2.4GHz 的 WiFi、蓝牙、Zigbee 等）、广域网无线技术（GPRS、2G、3G、4G）、低功耗广域网（LoRa、Sigfox、NB-IOT 等）。与传统的抄表方式以及有线方式相比，无线抄表不仅节省了人力资源，也减少了布线费用，而且还有助于管理部门及时发现问题并采取相应措施。但这些传统的无线抄表方式具有以下缺点：

Zigbee 传输距离短、无线模块功耗大、组网规模小；433M 传输距离短、组网规模小；GPRS 模块功耗大、成本高。为此寻找一种低功耗、长距离、组网规模大、低成本的无线传输模块势在必行。

NB-IOT 无线技术从传输距离、组网规模、电池续航能力上都有大幅度的提高。

根据北方小区的水表安装模式和情况，即大部分的多层小区和老旧小区的户用水表均集中安装在室外的水表井内，高层小区水表集中安装在管道井内，三供一业水表改造大部分集中安装在室外的水表井内，可以集中将一个水表井或者一个水表间用户的数据集中发送。

2. 多表共抄技术解决方案

多表共抄的概念是根据北方的水表安装环境来设计的。用户的水表大多集中安装在室外的水表井和楼内的管道井里，一个水表井或一个水表间内有 2~8 块水表安装在里面，一个水表井内（水表间）的多块水表共用一个无线采集器，由这一个无线采集器将这个水表井内水表的数据上传。

按照我国城市的划分，一个三线、四线城市的居民户数在 30 万户以上，按照每户一个 NB-IOT 远传水表计算，供水企业每年将支付 30 万元的运营商费用。

多表共抄降低了设备之间的无线电信号干扰，减轻了对电池的消耗，降低了运营商的无线资费。见表 4.4。

表 4.4　多表共抄与单表 NB-IOT 比较（以 6 块远传水表在 1 个水表井为例）

| 序号 | 对比内容 | 单表 NB-IOT | 多表共抄 NB-IOT | 备注 |
|---|---|---|---|---|
| 1 | 运营商资费 | 6 个 | 1 个 | 5 元/（个·年） |
| 2 | 传输次数 | 6 次 | 1 次 | 单表需要每块表传输 1 次合计 6 次，多表共抄 1 次传输 6 块表数据 |
| 3 | 占用无线电资源 | 6 个 | 1 个 | |

图 4.7 是现场实际安装图。该水表井内安装有 6 块电子远传水表，采用 1 个无线采集器集和 6 块电子远传水表的数据进行传输。

图 4.7　现场实际安装图

### 4.5.2.3　自发电多水表无线共抄系统

自发电多水表无线共抄系统由综合软件管理平台、无线采集器、微型电网和电子远传水表组成，如图 4.8 所示。

1. 综合软件管理平台

综合软件管理平台负责现场安装的无线设备的数据采集、用户数据处理和用户档案的存储以及现场设备的运行管理。

2. 无线采集器

无线采集器负责所管辖的电子远传水表的数据采集、无线信号的管理和数据的传输，外观如图 4.9 所示。

无线采集器由专用 MCU 对各硬件接口进行控制。如图 4.10 所示。

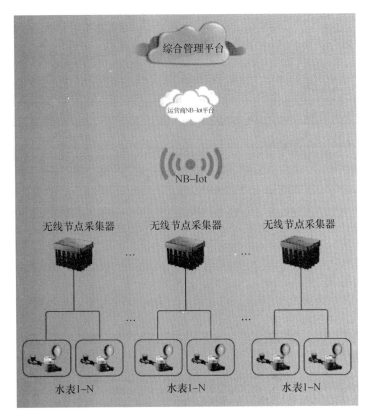

图 4.8 自发电多水表无线共抄系统示意图

图 4.9 无线采集器

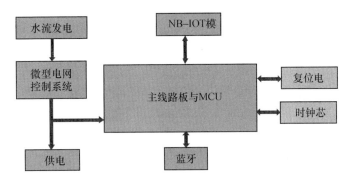

图 4.10 无线采集器专用 MCU 对各硬件接口控制示意图

无线采集器技术参数见表 4.5。

表 4.5　无线采集器技术参数表

| 特征 | 参数 |
|---|---|
| 通信接口 | 串行通信 |
| 通信速率 | 2400bps |
| 通信方式 | 异步半双工 |
| 工作电压 | DC3.3～4.2V |
| 静态功耗 | ≤0.4mW |
| 工作功耗 | ≤0.8W |
| 通信协议（与水表） | CJ/T 188—2018 |
| 通信频率 | 825～915MHz |
| 灵敏度 | −130dBm |
| 上报频率 | 根据用户自定义 |
| 防水等级 | IP68 |

无线采集器功能如下。

上行通信：无线采集器通过 NB-IOT 无线信号，向无线平台上报用户用水数据，并将无线平台的命令下发给电子远传水表。

下行通信：无线采集器下行连接电子远传水表，负责定时抄收所管辖的水表数据。

自动上报数据：无线采集器平时处在睡眠状态，当运行时间到设定的时间点，无线采集器自动唤醒，按序列号顺序抄收水表数据，然后通过 NB-IOT 模组向无线平台上报抄收所连接水表数据。抄表和上报均为补发一次，两次未成功判断为失败。

蓝牙管理：蓝牙功能可实现现场安装调试和维护的无线管理。通过公司内部无线管理 App 实现对无线采集器的运行参数的设置和调整，读取当前所带水表的数据和当前设备的信息。

3. 微型电网控制系统

微型电网控制系统（架构示意图见图 4.6）由微型电网控制器、管道上安装的水流发电机和储能装置组成，负责对整个无线采集器和电子远传水表供电。

当用户用水时带动水流发电机转动，产生电流供给设备。微型电网控制系统将水流发电机发出的电能统一调度，除向无线采集器供电外，还将剩余的电能储存到可充电锂电池。

4. 电子远传水表

电子远传水表由水表基表、不锈钢固定片和 V3.0 采集模块组合而成，其防护等级为 IP68。如图 4.11 和图 4.12 所示。

电子远传水表应符合下列相应的国家标准：

《饮用冷水水表和热水水表》（GB/T 778.1 至 GB/T 778.5）标准；

《电子远传水表》（CJ/T 224—2012）技术要求；

《饮用冷水水表检定规程》（JJG 162—2019）技术要求；

《饮用水冷水水表安全规则》（CJ 266—2008）；

《户用计量仪表数据传输技术条件》（CJ/T 188—2018）；

《电磁兼容 试验和测量技术》（GB/T 17626.1 至 GB/T 17626.34）；

《外壳防护等级（IP 代码）》（GB/T 4208—2017）；

《小口径饮用冷水水表表壳技术规范》（CMA/WM 778—2010）。

图 4.11　电子远传水表整体外观

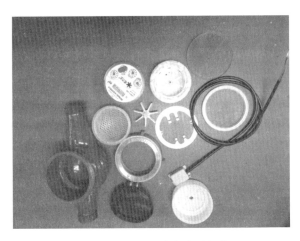

图 4.12　电子远传水表零部件

电子远传水表的技术参数如下。

机电转换形式：电子远传水表采用霍尔元件读取水表基表 0.01 处的电信号的变化，计算出相应的水量。

通信方式：通过配套的无线采集器采用 NB-IOT/LoRa/GPRS/蓝牙方式向综合管理平台发送电子远传水表的数据。上报周期可根据用户自行调节。

历史数据存储时间：1 年（配套与无线采集器进行存储）。

远程补报、召测和控制：抄表和上报均为补发一次，两次未成功判断为失败。失败后本上报周期不再重复发送，待下一上报周期进行上报相关参数。设备可通过 App 控制软件对设备进行参数设置（IP、端口）。

校时：通过与 NB-IOT 基站通信获得时间标志，并对水表和无线节点采集其进行校时。

流量参数：见表 4.6。

表 4.6　电子远传水表流量参数

| 口径 DN (mm) | 量程比, $Q_3/Q_1$ | 量程比, $Q_2/Q_1$ | 过载流量 $Q_4$ | 常用流量 $Q_3$ | 分界流量 $Q_2$ | 最小流量 $Q_1$ |
| --- | --- | --- | --- | --- | --- | --- |
| | | | $m^3/h$ | | L/h | |
| 15 | 125 | 1.6 | 3.125 | 2.5 | 32 | 20 |
| 20 | 125 | 1.6 | 5 | 4 | 51.2 | 32 |
| 25 | 125 | 1.6 | 7.875 | 6.3 | 80.64 | 50.4 |

适用介质：清水。

水表准确度：2.0 级。

压力等级：≥1.0MPa。

防水等级：IP68，可长时间运行在有污水的环境中。

工作环境：5～55℃；湿度：≤ 100RH。

水表安装方式：水平安装。

工作电源：微型电网控制系统，使用寿命在 10 年以上。

标志：可根据用户订制相关的标识和丝印。

水表材质：机芯采用食品级 ABS，壳体采用铸铁，表罩、表接头采用铸铜。

电气参数：见表 4.7。

表 4.7　电子远传水表电气参数

| 特征 | 参数 |
| --- | --- |
| 通信速率 | 2400bps |
| 通信方式 | 异步半双工 |
| 工作电压 | 2.8～4.2V. DC |
| 静态电流 | 0.28mA |
| 工作电流 | 1.1mA |
| 通信协议 | CJ/T 188—2018 |
| 取样位置 | 10L |
| 工作环境 | 环境温度：5～55℃；湿度：≤ 100RH |
| 安装方式 | 水平 |
| 外壳防护 | IP68 |

电子远传水表具有以下功能：

独立的身份识别码：电子远传水表的身份识别码由一个 12 位数的十进制编码组成，在整个水表无线抄表系统中为独立且唯一，用于表示用户的信息。

采样和计数功能：采样由 V3.0 采集模块上的霍尔元件完成，由模块内的 MCU 将霍尔元件提供的电平信号进行转换、计算出水量。

双向数据通信：电子远传水表具有同采集器之间进行数据交换的功能，通信方式为串行、异步、双向、半双工方式，通信速率为 2400bps。

#### 4.5.2.4 自发电多水表无线共抄系统效益分析

自发电多水表无线共抄系统解决了水表没有直接电源供应的难题，通过把自来水管网的势能转换为电能，让系统拥有了稳定、可持续和绿色无污染的电能。这种设计可让供水计量实现实时、稳定和高效的数据传输。该系统实现了资源共享的概念，多块电子远传水表共用一套无线设备进行数据传输，并共用一套自发电系统进行电源供应。

1. 环境效益

目前大部分的无线 NB-IOT 水表均采用一次性锂电池供电，当锂电池电量耗尽后，就需要更换新的锂电池，由此产生大量的废旧电池。废旧电池中含有多种重金属物质，如果处理不当就会污染到水源、土壤、空气等，进而直接或间接地危害到人们的健康，影响人们的正常生活。

自发电技术通过在自来水管道上安装微型水流发电机进行电能的转换，真正做到了零消耗和零排放。设备安装完成后可实现 10 年以上的正常运行，并对环境零污染。

2. 经济效益

自发电多水表无线共抄系统采用多块水表共用一个无线 NB-IOT 信号、一套供电系统。从成本的角度讲是单个 NB-IOT 水表的 1/6，运营资费是单个 NB-IOT 水表的 1/6，从维护的角度讲也是单个 NB-IOT 水表的 1/6。

自发电多水表无线共抄系统使一个水表井（水表间）内的多块水表共用一个无线采集器，降低了设备之间的无线电信号干扰，降低了运营商的无线资费。自发电技术通过微型电网控制系统将微型水流发电机发出的电能统一调度，无须更换电池，节约了更换电池的材料费及由此产生的人工费用，同时也省去了旧电池回收所带来的费用。总之，自发电多水表无线共抄系统通过先进的设计理念使资源充分利用，大大降低了用户的使用成本。

# 5 供水系统管理

## 5.1 城乡供水一体化系统

### 5.1.1 推进城乡供水一体化的必要性

我国人多水少，水资源时空分布不均匀，水土资源与经济社会发展布局不匹配，各种水资源问题日益突出。随着城乡一体化进程的不断加快，"城乡一体化"已从理想模式转化为具体的规划实践。城乡一体化的本质是打破城乡二元结构，实现城乡经济一体化，形成统一的市场，促进城乡资源顺畅流动，共享一体化的基础设施和公共服务设施，维护城乡良好的生态环境。城乡供水作为社会发展的重要基础设施，同样需要实施一体化建设。城乡供水一体化建设，体现了水资源的合理配置，是缓解水资源矛盾、建立节水社会、保证水资源可持续利用的有效措施，是城乡一体化发展的重要组成部分，有利于城乡一体化的快速实现，同时对维护良好生态环境也有积极作用。

城乡供水一体化是对城市和乡镇供水行业的横向整合，也是水务一体化的局部形态。城乡供水一体化是在供水领域实现城乡一体化发展，逐步实现水务一体化，并推动新型城乡文化建设的有效举措。推进城乡供水一体化，一方面有效利用了已经建成的城乡及乡村供水工程资源，达到统一管理、有效利用的目的；另一方面整合了城市供水及乡镇供水的人力资源，实现城乡供水同网、同质、同价的目标，为新型城乡文化建设提供基础支撑。通过推进城乡供水一体化，进一步促进水务一体化，逐步实现农水、河道、水保等永久管理一体化。

### 5.1.2 城乡供水一体化影响因素

#### 5.1.2.1 水资源因素

供水方案首先考虑的因素是水源问题，水源是供水方案的关键。城乡供水一体化方案将城市和乡村进行总体需水量预测，总量相对于一般供水工程的水量大，选择供水绝对充足的南水北调工程水作为水质较优良的饮用水水源。水资源因素对城乡供水一体化方案的合理性、可行性产生较大影响。

#### 5.1.2.2 经济因素

经济发展水平在一定程度上能够反映当地基础设施建设水平，同时能够从资金角度反映城乡供水一体化方案实施的可能性。

近年来，国家大力投入资金实施乡镇饮水工程建设，城乡供水一体化要充分利用国家和地方投资及县域内的有利条件，克服不利因素的影响，解决乡镇的饮水不安全问题。

#### 5.1.2.3 地形因素

地形的差异不仅造成各个区域在社会经济发展水平上的不同，供水系统的建设难度也大相径庭。平原和浅丘地区经济相对发达，居住相对集中，供水区域地形起伏不大，容易实施供水设施建设，供水系统相对完整；山区因自然条件的限制，经济条件较差，居住分散，加之地形、地貌条件比较复杂，一般输水管线长、供水管网敷设难度大、造价高，对供水工程建设会产生一定的影响。

### 5.1.3 城乡统筹供水系统模式

城乡统筹供水系统模式是从系统结构、系统布局和系统功能实现方式的角度对系统核心特征的高度概括，是某类型系统区别于其他系统的主要依据。为了进行模式总结，在研究过程中综合运用了实地调查和专家咨询等方法，通过对部分城乡统筹供水地区的多次调研，对城乡统筹供水工程的建设有了一定认识，在此基础上，咨询了相关建设单位、规划设计机构和高校专家的意见，得到了"城市管网延伸"模式、"配水联网"模式和"城镇联网供水"模式三种主要的城乡统筹供水模式。

#### 5.1.3.1 "城市管网延伸"模式

城市供水系统比较发达，取水设施建设、水处理技术和运营管理水平比较高，在实施城乡统筹供水系统建设时，可以考虑将城市供水系统管网向附近乡镇地区延伸，充分利用城市供水系统的供给能力，在提供城市生产生活用水的同时，满足周边一定范围内的乡镇用水需求，这种城乡统筹供水方式称为"城市水源水厂，管网直接到户"模式，在部分文献中，这种模式又被称为"城市管网延伸"模式。

"城市管网延伸"模式是城市供水系统规模的简单扩大。该模式下，原有城市供水系统输配水管网向乡镇延伸，而取水设施、水处理厂等均来自原有城市供水系统。显然，"城市管网延伸"模式是对城市供水系统富余生产能力的有效利用。在该模式下，原乡镇供水系统的取水设施和水处理厂一般停止使用。同时，根据原乡镇供水系统管网的实际状况区别对待，对于布局合理、材质良好、管径合适的，予以全部或部分采用，对于达不到城乡统筹供水要求的乡镇原有管网，废弃不用。

#### 5.1.3.2 "配水联网"模式

"配水联网"模式与"城市管网延伸"模式有较大的相似性。它也是充分利用城市水源水厂的富余生产能力，在为城市供水的同时，满足一定区域内乡村用水需求。"配水联网"模式的特殊之处在于，水从水厂出来，不是由管网直接送到乡村用户手中，而是在水厂和乡村用户之间的适当位置建立配水站，管网将水先输送到配水站，经配水站再输送至各乡村用水点。

在城乡统筹供水系统中引入配水站，有利于充分发挥配水站的储水优势，增强向乡镇地区供水的应急能力。在水厂与配水站之间的管网系统出现故障不能顺利输水时，配水站内储水可以在一定程度上降低乡镇用户的断水风险。

#### 5.1.3.3 "城镇联网供水"模式

"城镇联网供水"模式是指在新建、扩建乡镇取水设施并改造既有乡村供水管网的基础上，充分发挥城市和乡村地区各自优势，通过连通城市供水系统和乡村供水系统，整合城乡供水资源，实现城乡区域供水的互惠互利。"城镇联网供水"模式是对城市和乡镇地区水源、水厂、管网和运营管理等要素的整合，有利于乡镇供水条件的改善和城市供水系统功能的进一步提升。城市供水系统在水处理技术、运营管理经验和资金等方面的优势，将带动乡镇供水条件改善；乡镇地区相对丰富的水资源分布，将为城市供水系统实现多水源供水提供条件，从而提升城市供水系统的安全性并满足城市经济社会发展对于水源的需求。

实现城镇联网供水，涉及城市和乡镇原有供水系统水源、取水设施、水处理设施和输配管网的整合，在操作上具有一定的复杂性。一方面，要对水源利用程度和取水设施规模进行再设计，以实现高效的水资源利用；另一方面，需要对管网和增压设备等设施进行合理布局，以达到良好的系统运行效果。

# 5.2 供水系统优化

## 5.2.1 供水系统优化概述

水资源是基础性的自然资源和战略性的经济资源。全面建设小康社会进程中的水资源问题不仅仅是资源问题，已成为关系到国家经济、社会和政治的重大战略安全问题。特别是随着我国社会经济的发展，水资源供需矛盾将越来越突出，制订科学合理的供水计划，提高水资源利用效率，已成为众多学者的研究热点。

当前，我国北方城市的水资源极度匮乏，尤其是华北地区。为此，必须将"优化供水、科学节水、多渠道开源"作为水资源可持续开发利用和实现城市生态文明的新战略。供水系统优化目的如下：

（1）合理调配水资源使其满足城市规划用水量；

（2）根据需水量预测及水资源调配方案，科学合理地优化供水系统以及完善配套设施建设；

（3）实现城市多水源调水的最优化以及输配水管网的优化布置；

（4）充分利用地表水、地下水、南水北调工程输水等各类水源。

## 5.2.2 基于南水北调的多水源多目标供水系统优化

### 5.2.2.1 某市供水管网对南水北调中线水适应性评价

1. 典型管段采集

南水北调受水城乡供水主要采用地下水，采管区域的分析管垢区域为地下水供水。其供水管网管材、管径及管龄等信息见表5.1。

在现场采集所需的管垢，用刮刀将不同形貌的管垢取下放入自封袋中标记好，由于管垢较薄，未对其进行分层取样。所有采集管垢样品均一式两份，并于4℃保存带回实验室进行管垢形貌、晶型结构组成等分析。取样过程中把用来分析管垢形貌的少量试样放入盛有浓盐酸的小瓶中，防止管垢中 $Fe(II)$ 氧化，然后带回实验室对管垢中 $Fe(II)$ 和 $Fe(III)$ 比例进行测试分析。

表 5.1 采集样品信息

| 采样时间 | 管材 | 管径（mm） | 管龄（年） | 水源 |
|---|---|---|---|---|
| 2014-09-11 | 无内衬铸铁 | 100 | 20 | 地下水 |

2. 管网水质分析

（1）管网水质分析结果。

为了对管网水质进行预测，于 2014 年 9 月 11 日对某市采样管网水进行了采集，水质分析结果见表 5.2。总铁采用原子吸收分光光度法测量，氨氮、$UV_{254}$ 采用分光光度法进行测量，碱度采用酸碱指示剂滴定法测量；使用 pH 计（FE20K，Mettler Toledo）测量水样 pH；水样中的 $SO_4^{2-}$、$Cl^-$、氟化物、$NO_2^-$、$NO_3^-$ 等阴离子用离子色谱仪（ICS-2000，Dionex，USA）测量。

表 5.2 采集水样水质分析结果

| 检测项目 | 检测值 |
|---|---|
| pH | 8.17 |
| $NH_3-N$（N，mg/L） | 0.03 |
| 色度（铂钴色度单位） | 1 |
| $NO_2^-$（mg/L） | 0.001 |
| $NO_3^-$（mg/L） | 1.28 |
| 总碱度 | 218.5 |
| 总硬度（以 $CaCO_3$ 计，mg/L） | 155 |
| 总铁（mg/L） | 0.04 |
| 氟化物 | 0.43 |
| $UV_{254}$ | 0.0233 |
| $Cl^-$（mg/L） | 40.91 |
| $SO_4^{2-}$（mg/L） | 71.04 |
| 拉森指数 | 0.603 |

由表 5.2 可知，该市用户出水 pH 为 8.17；用户出水中氨氮值仅为 0.03mg/L；总铁为 0.04mg/L，低于国家水质检测标准 0.3mg/L；$Cl^-$、$SO_4^{2-}$ 以及重碳酸盐碱度三者的共同作用使得用户出水拉森指数为 0.603。

（2）基于水质分析的管网适应性初判。

通过对该市管网水与南水北调水进行比较发现，丹江口水库水整体水质好于管网水，拉森指数小于该市管网水，说明水的腐蚀性弱于管网水。研究表明，当强腐蚀性水取代低腐蚀性水，易发生黄水，特别是腐蚀性水进入管垢稳定性低的管网时发生黄水可能性更大；当 $SO_4^{2-}$<75mg/L，管网水质不会突发严重黄水问题，当 $SO_4^{2-}$>100mg/L，易造成水质严重恶化，碱度在 $SO_4^{2-}$ 不同浓度下作用不同。而丹江口水库水的腐蚀性不仅弱于本地管网水，同时水中 $SO_4^{2-}$<75mg/L，由此可以通过水质初步判断，水源切换为南水北调水源后，供水管网出现黄水的风险较低。

3. 管网管垢特征分析

管网管垢特征分析包括管垢形貌、管垢晶型、管垢比表面积分析。管垢中 Fe（Ⅱ）和 Fe（Ⅲ）测定是根据国家水质检测标准邻菲啰啉分光光度法测定 $Fe^{2+}$ 和总铁浓度，然后分析两者比值。

接头垢和平层管垢比较集中，聚集在一起，均是球状凸起，外层比较硬，为致密硬壳层。管垢以颗粒堆积为主，但是颗粒间有一定的空隙，整体看管垢比较致密稳定。管垢主要成分为磁铁矿 $Fe_3O_4$（28%）、针铁矿 $\alpha$-FeOOH（9%）和绿锈 Green Rust（63%），而接头垢中含有磁铁矿 $Fe_3O_4$（25%）、针铁矿 $\alpha$-FeOOH（28%）、绿锈 Green Rust（24%）和石英 $SiO_2$（23%）。从 XRD 半定量结果来看，管垢中绿锈 Green Rust 和磁铁矿 $Fe_3O_4$ 的含量之和超过了 50%，说明了管垢比较厚，垢中形成了缺氧环境使得 Fe（Ⅲ）已被还原为 Fe（Ⅱ）组分。

接头垢（LFJ）、管垢（LFG）、生物膜（LFM）和管网水（LGW）均含有铁还原菌 IRB、铁氧化菌 IOB、硫氧化菌 SOB、硫酸盐还原菌 SRB、硝化菌属 NOB、硝酸盐还原菌 NRB 和产酸菌 APB，只不过含量不同。接头垢含有的腐蚀菌属主要为硝酸盐还原菌 NRB（15.55%）和铁氧化菌 IOB（2.01%），其余菌属含量都小于 1%；管垢中含有硝酸盐还原菌 NRB（5.99%）和铁还原菌 IRB（1.93%）；生物膜主要含有硝化菌属 NOB（13.37%）和硝酸盐还原菌 NRB（6.78%）；水样中主要含有硝酸盐还原菌 NRB（1.52%）。

管网水中硝酸盐还原菌 NRB 含量很高，同时管网水中溶解氧含量较高，处于好氧状态，在此条件下硝酸盐还原菌主要进行硝酸盐还原铁氧化作用，其能将释放的 Fe（Ⅱ）氧化为 Fe（Ⅲ），因此在管垢表面以 Fe（Ⅲ）氧化物-FeOOH 为主。然而管垢和接头垢均较厚，形成了致密的氧化层，因此内部溶解氧很难进入，形成了缺氧或厌氧环境，在此条件下硝酸盐还原菌主要起到还原 Fe（Ⅲ）的作用，因而内层管垢中主要为绿锈 Green Rust 和磁铁矿 $Fe_3O_4$。另外，丹江口水库水拉森指数只有 0.2～0.3，低于出厂水 1.76，因而该市管网更换为丹江口水库水进行供水后不会发生铁离子严重释放从而导致大面积黄水现象。

4. 水流特性对管道的影响

地下水源已经在管道内壁形成稳定的铁锈层，水源变化后这种平衡被打破，导致铁锈分解，释放到水中形成黄水。从水中元素及化合物方面的对比可知，在管道其他外界条件不变的情况下，管道发生黄水的概率很低，但水流方向变化、流速骤增、水力停留时间延长等水力条件的变化均有引发黄水的危险。南水北调水与地下水进行切换的过程中，不可避免地会引起部分管段水流方向、水流速度变化，破坏原有的管道环境，致使管垢溶解铁释放，引发水质变化。如何确定合适的水源配比及切换周期，是保证供水安全的前提。

5. 管网循环模拟中试

（1）管网中试试验概述。

① 试验装置。

中试试验的运行条件与实际接近，能较为真实地反映实际运行情况，更有利于建立实际进水水质-管段管垢及生物膜特征-出水水质之间的响应关系，模拟试验装置图如图 5.1 所示。

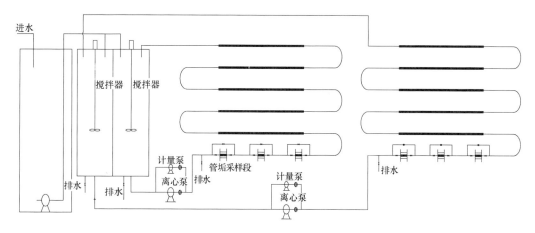

图 5.1　管网循环模拟试验装置图

中试试验装置构成包括：2m×5 段 DN100（DN50），10cm×3 段（管垢取样）；水箱容积 300L，直径 60cm，高 1m，设搅拌装置，可投加药剂；泵额定流量：5.6 m³/h，管内最大流速为 0.2m/s；计量泵流量：40L/h，管道最小流速为 0.001 m/s。

② 典型管段采集。

采集的管道为管龄 18 年的 5 根 1.9m 长的铸铁管道。

③ 试验操作。

中试装置运行方式模拟最不利情况，即管网隔夜滞留水水质，主要研究水源切换对管网出水影响、管道水流方向改变对管网水质的影响、余氯对管网管垢的作用。

通过水源切换对管网出水影响，判断和验证黄水发生的可能性。中试装置建成后，立即开始通水试验，水中余氯保持 0.05mg/L，每天每套系统以 5.6m³/h 流量循环运行 16h（10 点—次日凌晨 2 点），计量泵以 40L/h 的流量单向运行 8h（凌晨 2 点—10 点）。计量泵运行时水在系统内的水力停留时间（HRT）约 8h（水箱中水量约 300L）；系统中水每天更换一次。管网适应南水北调水源后，再切换为本地水源（强腐蚀性），观察管网出水变化，运行方式同上。

在进行中试试验期间对水质指标和污垢进行测试分析。水质指标测试分析为每日 10 点测定进水水质指标（对于较为稳定的水质指标，可不重复测定）；次日 9 点取出水水样，监测出水水质指标。

（2）中试研究成果。

① 第一阶段。以自来水作为水源进行管道涵养试验，时间为 2014 年 9 月 13 日—2014 年 10 月 19 日。

管道涵养阶段主要目的是冲洗管道脱落物、涵养管道，至出水水质稳定时可进行水源切换试验。如图 5.2 所示，以本地水作为水源，在 9 月 13 日至 10 月 19 日期间，除余氯浓度为人工控制外，其他指标如浊度、总铁、色度均较理想，总铁平均值为 0.10mg/L，浊度平均值为 0.71NTU，色度平均值为 2 度。第一阶段用本地自来水冲洗管道效果较明显，直接切换水源进行管道适应性试验。

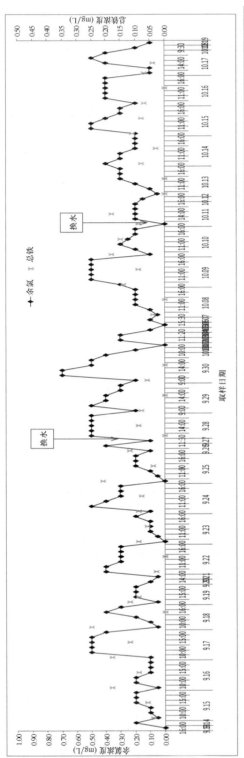

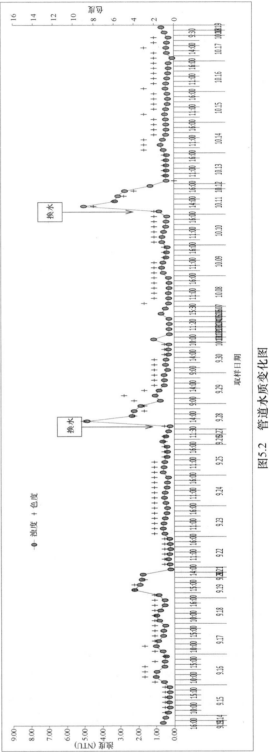

图5.2 管道水质变化图

② 第二阶段。以来自丹江口水库的水作为水源进行管道试验，时间为 2014 年 10 月 20 日—2014 年 12 月 3 日。

如图 5.3 所示，通过对主要水质指标变化曲线的分析可以看出，管道在切换成丹江口水库水后，各项水质指标均逐步下降，并保持在较低的水平。浊度平均值为 0.53NTU；色度平均值为 2 度；总铁平均值为 0.07mg/L；余氯平均浓度为 0.27mg/L。且从曲线在不同换水期的变化还可发现，随着通入丹江口水库水的时间越长，出水的色度和浊度值越低，出水水质越稳定。由上述数据可推测，管道由本地水切换为丹江口水库水后，水质发生剧烈波动（如黄水现象）的概率较小。

③ 全阶段比较。为研究管道内水体流量、流速变化对水质变化的影响，对管道在夜间模式和白天模式水质变化进行了比较。如图 5.4、图 5.5 所示，通过对管道总铁、余氯浓度变化比较发现，在整个中试运行期，夜间模式总铁平均浓度为 0.09mg/L，而白天模式总铁平均浓度也为 0.09mg/L；余氯平均浓度为在夜间模式下为 0.16mg/L，在白天模式下为 0.30mg/L；浊度在夜间模式下平均值为 0.41NTU，在白天模式下平均值为 0.48NTU；色度在夜间模式下平均值为 2 度，在白天模式下平均值为 2 度。通过比较发现管道在夜间模式和白天模式下相差无几，可见水力停留时间对管道水质变化影响较小，说明管道稳定性较强。

（3）管网中试结论。

① 管网先后通入本地自来水、丹江口水库水，与本地水运行情况相比，管道水源切换成丹江口水库水后，各项水质指标均逐步下降，并保持在较低的水平。管网中试研究结果表明，管道在本地水源与南水北调水源相互切换过程中，管道出水水质稳定，发生黄水概率很小。

② 通过比较管网在白天模式和夜间模式下的水质变化发现，管道的夜间模式与白天模式相差无几，说明水量、流速和水力停留时间等水力条件变好对管道水质变化影响较小。

6. 管网适应性评价结论及建议

（1）结论。

综合本地水、南水北调水水质特征，管网管垢特征和管网循环模拟中试试验等方面得出结论如下：

① 南水北调水水质整体好于本地水，水的腐蚀性弱于管网水，通过 $Cl^-$ 浓度、$SO_4^{2-}$ 浓度、碱度以及拉森指数等指标可以判断，在水质稳定的情况下，水源切换为南水北调水源后，供水管网出现黄水的风险较低。

② 接头-1（HSJ-1）、接头-2（HSJ-2）以及接头-3（HSJ-3）表面均为硬壳层，管垢相对比较致密，Fe（Ⅱ）组分较高，微生物的作用使管垢更加致密稳定，不易释放铁离子。

③ 来水水质稳定，以管道为基础的中试循环系统经长期连续运行后，系统稳定性增强，对不同水质切换的适应性较强，并未出现黄水现象，但水力停留时间延长不利于水质的稳定。

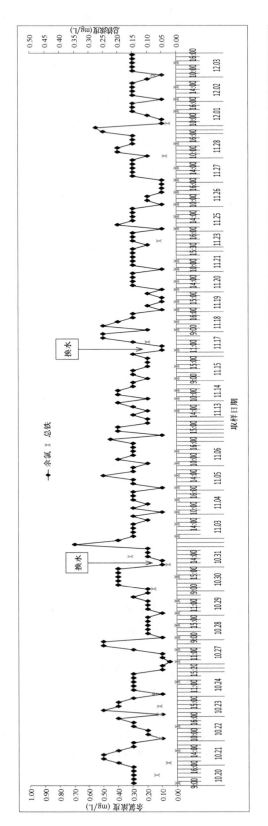

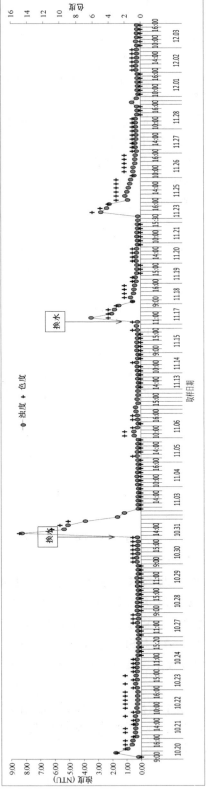

图5.3　管道（丹江口水库水）水质变化图

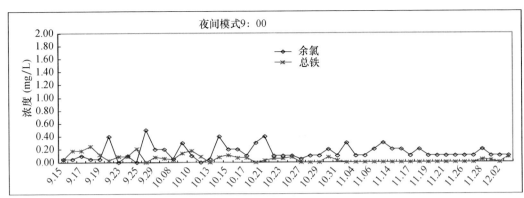

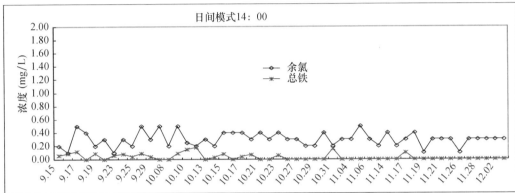

图 5.4 管道总铁/余氯变化图

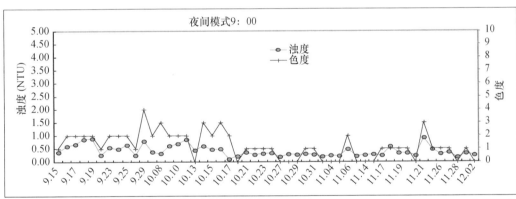

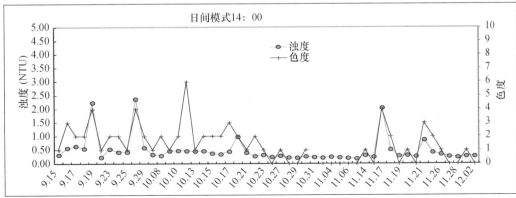

图 5.5 管道浊度、色度变化图

（2）建议。

① 丹江口水库水经长距离输水后，水质具有不确定性。经长距离输送的水受沿程条件影响较大，进行水源切换时应循序渐进、分阶段进行水源置换。对管网中老旧管道着重关注；在敏感区域和不同水质供水边界合理设置监测点，水源切换过程中，密切监测水质变化，监测重要水质参数（如 pH、浊度电导率、溶解氧、余氯）的变化规律，并采取有效控制措施；设定管网排水方案，便于及时排出管网存水。

② 水流方向变化、流速骤增、水力停留时间延长等水力条件的变化均有引发黄水的危险，因此建议确定水源切换后水力条件变化大的管道。建立供水管网的水力模型，健全管网水力条件变化的实时模拟、预测和应对响应机制，及时调整管道流速、预识别水流方向改变造成铁释放的管段，并建议采用合适的管道冲洗方式对相应管段和水力死角进行提前冲洗、排污。

③ 加强老旧管道改造。老旧管道腐蚀严重，对水源切换过程中水质和水力条件变化相对敏感，易引发管网水质恶化，因此要加强老旧管道改造。

### 5.2.2.2　基于南水北调的供水方案优化

在城乡供水系统建设中，初步设计阶段经常遇到供水方案比选问题。由于影响方案比选的因素较多，定量分析难度大，因此，选取一种能克服错综复杂的诸多因素对比选结果造成影响的方法在工程实践中显得极为重要。在这些因素中，有的是定量化的指标，有的是定性化的指标，在比选这些因素指标时，无法用一个确定的数值来比较其优劣，即指标优劣的比较具有模糊性，因此，供水方案的比选实质上是一个具有多因素的模糊综合评判问题。

1. 分区供水方案

（1）分区供水水厂布置。

以某市为例，该市区域地势较为平坦，地貌类型比较平缓单一，因此应首先考虑地理界线进行管网分区。主城区内供水水源点分散，原一号水厂、二号水厂及新源水厂集中在老城区，且供水规模较小，故只供给周边用户；开发区内也有三座水厂，分别为中心水厂、二水厂、大学城水厂，规模也只能满足开发区的需水量要求。该市新建地表水厂厂区占地面积 23.332hm²，一期工程 30 万 m³/d（第一阶段 15 万 m³/d 产能在 2016年竣工投产，第二阶段 15 万 m³/d 产能计划在 2016 年兴建）；二期工程 20 万 m³/d，总规模 50 万 m³/d，可以作为总水厂向各区水厂供水。

新建地表水厂供水范围太大，按地域条件进行分区。新建地表水厂作为净水厂，将组团区、开发区和主城区作为独立的分区，各区分别建水厂，主城区水厂规模为30 万 m³/d，开发区水厂规模为 12 万 m³/d，组团区水厂规模为 8 万 m³/d。

（2）分区水量供应。

结合城市需水量定额预测与数学建模预测结果，2020 年总需水量为 50 万 t，主城区需水量为 30 万 t，开发区需水量为 12 万 t，组团区需水量为 8 万 t。

（3）分区供水的优点。

分区供水可以提高供水系统的效率，均衡水压，方便"检漏"，从而降低能耗和电耗。区块化后可实现安全供水，事故面积小，便于维修，水龄短，水质好，余氯浓度分布均匀，便于计量分配、合理布置管道和管道更新。

均衡水压，降低能耗。对于大型给水管网，如果不进行分区，再加之地形高差，若要满足最不利点自由水头值，则水泵扬程必须满足该点水头要求加管路水损，其余节点自由水头势必会增高，导致水头高低不均匀。管网分区以后，大的管网被分割成几个片区，每个片区各自成为一个相对独立的管网，高程分布较为均匀，满足最不利点自由水头之余，其余节点压力值也不至于过大。每个供水分区内水压会更加趋于均匀，局部地区产生高压或者压力不足的问题可以得到缓解，对水泵扬程的要求也会降低，减少供水系统的能耗。

改善管网水质。水龄是衡量管网中水质好坏的重要指标。水龄是指给水管网中水从水源流到某一节点的平均时间。离水厂较远，流动时间长的地方最有利于微生物的繁殖。管网区块化后，各区块之间相对独立，区块内节点距进水点近，缩短了水在管网中的停留时间，减少了管道生长环与水的接触时间，改善管网内水质。同时，水龄的缩短，管道内氯消耗量减少，减少了加氯量和消毒副产物。

降低水损，便于计量控制。各分区间设置有联络管、阀门和流量计，各分区用水单独计量，便于管理和统计，减小产销差率。管道故障或者突发水质事件时，可立即关闭各分区联络管上的阀门，易于检测出事故点，也不会影响到其他区域的正常供水，便于日常维护管理和控制。

（4）分区供水的不足。

① 由于管网区块化以后，整个区域内就不是一个进水点，每个区块至少都会有一个进水点，会增加输水管道的长度。分区边界上也会出现分属不同区域的两条管道，同时各区域之间也需新设联络管、阀门及流量计，故需要一定的工程投资。

② 管网每个区域末端容易造成水的流速变慢，有形成"滞留区"的可能，当相邻区域之间需要连通时，产生初期水质恶化现象；可通过在闸门处设置小口径旁通管，或在打开区域间连通闸门前先将初期水放掉等措施来避免该现象。

2. 集约化供水方案

在南水北调中线引水渠道等重要工程即将完工之际，市区供水的集约化改造为利用好、保护好远道而来的水资源提供有力保证。

集约化供水是指合理进行水资源配置的供水方式，是在原有公共供水设施基础上进行统一规划、运作，并具有规模化的经营模式。其核心是原水统筹、水厂归并和一网分片；其目的是提高水质，优化管理和服务，降低自来水企业的成本，满足不断增长的经济社会发展和人民生活的需要，以期达到社会、企业和用户的效益最大化。

（1）集约化改造途径。

① 统筹原水。

为解决华北等地区严重缺水的棘手问题，我国大力开展南水北调三线供水工程。根据《河北省南水北调配套工程规划》，南水北调中线工程在 2014 年首期工程通水。

首期该市区供水量为 14407 万 $m^3$，至水厂水量为 5.4$m^3$/s，2030 年 9.2$m^3$/s。首期水库调蓄容积为 0.5 亿 $m^3$，2030 年水库调节容积为 1 亿 $m^3$。

南水北调中线来水保证率为 70%，水量不能保证时，地下水作为备用水源。近期水源规划，从南水北调中线岗南水库应急调水。

② 水厂归并及一网分片。

过去由于供水方式、供水制度等相关原因，各区水厂相互独立、各自为政。随着南水北调工程引水渠道等重要工程的实施，为了充分保护好、利用好南水北调水，保证各区水量、水质达到所需要求，将中线来水引入集中的地表水厂进行调配。集约式供水方式主要表现在各分区水厂组团并一，统一运行、统一供水，一套管网分为三个区域，统一管理。

（2）集约化供水特点。

① 从人对自然界的索取向人与自然的和协共生、更有效利用水资源转化；

② 从城乡不同供水水质标准向城乡供水水质标准一致性转化；

③ 从以需定供向以供定需转化；

④ 从各自为政、分散建设向资源共享、区域同建、流域统管转化；

⑤ 从开源与节流并重向节流为先、治污为本、科学开源、综合利用转化。

（3）集约化供水优势。

① 目前的城乡给水工程规划，由于规划方法和设计方法的限制，对一些问题不能很好地解决，如管网安全性预测、环境影响预测等，在规划中往往对这类问题简单化处理。而集约化供水以规划中出现的问题为导向，进行技术攻关，以完善设计技术及规划方法。

② 随着供水规模的扩大和城乡协调的发展，城乡给水工程规划趋向于集约化的发展模式。对于这样的集约化系统，由于其特有的开放性和复杂性，随着时间和空间的变化，都要进行调整，以实现规划方案的辅助建设功能。

③ 城乡供水工程集约化规划是为实现城市社会用水健康循环这个大目标而进行的，在规划的过程中涉及对城市内部的各个水需求子系统进行协调，以达到整个系统的最优，即以有限的水资源实现对城市经济、社会发展的最大化贡献。

3. 供水方案的优化选择

（1）模糊数学法。

模糊综合评判是根据模糊数学中模糊集的理论和方法来确定的。根据模糊数学理论，模糊综合评判可用 $B = A \cdot R$ 来描述，其中 $A$ 为评判因素的权重集，$R$ 为单因素评价集，$B$ 为综合评价结果。模糊综合评判就是对拟评判对象选出一些主要因素，先进行单因素综合评判，评价结果形成模糊评价集 $R$，再考虑诸因素在总的综合评判中的分量（权重集 $A$），通过计算求得综合评判结果 $B$。根据评判结果，隶属度高的即为首选方案。

影响方案选择的因素很多、很复杂，评价因素应结合比选方案的具体情况来选择，应进行深入调查研究，通过权威论证，确定各因素评价指标。

权重表示各因素对实现系统评价目标的相对重要程度。在综合评判中，权重的确定是很重要的，它可以直接影响到综合评判的结果。可由具有权威性的专家及具有代表性的人士按因素的重要程度来确定，亦可通过统计专家的打分来确定，还可用 AHP 方法来确定。

隶属度是用区间为 [0，1] 的数字来度量一个语言变量，表示从"肯定"到"否定"的中间过渡。各因素对方案选择结果的影响用一些模糊语言变量表示。根据模糊集理论，各因素的实际值对方案选择的隶属程度用隶属度来表示。

在定性指标的论域 [0，1] 中，可以确定评价定性指标的语言变量集＝｛好，较好，较差，差｝，评价定性指标语言变量值的隶属函数可以采用适当的模糊数来表示。这里采用直域型隶属函数、多语言变量所对应的隶属度值，见表5.3。

表5.3　模糊隶属度

| 模糊语言 | 好 | 较好 | 较差 | 差 |
|---|---|---|---|---|
| 隶属度 | 0.8 | 0.6 | 0.4 | 0.2 |

（2）基于模糊数学法的供水方案选择。

南水北调中线来水拟建地表水厂通过两套方案比较得出集约式供水的优势。主城区、开发区及组团区三区独立预测各自的需水量，工程上常用的预测方法是单位人口用水指标法、单位建设用地用水指标法和分类预测法。经过三种方法求和平均得出各区需水量（2020 年）见表5.4。

表5.4　市区需水量情况一览表　　　　　　　　　　万 m³/d

| 分区 | 需水量 |
|---|---|
| 主城区 | 28.61 |
| 开发区 | 11.41 |
| 组团区 | 7.80 |
| 合计 | 47.82 |

两种拟建地表水厂方案如下：

方案一：将三个分区综合在一起，建设一座地表水厂的规模为 50 万 m³/d。

方案二：各区分别建水厂，主城区规模为 30 万 m³/d，开发区水厂规模为 12 万 m³/d，组团区水厂规模为 8 万 m³/d。

① 选择供水方案评价指标。

供水方案评价指标对比见表5.5。

表5.5　供水方案评价指标对比

| 方案指标 | 工程造价 | 水质稳定性 | 设备管理 | 人员调配 | 能源消耗 |
|---|---|---|---|---|---|
| 分区供水 | 15750 万元 | 好 | 较差 | 较好 | 较好 |
| 组团供水 | 8250 万元 | 较好 | 较好 | 好 | 较差 |

② 确定权重。

在选用专家评分的基础上确定各指标因素的权重如下：

$$A = [0.35，0.25，0.10，0.10，0.20]$$

③ 计算隶属度。

根据模糊数学法，对定性指标用表5.3确定隶属度值，对定量指标用隶属函数式得到隶属度值，见表5.6。

表 5.6　评价因素隶属度数值表

| 方案因素 | 工程造价 | 水质稳定性 | 设备管理 | 人员调配 | 能源消耗 |
|---|---|---|---|---|---|
| 分区供水 | 0.35 | 0.8 | 0.4 | 0.6 | 0.6 |
| 集约化供水 | 0.65 | 0.6 | 0.6 | 0.8 | 0.4 |

④ 选择算法进行计算。

根据模糊综合评判的加权平均型算法，得到：

$$B = A \cdot R = (a_1,a_2,a_3,a_4,a_5) \cdot \begin{bmatrix} r_{11},r_{12} \\ r_{21},r_{22} \\ r_{31},r_{32} \\ r_{41},r_{42} \\ r_{51},r_{52} \end{bmatrix} = \left( \sum_{i=1}^{5} a_i r_{i1} \sum_{i=1}^{5} a_i r_{i2} \right) = (0.54, 0.59)$$

由此可见，集约化供水方案为首选方案。

上述两种方案思路不同之处在于方案一把主城区、开发区和组团区综合考虑，形成城镇组团。通过水厂建设方案比较可以发现，城镇组团内自来水厂规模小、设备简陋、管理水平跟不上，各水厂之间相互独立、各自为政。这种模式虽然在解决居民的用水需求、保证经济社会发展方面曾发挥过积极作用，然而，当水厂的规模扩大时，单位水量的建设费用会相对下降，当水厂规模较小时，单位工程造价会迅速增加。因此，为了扩大规模经济效应，在技术经济优化分析的基础上考虑集中建厂、实施城镇集约化供水，即由一个主体单位向周边城镇组团供水，以改善整个城镇供水水质、水量。同时，城镇供水一般是由少数水力控制元素组成，便于城镇供水管网调度管理，已渐渐成为城镇供水的发展趋势。

### 5.2.2.3　地下水与南水北调中线水的配比优化

1. 水源切换原则

该市水源切换为"地下水切换为地表水"，有利于保护地下水资源，有效阻止地下漏斗的产生。采用地下水为水源进行城市供水的运营管理已经十分成熟，当新建地表水厂运营后，为控制其运营成本，供水水量的配置需要根据实际供水因素进行调整。其次地下水与地表水水质存在一定差异，尤其是南水北调水经长距离输水后的水质的不确定性将对水源切换产生重要影响。依照南水北调水质状况、水源地及自备井水质状况，水源置换原则为"安全使用南水北调水，兼顾经济效益与生态效益，地下水源逐步过渡为地表水源"。

2. 水源切换方案

通过对地表水源和地下水源两种水源的联合调度，实现水量优化配制、经济效益最大、可持续发展与生态保护的目标。

由于该市对采用地下水为水源进行城市供水的运营管理十分成熟，其管网对地下水已经非常适应，现在需要用南水北调水置换地下水，管网需要一定时间去适应。为了安全起见，采用"先行试验区引领整个城区"进行水源置换。

（1）先行试验区的选择。

在南水北调配套工程建设之际，可以优先设置一条通向主城区的输水管线，提前通水。而且主城区相对独立，城区内旧管网面积适当，具有作为先行试验区的条件。

主城区中大部分管网是旧管网，管垢具有典型性，且用水对象多为居民，水质稍微变化不会影响居民正常生活，所以也适合作为先行试验区。

（2）水源置换具体方案。

为保证水源置换安全稳定，按照"初期设置置换水量定比、循序渐进、缓慢增量的原则"，置换方案分为两个阶段：

① 初始运行阶段。

在主城区中，先令南水北调水与地下水初始配水比例为 1：6 进行供水，时间为 6 个月，使原有管道适应新的水质，其间关注出水水质变化，观测是否出现黄水现象，必要时可适当延长此水源配水比例的运行时间。当没有出现任何不适情况后，再以 1：6 的比例向其他城区供水，时间仍为 6 个月。

② 延续运行阶段。

根据初始运行阶段水质、参数情况和积累的经验，南水北调水与地下水的配比依次调整为 1：4、2：3、3：2、4：1、6：1，每次调整时间周期预定为 2 个月，如水质发生变化，可酌情调整。依旧是先在主城区进行试验，若无特殊情况即可向其他城区依此比例进行水源置换。

南水北调水与地下水在切换过程中，由于水质差异造成黄水出现的概率较小，但是水流方向的变化也会造成黄水现象，由此可知水流方向成为水源切换需要考虑的重要方面。

从管网平差结果来预判水流方向，分析得知一水厂的停启只对少部分管道的水流方向产生影响。从运行的安全性与经济性考虑，做出初期调配时期关停一水厂的调配方案。

3. 保障措施

（1）密切关注厂内阀室在线仪表的检测数值，重点关注膜池出水水质指标和清水池出水水质指标。根据流量和水质变化情况及时调整，一旦出现水质突变，按厂内水质突变应急预案处理，并做好在阀室和沉淀池放水的准备工作，同时关闭膜处理车间进入清水池的阀门，加大水源井进水量。

（2）密切关注通过管道输送到清水池南水北调水的余氯、浊度水质指标，重点关注浊度仪监测数据的变化。若浊度等其他指标发生突变，关停南水北调水，启用应急备案。

（3）对管网末梢余氯、浊度等指标进行实时监测，当余氯不能满足要求时，对自来水出厂前进行补氯调整。

（4）若水质指标异常，通知地表水厂对管网及时泄水。

（5）由地表水厂牵头，南水北调项目部协助对水质不合格情况进行分析，制订新的调整、处理方案，待条件具备后，逐步恢复南水北调水供应，保证生产安全运行。

### 5.2.2.4  水源、水厂的热备

1. 热备水源、水厂热备运行的必要性

热备水源、水厂作为备用工程，非常时期能够随时启动。供水系统的正常运行，在地下有水可抽的前提下，要求与供水相关的管理人员、水源井、水泵机组、供电系统和

输水管线等一切均能保证正常工作。而保持工作状态的最佳方式是对供水系统进行定期热机。

（1）热备运行有利于水源井及井内取水设备的维护。

南水北调水源引入后，如果主城区内原水厂全部关闭，应急水源地完全停采，为了保护水泵机组及供电线路，井内的水泵机组需要保养。如遇到突发事件需紧急启动，需一定的调试时间以完成下泵、配电及检修等工序。由热备水厂、水源地多年运行实践可知，自取水设备安装调试至正式供水，需经历3～5个月时间。此外，国内外相关研究表明，水源井若长期停采，在静水条件下井管的电化学腐蚀速度会变快。水源井长期停用，井中水流循环变缓，电解质逐渐增加，将导致井管的腐蚀速度加快，进而造成滤水管堵塞，甚至会导致水井报废。

（2）热备运行是供电设备维护的需要。

根据供电部门的要求，假如南水北调水引入后原水厂全部关停、水源完全停采，高压供电线路将停用，为了保障区域供电安全，供电部门将重新分配供电系统容量。一旦需要紧急启动，高压供电系统将不能随时提供如此大的电力容量。另外，10kV地埋电缆、箱式变压器长期停电，失去运行时的电流热效应，电气绝缘能否经受住潮气的侵蚀也不能确定，而且再次供电前，按照供电规程，所有高压设备必须进行相应的高压电气试验，合格后方可送电。

（3）热备运行是保持运行管理人员工作状态的需求。

主城区内水厂、水源地经过多年的运行、逐渐摸索、不断完善，目前已形成一套完善的管理体系，同时也培养了一批优秀的运行管理人员。水源地"应急供水"，除了资源和设备保障外，对技术管理人员同样要求随时能够上岗、进入工作状态。

2. 热备水源、水厂的数量

主城区拥有水厂三座：一水厂、二水厂和新源水厂，规模分别为0.7万 $m^3/d$、1.8万 $m^3/d$ 和5.0万 $m^3/d$。南水北调配套地表水厂近期规模为30万 $m^3/d$，远期规模为50万 $m^3/d$。但一水厂规模较小，对管网平差结果几乎没什么影响，从经济方面考虑，一水厂可以不作为热备水源，二水厂和新源水厂作为热备水源。同时二水厂附近为其供水的水源井和新源水厂水，当南水北调水不能及时供应时，它会将固安水源地的水供向管网，实现应急供水。

开发区也应该热备水源、水厂，热备方案可依据开发区实际情况参考主城区和组团区的水源、水厂热备方案而定。

3. 热备水厂运行方案

为了应对城市供水突发事件，地下水仍将作为保障城市供水安全的战备资源。热备水厂、应急水源地应始终保持"应急供水"的能力。结合南水北调水源供水和用水的特点，制订了热备水厂、应急水源地"间歇性供水""持续性供水"两种热备运行方案。

方案一：采用间歇性供水模式。为了便于管理，降低日常运行、维护费用，热备水源、水厂间歇性运行。间歇性周期为1个月，每月启动1昼夜。每次启动时，水源地启动8眼井，开采量为5万 $m^3/d$，年开采量合计为60万 $m^3$，二水厂附近水源井每次启动3眼井，开采量为1.8万 $m^3/d$，年开采量合计为21.6万 $m^3$。热备期间水源地和二水厂附近水源井分别以8眼井和3眼井为单元组进行轮换，保证在一年内所有水源井均得到至少2次轮换启动，进行热机运行，以保障输水管处于满水状态。

方案二：采用持续性供水模式。为了保障输水管道工程安全，始终处于满水压力状态，水源地日常开启二组4眼井，按日恒定2万 m³ 开采，年开采量合计730万 m³，二水厂附近水源井日常开启一组2眼井，按日恒定1万 m³ 开采，年开采量合计365万 m³。运行期间，白家务水源地以4眼水源井为单元组分别进行轮换，二水厂附近水源井以2眼井为单元组分别进行轮换，保证在一年内所有水源井均得到一次轮换启动。

4. 热备方案比选

（1）建立指标体系。

间歇性供水和持续性供水各有所长，间歇性供水热备方案运行其维护费用较低，需要管理人员数量较少，但抽取的地下水就会减少，整个城区对南水北调水需求量就会增加，而且泵机组、管道及附件在应急时不能使用的风险就会升高，输水管中长期滞留水的水质指标就会下降。相反，持续性供水方案对应急具有较好的时效性，应急时水质水量保证率较高，整个城区对南水北调水需求量相对就会减少，但新源水厂和二水厂时时都在运行，人力、物力投资较大。

结合两种热备方案的实际情况、应急时效和经济指标，将热备方案作为总目标层（$A$）；将经济指标和安全性能作为实现总目标的2个准则层，将9个具体的评价指标作为层次分析法的指标层。建立层次模型，如图5.6所示。

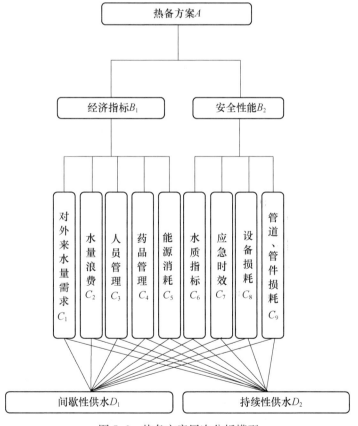

图5.6  热备方案层次分析模型

（2）构建判断矩阵并确定权重。

评价模型建立后，问题转化为层次中的排序问题。为确定每个因素对上一层次的相对重要性，采用1～9及其倒数的标度方法（表5.7），构造判断矩阵。

表5.7 判断矩阵标度及其含义

| 含义 | 标度 |
|---|---|
| 1 | 表示两个元素相比，具有同等重要性 |
| 3 | 表示两个元素相比，一个元素比另一个元素稍微重要 |
| 5 | 表示两个元素相比，一个元素比另一个元素明显重要 |
| 7 | 表示两个元素相比，一个元素比另一个元素强烈重要 |
| 9 | 表示两个元素相比，一个元素比另一个元素极端重要 |
| 2、4、6、8 | 介于上述相邻评价准则的中间状态 |
| 倒数 | 因素 $i$ 与 $j$ 比较得判断 $b_{ij}$，则因素 $j$ 与 $i$ 比较得判断 $b_{ji}=1/b_{ij}$ |

构建判断矩阵后，需对其进行一致性检查。将计算所得一致性指标 $CI=(\lambda_{max}-n)/(n-1)$ 与判断矩阵平均随机一致性指标 $RI$（1～9阶判断矩阵 $RI$ 值见表5.8）相比较得随机一致性比率 $CR=CI/RI$，若 $CR<0.10$，认为判断矩阵及层次单排序的结果具有比较满意的一致性，否则需要调整判断矩阵元素的取值。

表5.8 平均随机一致性指标 $RI$

| 阶数 | 1 | 2 | 3 | 4 | 5 | 6 | 7 | 8 | 9 |
|---|---|---|---|---|---|---|---|---|---|
| $RI$ | 0.00 | 0.00 | 0.58 | 0.90 | 1.12 | 1.24 | 1.32 | 1.41 | 1.45 |

① 总目标层 $A$ 与评价准则层 $B$ 之间的判断矩阵 $A—B$。由上文论述可知水源、水厂热备方案，在安全性能上应有较高应急保证率，水质、水量和水压应满足要求；经济上应在可承受范围内，人力、物力投资和运行费用不宜过高；还需考虑运行管理要求。综合考虑这些因素重要性构建判断矩阵 $A—B$，见表5.9。

表5.9 准则层判断矩阵

| $A$ | $B_1$ | $B_2$ |
|---|---|---|
| $B_1$ | 1 | 1/5 |
| $B_2$ | 5 | 1 |

求得判断矩阵 $A—B$ 的最大特征根 $\lambda_{max}=2$，相应的特征向量 $W=(1/3,5/3)$，其中各分量是准则层 $B_1$、$B_2$ 所占的权重。

$CI=(\lambda_{max}-n)/(n-1)=0<0.10$，显然二阶 $A—B$ 矩阵具有满意的一致性。

② 准则层 $B$ 与指标层 $C$ 之间的判断矩阵。应用上述方法构造准则层 $B$ 与指标层 $C$ 之间的9个判断矩阵，并检验其一致性，最终确定权重，计算过程同 $A—B$ 矩阵，此处限于篇幅，不再赘述。见表5.10和表5.11。

表 5.10 指标层判断矩阵

| 上层<br>下层 | 要素及权重 | | C 层总排序权重 |
| --- | --- | --- | --- |
| | $B_1$ | $B_2$ | |
| | 0.167 | 0.833 | |
| $C_1$ | 0.464 | 0 | $0.167 \times 0.464 = 0.077$ |
| $C_2$ | 0.088 | 0 | $0.167 \times 0.088 = 0.015$ |
| $C_3$ | 0.202 | 0 | $0.167 \times 0.202 = 0.034$ |
| $C_4$ | 0.044 | 0 | $0.167 \times 0.044 = 0.007$ |
| $C_5$ | 0.202 | 0 | $0.167 \times 0.202 = 0.034$ |
| $C_6$ | 0 | 0.389 | $0.833 \times 0.389 = 0.324$ |
| $C_7$ | 0 | 0.389 | $0.833 \times 0.389 = 0.324$ |
| $C_8$ | 0 | 0.153 | $0.833 \times 0.153 = 0.127$ |
| $C_9$ | 0 | 0.069 | $0.833 \times 0.069 = 0.057$ |

表 5.11 方案层判断矩阵

| 上层<br>下层 | 要素及权重 | | | | | C 层总排序权重 |
| --- | --- | --- | --- | --- | --- | --- |
| | $C_1$ | $C_2$ | $C_3$ | $C_4$ | $C_5$ | |
| | 0.464 | 0.088 | 0.202 | 0.044 | 0.202 | |
| $D_1$ | 0.75 | 0.75 | 0.25 | 0.25 | 0.25 | $0.464 \times 0.75 + 0.088 \times 0.75 + 0.202 \times 0.25 + 0.044 \times 0.25 + 0.202 \times 0.25 = 0.526$ |
| $D_2$ | 0.25 | 0.25 | 0.75 | 0.75 | 0.75 | $0.464 \times 0.25 + 0.088 \times 0.25 + 0.202 \times 0.75 + 0.044 \times 0.75 + 0.202 \times 0.75 = 0.474$ |

| 上层<br>下层 | 要素及权重 | | | | C 层总排序权重 |
| --- | --- | --- | --- | --- | --- |
| | $C_6$ | $C_7$ | $C_8$ | $C_9$ | |
| | 0.389 | 0.389 | 0.153 | 0.069 | |
| $D_1$ | 0.167 | 0.167 | 0.25 | 0.25 | $0.389 \times 0.167 + 0.389 \times 0.167 + 0.153 \times 0.25 + 0.069 \times 0.25 = 0.185$ |
| $D_2$ | 0.833 | 0.833 | 0.75 | 0.75 | $0.389 \times 0.833 + 0.389 \times 0.833 + 0.153 \times 0.75 + 0.069 \times 0.75 = 0.815$ |

综上所示，在经济指标下，$D_1$ 权重为 0.526，$D_2$ 权重为 0.474，在安全性能上，$D_1$ 权重为 0.185，$D_2$ 权重为 0.815，合计后 $D_1$ 的总权重为 0.711，$D_2$ 的总权重为 1.289。相比之下，持续性供水方案更适合应急供水。

### 5.2.2.5 供水系统优化效果分析

1. 优化系统的优势

（1）采用了集约化供水方式对该市三个城区集中供水，将主城区、组团区和开发区三个区域组团，这种城镇组团集约化供水工程的实施，突破了行政区域界限的束缚，对原有管线的不合理之处进行完善，对规划范围内供水设施进行扩建，使供水更加规范化。

（2）该市规划是实现新建地表水厂单一供水，南水北调水源到达后，水厂进行集中处理并供出，弥补了多水厂供水的水质差异问题，从而使管道环境大体一致，便于管道的集中维护与管理。相对于多水厂供水，设备管理与人员调度更加高效便捷。

（3）供水系统的优化是响应国家南水北调政策，使用南水北调水作为水源，减少地下水的开采，为减轻华北地区的地下漏斗状况做出贡献，缓解北方地区的缺水情况，利于地下水环境的恢复。

（4）采用先行试验区的方法，对水源进行循序渐进的切换，使管道逐渐适应南水北调水的水质，降低黄水等影响居民用水安全性问题的发生概率，保证居民用水的满意度。若运行顺利，也为解决其他类似的水源切换问题提供借鉴。

2. 优化系统的不足

（1）该市供水系统的优化是在原有管线的基础上进行完善与扩建，原有管线仍然承担供水任务。南水北调水水质与地下水水质存在差异，水源切换会对管道产生影响。水源逐步切换过程中，地下水厂与地表水厂供水量逐渐变化，某些管道的水流速度与方向会发生变化，对管壁产生反向冲刷，管垢脱落的可能性增加。对于这类管段，实时观测尤为重要，可适当采取相应管段集中冲刷措施来处理管垢、保证水质。

（2）因地表水厂统一供水，供水范围大大增加，管线距离延长，相比于多水厂供水而言，出厂压力会偏大，控制好水厂附近用水点的水压，应相应设置减压措施，保证用水的舒适性。

（3）水厂统一供水，管线较长，水在管线中流动的时间长，受细菌污染的可能性加大，需要消毒剂的量会有所增加，须控制好消毒剂的投加量，抑制管道中细菌的滋生。同时，应确保管网末梢的消毒剂余量在合理的限值内。

# 5.3　运行管理模式及水价机制

推行市场化运作理念，积极探索工程运行管护模式。按照"经营企业化、管理专业化、供水商品化"的要求，推行公司制供水管理模式。将水厂注册为制水有限责任公司，独立法人，独立核算，实行企业化管理。同时依托乡镇水利站、村级水管员，组织协调水费计收及工程日常维护。所有权主体是政府的工程由县（区）制水公司统一管理，其中规模较小且分散的工程可委托村委会管理；所有权主体为集体组织、企业、个人的工程由其自行管理，接受县水行政主管部门的监管。鼓励、支持农民合作组织等新型农业经营主体参与工程管理，在所有权主体到位的基础上，可采取承包、租赁、委托管理等多种形式，搞活经营权，提高管护效率。建立工程所有者筹集为主、政府绩效考核进行奖补为辅落实工程管护经费的长效机制。

以城乡供水一体化管理体系建设及明确职能职责为重点，捋顺供水管理关系。按照"水务一体，城乡一体化"的原则，整合现有相关管理机构，组建城乡供水一体化管理机构。负责统一管理辖区内城乡供水事务。管理机构要加大一体化城乡和乡镇供水发展力度，不断提升城乡供水服务能力，逐步建立新型供水管理体制。

县水行政主管部门按照乡镇供水城乡化、城乡供水一体化的发展目标。以"规模化发展、标准化建设、企业化经营、专业化管理"为运作思路，通过开发水源、配套净水水厂、改造升级已建工程、城乡或区域供水管网并网连接，建设统一完善的城乡供水系统，实现区域互补、管网连通，城乡同源、同网、同质供水。

按照省级一体化、合理布局、资源共享、全面覆盖的原则，依托规模较大水厂、城乡自来水公司和卫生、水文、环保等部门或整合政府资源组建水质检测机构，即分期分级建设完成县（区）乡镇供水水质检测中心，提升水质检测设施装备水平和检测能力，满足乡镇供水的常规水质检测需求。

按照投资主体多元化、产业发展市场化的原则，完善工程建设方式。充分发挥市场机制作用，鼓励、支持社会资本建设和管理供水工程，研究金融机构对供水工程建设管理信贷投入的办法；改进项目管理方式，县水行政主管部门建立与多元化项目建设主体相适应的项目管理方式。重点在政策引导、项目规划、技术指导、考核验收、行业监管等方面下工夫，避免在项目管理中大包大揽。

乡镇供水实行有偿供水。按照补偿成本、合理收益、优质优价、公平负担的原则，实行乡镇居民生活用水和生产用水分类计价。规模（kt/万人）以上的供水工程，其供水水价实行政府定价，由供水单位编制供水水价方案，报县（区）价格主管部门会同水行政主管部门核准；规模以下的联村供水工程，其供水水价可以实行政府定价或政府指导价，具体办法由县（区）政府根据当地实际情况规定；单村供水工程的供水水价实行政府指导价，由供水、用水双方在价格主管部门确定的浮动范围内协商确定。

## 5.4 基于 BIM 的水厂运维管理系统

水厂主要包含综合楼、宿舍楼、清水池、加压泵房及配电间、UV 消毒间、水处理间、加氯加药间、污泥浓缩池等多种不同功能的建筑，建筑功能复杂、设备种类繁多、管线错综复杂，若有损坏须及时修复。

不同类型建筑内设备不同、建筑面积庞大，运维人员日常巡检困难；信息采集存储困难，精细化管理难度大，建筑全生命周期内的设计信息、施工信息、安装信息及运维过程中的日常检测和维护信息，分散保存在各相关责任部门，缺乏信息采集存储的工具；运维数据信息利用不充分，可视化程度低，目前在水厂运维管理工作中，运维产生的数据信息并没有被充分利用，从而不能及时掌握设备运行和阀门及管道的使用情况，很难降低意外事故的发生概率。应用 BIM 可以很好地解决如何建立快速、便捷、形象、直观的信息浏览方式，从而提高水厂运维管理效率的问题。

将 BIM 应用到现代化水厂的建设中不仅是传递三维模型、建造参数等信息和数据的一种手段，更是将前期模型设计思路和理念延伸到后期运行和管理的一种媒介，贯穿于智慧水厂建设之中，贴合了各阶段的实际需求和应用领域，进一步提高了水厂的管理水平。

### 5.4.1 BIM 技术研究现状

近年来，在大型基础工程实施过程中运用信息技术来提高工程的质量和效率已达成业内共识，将 BIM 引入到市政工程建设运行管理势在必行。应用现代软件技术，创建南水北调水厂三维模型，实现全方位展示及生产工艺的动态管控，有利于降低运行管理能耗，及时发现故障点，科学判断风险源，提高安全管理水平，实现水厂智慧管理目标。以此为基础建立的地表水处理工程，能够形成有别于传统方式建设的粗放管理的水处理系统，基本形成了可以实现现代化管理的智慧平台，并可有效规避突发事件引发的各种生产事故，是未来水厂建设的发展方向。

## 5.4.2 南水北调水厂 BIM 运维管理系统建设与应用

### 5.4.2.1 建设目标

（1）建立基于 BIM 的运维管理系统，把系统采集到的设备数据集中管理，通过对数据的整合和分析，可实现对设备的实时监控和科学管理。BIM 运维管理系统可对信息进行完整的保存和便捷的共享，并以最快捷的方式将运维资料传递给工作人员，它的分类整合、精确分析及信息集成将能够给予用户最精准的决策支持，成为日后管理者在运维管理中最有效的决策依据。

（2）BIM 具有三维可视化的特点，将建筑各类信息通过"一张图"的模式统一战线，如设备构件信息、设备动态参数、设备外观等，给工作人员带来 360 度直观体验。这些信息不仅包含传统运维管理下的几何信息，还包含非几何信息，如设备的生产日期、使用年限、采购人员等。将虚拟现实技术和远程控制技术相结合，实现自主漫游巡检和设备遥控，帮助工作人员轻松地查询、搜索和定位到其所需的设备，并直观地了解到设备的全部信息。通过 BIM 运维管理系统提供的全局可视化功能，运维人员在维保过程中安装、拆卸与维修设备变得简易便捷。

（3）BIM 运维管理系统将设备的静态、动态信息和完整、真实的三维模型实时关联，实现建筑的可视化运维管理，让运维更加直观、简单。工作人员通过系统提供的三维场景对全局信息有着充分的掌控，可规划出最优的巡检路线，同时标注巡检路线上需要重点关注的设备，提高运维巡检人员的工作效率。

### 5.4.2.2 建设内容

围绕某南水北调水厂进行建筑信息模型创建和管理系统开发，主要涵盖以下内容：

（1）项目水厂调研。展开涵盖项目水厂自然情况、环境条件、工程情况等内容的全面调研，尤其针对项目水厂基础情况、运行状态、水处理系统情况等进行专项调研，摸清项目外部条件。

（2）外部工程建模和图形表达。运用 BIM 技术创建水厂工程族库，参数化所有族，创建结构建筑信息模型；利用图形工具生成各系统多角度视图，并对图形进行尺寸标注，使所有图形之间形成联动。

（3）水处理系统建模。对混凝、反应、沉淀、过滤等各组成工程构建三维模型，建立水厂水系统建筑信息模型。

（4）BIM 管理系统开发。建立基于 BIM 的水厂三维模型的管理系统。

### 5.4.2.3 技术路线

项目的技术路线如下：

（1）采用访谈法、问卷法、座谈法等展开项目水厂基本情况、环境条件、工程情况、水处理系统等内容调查研究。

（2）采用 BIM 技术及相关手段，构建能够表现水厂各组成工程的建筑信息模型和多角度视图，并使所有图形之间形成联动。

（3）采用文献分析、理论分析、专家咨询、项目验证等方法建立 BIM 管理系统。

### 5.4.2.4　工程实施难点

1. 工期紧，工程量大

该项目投入的人力、物力、财力和技术装备数量巨大，而且工期紧，如何在短时间完成规划的项目水厂三维立体模型搭建以及建立高效运行的运维平台是需要解决的重要问题。

2. 构筑物繁多

该工程包含大量的功能各异且相互独立的构筑物。构筑物造型复杂，工艺复杂。对于 BIM 模型的搭建是个难点。

3. 基于 BIM 模型的运维系统搭建困难

目前国内对于信息化智能化水厂应用案例较少，可借鉴的案例不多，需要技术人员解决技术平台路径、大数据的处理和集成、模型与系统数据库层的关联等重要问题。

### 5.4.2.5　创建 3D 模型基本步骤

1. 资料收集整理

收集厂家提供的设备尺寸图、管线资料（管径、材质、保温层厚度）、阀门及弯管要求，设备厂家的图纸。

咨询业主对项目的建设要求（限高、防火），甄别已提供图纸的建设情况，明确地下现状管线及周边建构筑物。

同有模型构建经验的工程师沟通，进行经验总结，避免在后续工作中走弯路。

2. 方案制订

与电气自控专业人员及结构专业人员进行方案初步探讨，初步确定管道坡度、走向、阀门及仪表安装位置（流量计前后安装要求、压力计位置）、阀门控制方式（手动、电动、气动）、支吊架形式。

结合厂家提资与业主要求，绘制平面方案，同结构专业与电气自控专业人员互提资料，明确预留预埋尺寸及大致位置。进行数据计算，确定弯管曲率、管道坡度及直径，气动管路损失及压力需求。

3. 建模

精细建模需要对工艺内部设备进行建模，并可对应模型运作状态做出动态变化；简单贴图模型是针对非主要工艺建筑（如办公大楼），减少不必要的成本支出。建模成果要求如下：

（1）通过 BIM 建模（精细建模和简单贴图），构建水厂模型以及部分主要设备，做到可 360°巡视水厂现状。

（2）通过对主要设备的精细建模，对诸如水泵、风机、电机等工艺设备的运行状态做出区分，确保在 BIM 系统中对工艺设备运行状态可以做到一目了然，启停联动。

（3）对水厂次要建筑物（如办公用房）采用简单贴图模型制作方案，减少成本支出。

（4）对水厂各种类型管道模型使用颜色加以区分，方便运维人员了解工艺过程。

4. 模型复核

在明确设备、仪表与管道和建构筑物之间的安全距离后，先通过软件自带的碰撞检测功能查看不同专业管线之间的碰撞可能性，再次进行管线与结构的碰撞模拟，判定墙梁板柱及预埋预留的合理性，该阶段可能涉及模型的修正与完善。将模型打印成 3D PDF，备注好查看的方式和里面存储的相关信息，咨询业主意见。

5. 三维模型的交付与二维出图

在上述基础上，完善模型，打印 3D PDF，在 MicroStation 中切图，并进行相关的设置（线形、粗细、剖切方向、显示模式），导出二维图纸，基于二维软件有丰富的插件，可以快速完成标注，高效地将图纸按期交付。

**5.4.2.6 模型的集成与数据接入**

BIM 建模完成后，面临数据格式兼容的问题，需要将所有软件数据格式全部开放兼容相互导入、读取和共享。

BIM 三维模型经过模型转换、提取，然后基于公有云端网络进行结构化储存，开发人员可以调用数据接口即可轻松检索 BIM 构建，并读取构建属性。多个模型文件可以在 BIMFACE 云端进行集成。合并成一个全专业、全模型的完整模型。BIMFACE 提供的显示组件，可以直接在网页、手机、平板上打开工程模型或图纸，开发人员仅需简单流程就能快速集成。

数据接入操作首先要完成源文件上传，其次在云端进行文件转换。文件上传后，BIMFACE 的云端转换服务器集群对文件格式进行转换，转换后生成数据包。数据包由两部分组成：几何数据（用于显示）和 BIM 数据（用于查询信息）。开发人员在浏览器端集成 BIMFACE 提供的 JavaScript 显示组件，显示组件会从云端把几何数据加载到浏览器。

# 5.5 水厂安全管理

## 5.5.1 消毒安全

### 5.5.1.1 二氧化氯的安全管理

1. 二氧化氯的理化性质

二氧化氯（$ClO_2$）是一种黄绿色到橙黄色的气体，是国际上公认为安全、无毒的绿色消毒剂。

（1）物理性质。

它是红黄色有强烈刺激性臭味气体。11℃时液化成红棕色液体，$-59$℃时凝固成橙红色晶体。有类似氯气和硝酸的特殊刺激臭味。液体为红棕色，固体为橙红色。沸点11℃。相对蒸气密度 2.3g/L。遇热水则分解成次氯酸、氯气、氧气，受光也易分解，其溶液于冷暗处相对稳定。极易溶于水而不与水反应，几乎不发生水解（水溶液中的亚氯酸和氯酸只占溶质的 2%）；在水中的溶解度是氯的 5~8 倍。溶于碱溶液而生成亚氯酸盐和氯酸盐。在水中溶解度为：20℃时 0.8g/100mL、8300mg/L。

（2）化学性质。

二氧化氯能与许多化学物质发生爆炸性反应。对热、振动、撞击和摩擦相当敏感，极易分解发生爆炸。受热和受光照或遇有机物等能促进氧化作用的物质时，能促进分解并易引起爆炸。若用空气、二氧化碳、氮气等稀有气体稀释时，爆炸性则降低。属强氧化剂，其有效氯是氯的 2.6 倍。与很多物质都能发生剧烈反应。腐蚀性很强。

2. 二氧化氯的安全

（1）储存。

储存于阴凉、通风的库房，远离火种、热源。保持容器密封。应与易燃物、还原剂、食品容器分开存放，切忌混储。采用防爆型照明、通风设施。禁止使用易产生火花的机械设备与工具。储存区应备有泄漏应急处理设备和合适的收容材料。禁止振动、撞击和摩擦，预防容器发红或物理损害、摩擦或打击，定期检查容器漏洞。

（2）使用。

因为化学性质不稳定须现用现配。因其氧化能力强，高浓度时可刺激、损害皮肤黏膜、腐蚀物品。应避免吸入食入，要戴口罩和护目镜，要戴橡胶手套，以免损害皮肤，工作完毕用肥皂和清水洗手。

（3）泄漏应急处理。

迅速撤离泄漏污染区，人员到上风处并进行隔离，严格限制出入。应急处置人员戴正压式呼吸器，穿防毒服。从上风口进入现场，尽可能切断泄漏源。用工业覆盖层或吸附剂盖住泄漏点附近的下水道等地方，防止气体进入，喷雾状水稀释。漏气容器要妥善处理、修复、检验后再用。

### 5.5.1.2　氯气的安全管理

1. 氯气的理化性质

化学式为 $Cl_2$，常温常压下为黄绿色有毒气体，易压缩，可液化为金黄色液态氯，是氯碱工业的主要产品之一，可用作为强氧化剂。氯气中混合体积分数为 5% 以上的氢气时遇强光可能会有爆炸的危险，氯气能与有机物和无机物进行取代反应和加成反应生成多种氯化物，氯气在早期作为造纸、纺织工业的漂白剂。

通常情况下为有强烈刺激性气味的黄绿色的有毒气体。可溶于水，且易溶于有机溶剂（例如四氯化碳），难溶于饱和食盐水。1 体积水在常温下可溶解 2 体积氯气，形成黄绿色氯水。密度为 3.170g/L，比空气密度大。

氯气密度是空气密度的 2.5 倍，标况下 $\rho=3.21kg/m^2$，易液化，熔沸点较低。常温常压下，熔点为 -101.00℃，沸点为 -34.05℃。常温下把氯气加压至 600～700kPa 或在常压下冷却到 -34℃ 都可以使其变成液氯，液氯即 $Cl_2$。液氯是一种油状的液体，其与氯气物理性质不同，但化学性质基本相同。

氯气是一种有毒气体，它主要通过呼吸道侵入人体并溶解在黏膜所含的水分里，生成次氯酸和盐酸，对上呼吸道黏膜造成损伤：次氯酸使组织受到强烈的氧化；盐酸刺激黏膜发生炎性肿胀，使呼吸道黏膜浮肿，大量分泌黏液，造成呼吸困难，所以氯气中毒的明显症状是发生剧烈的咳嗽。症状重时，会发生肺水肿，使循环作用困难而致死亡。由食管进入人体的氯气会使人恶心、呕吐、胸口疼痛和腹泻。1L 空气中最多可允许含氯气 0.001mg，超过这个量就会引起人体中毒。

2. 安全措施

（1）属于Ⅱ级（高度危害）化学品，直接接触氯气的生产、使用、储存、运输等操作人员，必须经专业培训，取得特种作业合格证后，方可上岗操作。

（2）氯气生产、使用、储存、运输车间（部门）负责人（含技术人员），应熟练掌握工艺过程和设备性能，并能正确指挥事故处理。

（3）氯气生产、使用、运输等现场应配备抢修器材、有效防护用具及消防器材。

（4）生产、使用氯气的车间（作业场所），空气中氯气含量最高允许浓度为 $1mg/m^3$。

（5）用氯管道系统必须完好，连接紧密，无泄漏。

（6）液氯蒸发器、储罐等，必须装有压力表、液面计、温度计等安全装置。

（7）严禁使用蒸汽、明火直接加热钢瓶。

（8）严禁将油类、棉纱等能与氯气发生反应的易燃物品放在液氯钢瓶附近。

（9）不得将钢瓶设置在楼梯、人行道口和通风吸气口附近。

（10）应用专门钢瓶开启扳手，严禁挪用。

（11）开闭钢瓶角阀要平稳，严禁强力启闭。

（12）严禁使用钢瓶角阀直接调节液氯流量。

（13）钢瓶内液氯不能用尽，必须留有部分液氯。充装量为 50kg 的钢瓶应保留 2kg 以上的液氯；充装量为 500kg 和 1000kg 的钢瓶必须保留 5kg 以上的液氯。

（14）钢瓶严禁露天存放，不准存放在易燃、可燃材料搭设的棚架内，必须储存在专用的库房。

（15）在储罐 20m 内严禁堆放易燃、可燃物品，储罐库内应用安全标志。

（16）严格执行氯气安全操作规程，及时排除泄漏和设备隐患，保证系统处于正常状态。

（17）氯气泄漏时，现场负责人应立即组织抢修，撤离无关人员，抢救中毒者。抢修和救护人员必须穿戴有效的防护用具。

（18）抢修中应利用现场机械通风设施和尾气处理装置，降低氯气浓度。

（19）液氯钢瓶泄漏时转动钢瓶，使泄漏部位处于氯的气态空间。

（20）易熔塞处泄漏时，用竹签、木塞做堵漏处理；瓶阀泄漏时，拧紧六角螺母；瓶体焊缝泄漏时，应用内衬橡胶垫片的铁箍箍紧。泄漏钢瓶应尽快使用完毕，返回生产厂。

（21）发生泄氯时，严禁在钢瓶上喷水。

（22）防护用品应定期检查，定期更换。

（23）使用、储存岗位必须配备两套以上的隔离式面具，操作人员必须每人配备一套过滤面具或其他防护装置，并定期检查，防止失效。

3. 滤瓶储存

（1）液氯瓶运行、出氯库时，值班人员必须对液氯瓶的瓶帽、主阀、胶圈、低熔点合金、编号、瓶重、装氯质量、外观等进行检查验收，记录液氯钢瓶的充装情况。

（2）氯瓶入库前要逐个称重、进行登记，氯瓶超重和安全附件不全的，严禁入库。

（3）氯瓶存放的室内不得有易燃易爆危险物，严禁日光暴晒，距明火 10m。

（4）空瓶和重瓶要分区存放，摆放整齐，头朝一方，悬挂"重瓶""空瓶"标牌。

（5）充装量在 500kg 和 1000kg 的重瓶，横向卧放，防止滚动，留出吊运间距和通道，高度不得超过两层。

（6）重瓶存放期不得超过 3 个月。

### 5.5.1.3　氯气泄漏中毒的应对措施

1. 氯气中毒的临床表现

（1）氯气刺激反应。

出现一过性的眼及上呼吸道刺激症状。肺部无阳性体征或偶有少量干性啰音，一般 24h 内消退。

（2）轻度中毒。

表现为支气管炎或支气管周围炎，有咳嗽、咳少量痰、胸闷等症状。两肺有散在干性啰音或哮鸣音，可有少量湿性啰音。肺部 X 线表现为肺纹理增多、增粗、边缘不清，一般以下肺叶较明显。经休息和治疗，症状可于 1～2d 消失。

（3）中度中毒。

表现为支气管肺炎、间质性肺水肿或局限的肺泡性肺水肿。眼及上呼吸道刺激症状加重、胸闷、呼吸困难、阵发性呛咳、咳痰，有时咳粉红色泡沫痰或痰中带血，伴有头痛、乏力及恶心、食欲不振、腹痛、腹胀等胃肠道反应。轻度发绀，两肺有干性或湿性啰音，或两肺弥漫性哮鸣音。上述症状经休息和治疗 2～10d 逐渐减轻而消退。

（4）重度中毒。

在临床表现或胸部 X 线所见中，具有下列情况之一者，即属重度中毒。

临床上出现，吸入高浓度氯数分钟至数小时出现肺水肿，可咳大量白色或粉红色泡沫痰、呼吸困难、胸部紧束感，明显发绀，两肺有弥漫性湿性啰音；喉头、支气管痉挛或水肿造成严重窒息；休克及中度、深度昏迷；反射性呼吸中枢抑制或心跳骤停所致猝死；出现严重并发症如气胸、纵隔气肿等。

胸部 X 线表现主要呈广泛、弥漫性肺炎或肺泡性肺水肿。有大片状均匀密度增高阴影，或大小与密度不一、边缘模糊的片状阴影，广泛分布于两肺叶，少量呈蝴蝶翼状。重度氯中毒后，可发生支气管哮喘或喘息性支气管炎。后者是由于盐酸腐蚀形成的机化瘢痕所致，难以恢复，并可发展为肺气肿。

2. 氯气中毒的急救措施

（1）一旦发生氯气泄漏，应立即用湿毛巾捂住嘴、鼻，背风快跑到空气新鲜处，最好是上风处，隔离至气体散净，切断火源。避免氯气与松节油、乙醚、氨气、金属粉末等接触。

（2）合理通风，切断气源，喷雾状水稀释、溶解，并收集和处理废水。抽排（室内）或强力通风（室外）。如有可能，将泄漏氯气钢瓶放置于石灰乳液中，之后对泄漏钢瓶做技术处理。

（3）迅速将伤员脱离现场，移至通风良好处，脱下中毒时所着衣服鞋袜，注意给病人保暖，并让其安静休息。为解除病人呼吸困难，可给其吸入 2%～3% 的温室小苏打溶液或 1% 硫酸钠溶液，以减轻氯气对上呼吸道黏膜的刺激作用。酌情使用强心剂如西地兰等。鼻部可滴入 1%～2% 麻黄素，或 2%～3% 普鲁卡因加 0.1% 肾上腺素溶液。由于呼吸道黏膜受到刺激腐蚀，故呼吸道失去正常保护机能，极易招致细菌感染，因而对中毒较重的病人，可应用抗生素预防感染。

（4）抢救中应当注意，氯中毒病人有呼吸困难时，不应采用徒手式的压胸等人工呼吸方法。这是因为氯对上呼吸道黏膜具有强烈刺激，引起支气管肺炎甚至肺水肿，这种压式的人工呼吸方法会使炎症、肺水肿加重，有害无益。

### 5.5.1.4 消毒安全管理制度的不断改进

#### 1. 推行标准安全操作规程

要保证安全生产，必然有各种制度的约束。作为供水企业的加氯设备，同样也应当受到制度的约束。然而，在实际生产活动中，许多制度由于过于复杂、可操作性不强，只是存于文本或档案中，没有真正落实和执行。违章指挥、违章操作的情况和现象仍然存在，导致设备损坏和人身伤害的事故时有发生。推行安全标准操作，就是对在现行操作流程调查分析的基础上，将现行作业方法的每一操作程序和每一动作进行分解，以科学技术、规章制度和实践经验为依据，以安全、质量、效益为目标，对作业过程进行改善，从而形成一种优化作业程序，逐步达到安全、准确、高效、省力的作业效果。

#### 2. 推进氯库应急预案改革

氯库安全应急预案，应当去繁求简，根据生产经营现场的实际情况，针对特定的场所、设备设施和岗位，组织编制相应的现场处置方案，为应对现场典型突发事件制定具体处置流程和措施，并针对每一个具体故障的应急处理做出明确规定。制定如下应急方案。发生少量泄漏时，值班人员应该：

（1）启用漏氯中和吸收装置。

（2）戴好防护用品（空气呼吸器、活性炭过滤器等）。

（3）检查氯瓶出口阀、输氯管连接处、加氯系统各连接部件等，用氨水熏查法查出其确切的泄漏点。

（4）关闭氯瓶出口阀，等待维修。

泵站每一位员工要能将以上应急步骤牢记在心，真正将应急预案落在实处，从而使预案起到保护人员人身安全和企业财产安全的作用。

此外，以"预案促演练，以演练检预案"提升应急管理工作，企业应当制订年度应急预案演练计划，增强演练的计划性。

### 5.5.1.5 防护设施的不断完善

氯库防护设施就是在发生漏氯时，能有效保护人员生命财产安全、遏制事故扩大。氯库防护设施是保障氯库安全的最后一道关，它们的配备，能够有效地控制泄氯事故扩大和蔓延，防止氯气四周飘散，伤害氯库周边的企业和居民。通常来说，水厂或泵站氯库应该配备的氯库防护设施有氯气自动回收装置、正压式空气呼吸器和氯瓶堵漏工具等。除此之外，泵站引进的气瓶紧急关闭系统，对于保障泵站氯库的安全也起到不小的作用。通常，当正在使用的加氯系统发生泄漏时，必须由操作人员进入现场关闭气瓶，这种方式容易造成人员伤害，延误控制泄漏事故的时机。气瓶紧急关闭系统的电动执行机构安装在气体钢瓶的出口轧钳阀上，并受控制箱控制。当发生紧急情况时，人工按下安装在室外的紧急按钮，电动机构可以第一时间关闭气源，避免事故的进一步扩大。同时，电动机构也可以与泄漏报警仪相连接，由它们发送自动关闭信号，自动关闭气瓶阀。另外，气瓶紧急关闭系统，输出恒定的关瓶扭矩，还可以防止人为过于用力关阀门导致的阀门损坏，延长气瓶开关阀门使用寿命。因此，在人员配备偏少的供水泵站的氯库，气瓶紧急关闭装置应该是一个不可缺少的防护设备。

供水泵站的安全、可靠运行事关社会的和谐、稳定，而泵站氯库的正常运转则是泵站安全供水的前提和基础。氯库的安全管理内容丰富，责任重大，容不得半点马虎和疏忽。总之，通过人和制度的管理，设备的完善，安全预案的改革创新，从根本上控制安全隐患，提高安全管理水平，才能有效避免氯库安全事故的发生。

## 5.5.2　电气安全

### 5.5.2.1　水厂电气工作人员上岗应符合的要求

水厂电气工作人员上岗应符合以下要求：

（1）经医师鉴定，无妨碍工作的病症，体格检查每两年至少一次。

（2）具备必要的电气知识，熟悉安全规程的有关规定。

（3）学会紧急救护法和触电急救法。

（4）需经所在地区劳动或供电等有关部门培训、考核并领取操作证后，方可独立操作，并按照所在地区的规定，按时进行复试。

（5）因故间断电气工作连续 3 个月以上者，必须重新学习安全规程，并经考试合格后，方可恢复工作。

（6）新参加电气工作人员，必须经过安全知识教育后，方可下现场随同有工作经验的员工参加指定的工作，不得独立工作。

（7）外来电气工作的施工人员必须熟悉安全规程，并经考试合格才能上岗。工作前，设备运行管理单位应告知现场电气设备接线情况、危险点和安全注意事项。

### 5.5.2.2　值班人员巡视要求

（1）巡视高压设备时，不得进行其他工作，不得移开或越过护栏。

（2）雷雨天气，需要巡视室外高压设备时，应穿绝缘靴，不得靠近避雷器和避雷针。

（3）高压设备发生接地时，室内不得接近故障点 4m 以内，室外不得接近故障点 8m 以内。进入上述范围人员必须穿绝缘靴，接触设备外壳和构架时，应戴绝缘手套。

（4）巡视配电装置，进出高压室必须随手将门关好。

（5）如果单人值班，高压设备应符合下列条件：室内高压设备的隔离室设有护栏，护栏高度在 1.7m 以上，安装牢固并加锁；室内高压开关的操作机构用墙或金属板与该开关隔离或装有远方操作机构。

（6）值班人员若有必要移开护栏时，必须有监护人在场。

### 5.5.2.3　倒闸操作要求

（1）倒闸操作必须根据上级供电调度部门、公司供水调度部门和电气主管部门的命令，受令人复诵无误后执行。倒闸操作由值班负责人填写操作票，操作票应写明受令人姓名、操作任务、时间、操作顺序及项目。每张操作票只能填写一个操作任务。

倒闸操作可以通过就地操作、遥控操作、程序操作完成。遥控操作、程序操作的设备应满足有关技术条件。

（2）停电拉闸操作必须按照断路器（开关）—负荷侧隔离开关（刀闸）—电源侧隔离开关（刀闸）的顺序依次进行。送电合闸操作应按与上述相反的顺序进行。严禁带负荷拉合隔离开关（刀闸）。

倒闸操作的基本条件有：有与现场一次设备和实际运行方式相符的一次系统模拟图（包括各种电子接线图）；操作设备应具有明显的标志，包括命名、编号、分合指示、旋转方向、切换位置的指示及设备相色等。

（3）高压电气设备应安装供电部门许可的完善的防误操作闭锁装置。闭锁装置的解锁用具应妥善保管，按规定使用，不许乱用。

必须加挂机械锁的情况如下：

① 未装防误闭锁装置或闭锁装置失灵的隔离开关（刀闸）手柄和网门。

② 当电气设备处于冷备用且网门闭锁失去作用时的有电间隔网门。

③ 设备检修时，回路中的各来电侧隔离开关（刀闸）操作手柄和电动操作隔离开关（刀闸）机构箱的箱门。

机械锁要一把钥匙开一把锁，钥匙要编号并妥善保管。

（4）操作两个及以上开关时，应按操作顺序填写操作票。操作票应填写设备的双重名称。

（5）操作票应用钢笔或圆珠笔逐项填写。用计算机开出的操作票应与手写格式一致；操作票票面应清楚整洁，不得任意涂改。值班人员应根据模拟图或接线图核对所填写的操作项目，并分别由值班员、值班负责人签名。

（6）开始操作前，应先在模拟图（或微机防误装置、微机监控装置）上进行核对性模拟预演，无误后再进行操作。操作前应核对设备名称、编号和位置，操作中应认真执行监护复诵制，操作命令应严肃认真，声音洪亮清晰。操作过程中必须按操作票填写的顺序逐项操作。每操作完一步，应检查无误后做一个"√"记号，全部操作完毕后进行复查。

（7）倒闸操作必须由两人执行，其中对设备较为熟悉者作监护；特别重要和复杂的倒闸操作，由熟练的值班人员操作，值班负责人或值班长监护。

监护操作时，操作人员在操作过程中不得有任何未经监护人同意的操作行为。

（8）操作中产生疑问时，应立即停止操作，并向上级有关部门报告，弄清问题后，再进行操作。不准擅自更改操作票，不准随意解除闭锁装置。

（9）用绝缘棒拉合隔离开关、跌落式熔断器或经传动机构拉合断路器（开关）和隔离开关（刀闸）时，应戴绝缘手套。雨天操作室外高压设备时，绝缘棒应有防雨罩，还应穿绝缘靴。雷雨天气应停止室外的倒闸操作。

单人操作时不得进行登高或登杆操作。

电气设备操作后的位置检查应以设备实际位置为准，无法看到实际位置时，可通过设备机械位置指示、电气指示、仪表及各种遥测、遥信信号的变化，且至少应有两个指示已同时发生对应变化，才能确认该设备已操作到位。

（10）装卸高压熔断器，应戴护目眼镜和绝缘手套，必要时使用绝缘夹钳，并站在绝缘垫或绝缘台上。断路器（开关）遮断容量应满足电网要求。如遮断容量不够，将操动机构（操作机构）用墙或金属板与该断路器（开关）隔开，应进行远方操作，重合闸装置应停用。

（11）电气设备停电（包括事故停电）后，在未拉开有关隔离开关和做好安全措施前，不得触及设备或进入护栏，以防突然来电。

（12）在发生人身触电事故时，为了抢救触电人，可以不经许可，即行断开有关设备的电源，但事后必须立即报告上级部门。

（13）事故应急处理、拉合开关的单一操作和拉开或拆除全所（室）唯一的一组接地刀闸或接地线，可以不填操作票。上述操作在完成后应做好记录，事故应急处理应保存原始记录。

（14）操作票应事先连续编号，计算机生成的操作票应在正式出票前连续编号。操作票按编号顺序使用。作废的操作票，应注明"作废"字样，未执行的应注明"未执行"字样，已操作的应注明"已执行"字样。操作票应保存一年。

### 5.5.2.4 高压设备停电的措施

（1）在全部停电或部分停电的电气设备上工作，必须完成停电、验电、装设接地线、悬挂标示牌和装设护栏（围栏）等安全技术措施。上述措施由值班运行人员完成。

（2）停电工作范围应保证工作人员工作中正常活动范围与带电设备的安全距离，见表5.12。

表 5.12　工作人员工作中与带电设备安全距离

| 电压等级（kV） | 安全距离（m） |
|---|---|
| 10 及以下 | 0.35 |
| 35 | 0.60 |
| 110 | 1.50 |

（3）停电。检修设备停电，必须把各方面的电源完全断开（任何运用中的星形接线设备的中性点，必须视为带电设备）。禁止在只经断路器（开关）断开电源的设备上工作。必须拉开隔离开关（刀闸），至试验或检修位置，使各方面至少有一个明显的断开点（对于有些设备无法观察到明显断开点的除外）。与停电设备有关的变压器和电压互感器，必须将设备各侧断开，防止向停电检修设备反送电。

检修设备和可能来电侧的开关和刀闸，应断开控制电源和合闸电源，刀闸操作把手必须锁住，确保不会误送电。对难以做到与电源完全断开的检修设备，可以拆除设备与电源之间的电气连接。

（4）验电。验电时，必须使用相应电压等级而且合格的接触式验电器，在装设接地线或合接地刀闸处应对各相分别验电。验电前，应先在有电设备上进行试验，确证验电器良好；无法在有电设备上进行试验时可用高压发生器等证明验电器良好。如果在木杆、木梯或木架上验电，不接地线不能指示者，可在验电器绝缘杆尾部接上接地线，但必须经运行值班负责人许可。

高压验电必须戴绝缘手套。验电器的伸缩式绝缘棒长度应拉足，验电时手应握在手柄处不得超过护环，人体应与验电设备保持安全距离。雨雪天气时不得进行室外直接验电。

对无法进行直接验电的设备，可以进行间接验电。即检查隔离开关（刀闸）的机械指示位置、电气指示、仪表及带电显示装置指示的变化，且至少应有两上指示已同时发生对应变化；若进行遥控操作，则应同时检查隔离开关（刀闸）的状态指示、遥测信号及带电显示装置的指示。

表示设备断开和允许进入间隔的信号、经常接入的电压表等，不得作为设备无电压的根据。但如果指示有电，则禁止在该设备上工作。

（5）装设接地线。装设接地线应由两人进行（经批准可以单人装设接地线的项目及运行人员除外）。当验明设备确已无电压后，应立即将检修设备接地并三相短路。设备断开部分的电缆及电容器接地前应逐项充分放电，星形接线电容器的中性点应接地，串联电容器及与整组电容器脱离的电容器应逐个放电，装在绝缘支架上的电容器外壳也应放电。

对于可能送电至停电设备的各方面或停电设备可能产生感应电压的都要装设接地线，所装接地线与带电部分应考虑接地线摆动时仍符合安全距离的规定。

检修母线时，应根据母线的长短和有无感应电压等情况确定线的数量。检修 10m 及以下的母线，可以只装设一组接地线。在门形架构的线路侧进行停电检修，如工作地点与所装接地线的距离小于 10m，工作地点虽在接地线外侧，也可不另装接地线。检修部分若分为几个在电气上不相连接的部分（如分段母线以刀闸或开关隔开分成几段），则各段应分别验电接地短路。接地线、接地刀闸与检修设备之间不得连有开关或熔断器。

在室内配电装置上，接地线应装在该装置导电部分的规定地点，这些地点的油漆应刮去，并画有黑色标记。

所有配电装置的适当地点，均应设有与接地网相连的接地端，接地电阻应合格。接地线应采用三相短路式接地线，若使用分相式接地线，应设置三相合一的接地端。

装设接地线必须由两人进行。若为单人值班，只允许使用接地刀闸接地，或使用绝缘棒和接地刀闸。装设接地线必须先接接地端，后接导体端，且必须接触良好，连接应可靠。装、拆接地线均应使用绝缘棒和戴绝缘手套。人体不得碰触接地线或未接地的导线，以防止感应电触电。

成套接地线应由有透明护套的多股软铜线组成，其截面不得小于 25mm$^2$，同时应满足装设地点短路电流的要求。接地线在每次装设前应经过详细检查。损坏的接地线应及时修理或更换。禁止使用不符合规定的导线作接地或短路之用。接地线必须使用专用的线夹固定在导体上，严禁用缠绕的方法进行接地或短路。

严禁工作人员擅自移动或拆除接地线。高压回路上的工作，需要拆除全部或一部分接地线后才能进行工作（如测量母线和电缆的绝缘电阻，测量线路参数，检查开关触头是否同时接触。比如：拆除一相接地线；拆除接地线，保留短路线；将接地线全部拆除或拉开接地刀闸），且必须征得运行值班人员的许可（根据调度员指令装设的接地线，必须征得调度员的许可）。工作完毕后立即恢复。每组接地线均应编号，并存放在固定地点。存放位置亦应编号，接地线号码与存放位置号码应一致。装、拆接地线，应做好记录，交接班时应交代清楚。

（6）悬挂标示牌和装设护栏（围栏）。在一经合闸即可送电到工作地点的开关和刀闸的操作把手上，均应悬挂"禁止合闸，有人工作！"的标示牌。如果线路上有人工作，应在线路开关和刀闸操作把手上悬挂"禁止合闸，线路有人工作！"的标示牌。标示牌的悬挂和拆除，应按调度员的命令执行。

对由于设备原因，接地刀闸与检修设备之间连有开关，在接地刀闸和开关合上后，应在开关操作把手上，悬挂"禁止分闸！"的标示牌。

在显示屏上进行操作的开关和刀闸的操作处均应相应设置"禁止合闸，有人工作！"或"禁止合闸，线路有人工作！"以及"禁止分闸！"的标记。

临时护栏可用干燥木材、橡胶或其他坚韧绝缘材料制成，装设应牢固，并悬挂"止步，高压危险！"的标示牌。

35kV 及以下设备的临时护栏，如因工作特殊需要，可用绝缘挡板与带电部分直接接触。但此种挡板应具有高度的绝缘性能。

在室内高压设备上工作，应在工作地点两旁及对面运行设备间隔的护栏（围栏）上和禁止通行的过道护栏（围栏）上悬挂"止步，高压危险！"的标示牌。高压开关柜内手车开关拉出后，隔离带电部位的挡板封闭后禁止开启，并设置"止步，高压危险！"的标示牌。在室外高压设备上工作，应在工作地点四周装设护栏，其出入口要围至邻近道路旁边，并设有"从此进出！"的标示牌。工作地点四周护栏上悬挂适当数量的"止步，高压危险！"标示牌，标示牌必须朝向护栏里面。若室外配电装置的大部分设备停电，只有个别地点保留有带电设备而其他设备无触及带电导体的可能时，可以在带电设备四周装设全封闭护栏，护栏上悬挂适当数量的"止步，高压危险！"标示牌，标示牌应朝向护栏外面。严禁越过护栏。在工作地点设置"在此工作！"的标示牌。

在室外构架上工作，则应在工作地点邻近带电部分的横梁上，悬挂"止步，高压危险！"的标示牌。此项标示牌在值班人员的监护下，由工作人员悬挂。在工作人员上下铁架或梯子上，应悬挂"从此上下！"的标示牌。在邻近其他可能误登的带电架构上，应悬挂"禁止攀登，高压危险！"的标示牌。

严禁工作人员擅自移动或拆除护栏（围栏）、标示牌。

## 5.6 管网系统的管理与维护

给水排水管网的管理和维护是保证给水排水系统安全运行的重要日常工作，内容包括：

(1) 建立完整和准确的技术档案及查询系统；

(2) 管道检漏和修漏；

(3) 管道清垢和防腐蚀；

(4) 用户接管的安装、清洗和防冰冻；

(5) 管网事故抢修；

(6) 检修阀门、消火栓、流量计和水表等。

为了做好上述工作，必须熟悉管网的情况、各项设备的安装部位和性能、用户接管的位置等，以便及时处理。平时要准备好各种管材、阀门、配件和修理工具等，便于紧急事故的抢修。

### 5.6.1　供水管网档案管理

#### 5.6.1.1　管网技术资料管理

技术管理部门应有给水管网平面图，图上标明管线、泵站、阀门、消火栓、窨井等的位置和尺寸。城乡给水排水管网可按每条街道为区域单位列卷归档，作为信息数据查询的索引目录。

管网技术资料主要有：

（1）管线图，表明管线的直径、位置、埋深以及阀门、消火栓等的布置，用户接管的直径和位置等。它是管网养护检修的基本资料。

（2）管线过河、过铁路和公路的构造详图。

（3）各种管网附件及附属设施的记录数据和图文资料，包括安装年月、地点、口径、型号、检修记录等。

（4）管网设计文件和施工图文件、竣工记录和竣工图。

（5）管网运行、改建及维护记录数据和文档资料。

管线埋在地下，施工完毕覆土后难以看到，因此应及时绘制竣工图，将施工中的修改部分随时在设计图纸中订正。竣工图应在管沟回填土以前绘制，图中标明给水管线位置、管径、埋管深度、承插口方向、配件形式和尺寸、阀门形式和位置、其他有关管线（如排水管线）的直径和埋深等。

#### 5.6.1.2　供水地理信息系统

随着城乡设施的不断完善和给水管网设计和运行的智能化和信息化技术发展，建立完整、准确的管网管理信息系统，提高供水系统管理的效率、质量和水平，是现代化城乡发展和管理的需求。

地理信息系统（Geographic Information System，GIS）是以收集、存储、管理、描述、分析地球表面及空间和地理分布有关的数据的信息系统，具有四个主要功能：信息获取与输入、数据存储与管理、数据转换与分析和成果生成与输出。

城乡给水地理信息系统（可简称给水排水 GIS）是融计算机图形和数据库于一体，储存和处理给水排水系统空间信息的高新技术，它把地理位置和相关属性有机结合起来，根据实际需要准确真实、图文并茂地输出给用户，借助其独有的空间分析功能和可视化表达，进行各项管理和决策，满足管理部门对供水系统的运行管理、设计和信息查询的需要。

给水管网地理信息管理（可简称给水管网 GIS）的主要功能是给水网的地理信息管理，包括泵站、管道、管道阀门井、水表井、减压阀、用户资料等。建立管网系统中央数据库，全面实现管网系统档案的数字化管理，形成科学、高效、丰富、翔实、安全可靠的给水管网档案管理体系，为管网系统规划、改建、扩建提供图纸及精确数据。准确定位管道的埋设位置、埋设深度、管道井和阀门井的位置、供水管道与其他地下管线的布置和相对位置等，以减少由于开挖位置不正确造成的施工浪费和开挖时对通信、电力、燃气等地下管道的损坏带来的经济损失甚至严重后果。提供管网优化规划设计、实时运行模拟、状态参数校核、管网系统优化调度等技术性功能的软件接口，实现供水管网系统的优化、科学运行、降低运行成本。

管网地理信息系统的空间数据信息主要包括与供水系统有关的各种基础地理特征信息，如地形、土地使用、地表特征、地下构筑物、河流等，及供水系统本身的各地理特征信息，如检查井、水表、管道、泵站、阀门、水厂等。

管网属性数据可按实体类型分为节点属性、管道属性、阀门属性、水表属性等。节点属性主要包括 P 点编号、节点坐标（$X$，$Y$，$Z$）、节点流量、节点所在道路名等。管道属性包括管道编号、起始节点号、终止节点号、管长、管材、管道粗糙系数、施工日期、维修日期等。阀门属性主要包括阀门编号、阀门坐标（$X$，$Y$，$Z$）、阀门种类、阀门所在道路名等。水表属性主要包括水表编号、水表坐标（$X$，$Y$，$Z$）、水表种类、水表用户名等。

在管网系统中采用地理信息技术，可以使图形和数据之间的互相查询变得十分方便快捷。由于图形和属性可被看作是一体的，所以得到了图形的实体号也就得到了对应属性的记录号，并获得了对应数据，而不用在属性数据库中从头到尾地搜索一遍来获取数据。

GIS 与管网水力及水质模型相连接后，水力及水质模型可以调用 GIS 属性数据库中的相关数据对供水系统进行模拟、分析和计算，并将模拟结果存入 GIS 属性数据库，通过 GIS 将模拟所得的数据与空间数据相连接。建立管网地理信息管理系统，利用计算机系统实现对供水管网的全面动态管理是市政设施信息化建设和管理的重要组成部分，也是城乡市政设施现代化管理水平的重要体现。

## 5.6.2　给水管网监测与检漏

### 5.6.2.1　管网水压和流量测定

测定管网水压，应在有代表性的测压点进行。测压点的选定既要能真实反映水压情况，又要均匀合理布局，使每一测压点能代表附近地区的水压情况。测压点以设在大、中口径的干管线上为主，不宜设在进户支管上或有大量用水的用户附近。测压时可将压力仪安装在消火栓或给水龙头上，定时记录水压。能有自动记录压力仪则更好，可以得出 24h 的水压变化曲线。

测定水压，有助于了解管网的工作情况和薄弱环节。根据测定的水压资料，按 0.5～1.0m 的水压差，在管网平面图上绘出等水压线，由此反映各条管线的负荷。整个管网的水压线最好均匀分布，如某一地区的水压线过密，表示该处管网的负荷过大，所用的管径偏小。水压线的密集程度可作为今后放大管径或增敷管线的依据。

由等水压线标高减去地面标高，得出各点的自由水压，即可绘出等自由水压线图，据此可了解管网内是否存在低水压区。

给水管网中的流量测定是现代化供水管网管理的重要手段，普遍采用电磁流量计或超声波流量计。其安装使用方便，不增加管道中的水头损失，容易实现数据的计算机自动采集和数据库管理。

1. 电磁流量计

电磁流量计由变送器和转换器两部分组成。变送器被安装在被测介质的管道中，将被测介质的流量变换成瞬时电信号，而转换器将瞬时电信号转换成 0～10mA 或 4～

20mA 的统一标准直流信号，作为仪表指示、记录、传送或调节的基础信息数据。

在磁感应强度均匀的磁场中，垂直该管道上与磁场垂直方向设置一对同被测介质相接触的电极 A、B，管道与电极之间绝缘。当导电流体流过管道时，相当于一根长度为管道内径 $D$ 的导线在切割磁力线，因而产生了感应电势，并由两个电极引出。

电磁流量计有如下主要特点：电磁流量变送器的测量管道内无运动部件，因此使用可靠，维护方便，寿命长，而且压力损失很小，也没有测量滞后现象，可以用它来测量脉冲流量；在测量管道内有防腐蚀衬里，故可测量各种腐蚀性介质的流量；测量范围大，满刻度量程连续可调，输出的直流毫安信号可与电动单元组合仪表或工业控制机联用等。

2. 超声波流量计

超声波流量计的测量原理主要是声波传播速度差，将流体流动时与静止时超声波在流体中传播的情形进行比较，由于流速不同会使超声波的传播速度发生变化。若静止流体中的声速为 $C$，流体流动的速度为 $v$，当声波的传播方向与流体流动方向一致（顺流方向）时，其传播速度为 $C+v$，而声波传播方向与流体流动方向相反（逆流方向）时，其传播速度为 $C-v$。在距离为 $L$ 的两点上放两组超声波发生器与接收器，可以通过测量声波传播时间差求得流速 $v$。传播速度法从原理上看是测量超声波传播途径上的平均流速，因此，该测量值是平均值。所以，它和一般的面平均（真平均流速）不同，其差异取决于流速的分布。

超声波流量计的主要优点是在管道外测流量，实现无妨碍测量，只要能传播超声波的流体皆可用此法来测量流量，也可以对高黏度液体、非导电性液体或者气体进行测量。

### 5.6.2.2 管网检漏

检漏是给水管网管理部门的一项日常工作。减少漏水量既可降低给水成本，也等于新辟水源，具有很大的经济意义。位于大孔性土壤地区的管网，如有漏水，不但浪费水量，而且影响建筑物基础的稳固，更应严格防止漏水。水管损坏引起漏水的原因很多。例如，因水管质量差或使用期长而破损，由于管线接头不密实或基础不平整引起的损坏，因使用不当（如阀门关闭过快产生水锤）以致破坏管线，因阀门锈蚀、阀门磨损或污物嵌住无法关紧等，都会导致漏水。

检漏的方法中应用较广且费用较省的是直接观察和听漏，个别管网采用分区装表和分区检漏，可根据具体条件选用先进且适用的检漏方法。

（1）实地观察法是从地面上观察漏水迹象，如排水窨井中有清水流出，局部路面发现下沉，路面积雪局部融化，晴天出现湿润的路面等。本法简单易行，但较粗略。

（2）听漏法使用最久。听漏工作一般在深夜进行，以免受到车辆行驶和其他噪声的干扰。所用工具为一根听漏棒，使用时棒一端放在水表、阀门或消火栓上，即可从棒的另一端听到漏水声。这一方法的听漏效果凭个人经验而定。

（3）检漏仪是比较好的检漏工具。所用仪器有电子放大仪和相关检漏仪等。前者是一个简单的高频放大器，利用晶体探头将地下漏水的低频振动转化为电信号，放大后即可在耳机中听到漏水声，也可从输出电表的指针摆动看出漏水情况。相关检漏仪是根据漏水声音传播速度，即漏水声传到两个拾音头的时间先后，通过计算机算出漏水地点。

该类仪器价格昂贵，使用时需较多人力，对操作人员的技术要求高，国内使用很少。管材、接口形式、水压、土壤性质等都会影响检漏效果。检漏仪适用于寻找疑难漏水点，如穿越建筑物和水下管道的漏水。

（4）分区检漏是用水表测出漏水地点和漏水量，一般只在允许短期停水的小范围内进行。方法是把整个给水管网分成小区，凡是和其他地区相通的阀门全部关闭，小区内暂停用水，然后开启装有水表的一条进水管上的阀门，使小区进水。如小区内的管网漏水，水表指针将会转动，由此读出漏水量。水表装在直径为 10～20mm 的旁通管上。查明小区内管网漏水后，可按需要再分成更小地区，用同样方法测定漏水量。这样逐步缩小范围，最后还须结合听漏法找出漏水的地点。

漏水位置查明后，应做好记录以便于检修。

### 5.6.3　管道防腐蚀和修复

#### 5.6.3.1　管道防腐蚀

腐蚀是金属管道的变质现象，其表现方式有生锈、坑蚀、结瘤、开裂或脆化等。金属管道与水或潮湿土壤接触后，因化学作用或电化学作用产生的腐蚀而遭到损坏。按照腐蚀过程的机理，可分为没有电流产生的化学腐蚀，以及形成原电池而产生电流的电化学腐蚀（氧化还原反应）。给水管网在水中和土壤中的腐蚀，以及流散电流引起的腐蚀都是电化学腐蚀。

影响电化学腐蚀的因素很多。例如，钢管和铸铁管氧化时，管壁表面可生成氧化膜，腐蚀速度因氧化膜的作用而越来越慢，有时甚至可保护金属不再进一步腐蚀。但是氧化膜必须完全覆盖管壁，并且附着牢固、没有透水微孔的条件下，才能起保护作用。水中溶解氧可引起金属腐蚀。一般情况下，水中含氧越多，腐蚀越严重，但对钢管来说，此时在内壁产生保护膜的可能性越大，因而可减轻腐蚀。水的 pH 明显影响金属管的腐蚀速度，pH 越低则腐蚀越快，中等 pH 时不影响腐蚀速度，pH 高时因金属管表面形成保护膜，腐蚀速度减慢。水的含盐量对腐蚀的影响是含盐量越高，则腐蚀越快。

防止给水管腐蚀的方法有：

（1）采用非金属管材，如预应力或自应力钢筋混凝土管、玻璃钢管、塑料管等。

（2）在金属管表面上涂油漆、水泥砂浆、沥青等，以防止金属和水相接触而被腐蚀。例如可将明设钢管表面打磨干净后，先刷 1～2 遍红丹漆，干后再刷 2 遍热沥青或防锈漆；埋地钢管可根据周围土壤的腐蚀性，分别选用各种厚度的正常、加强和特强防腐层。

（3）阴极保护。采用管壁涂保护层的方法，并不能做到非常完美。这就需要进一步寻求防止水管腐蚀的措施。阴极保护是保护水管的外壁免受土壤侵蚀的方法。根据腐蚀电池的原理，两个电极中只有阳极金属发生腐蚀，所以阴极保护的原理就是使金属管成为阴极，以防止腐蚀。

阴极保护有两种方法：一种是使用消耗性的阳极材料，如铝、镁等，隔一定距离用导线连接到管线（阴极）上，在土壤中形成电路，结果是阳极腐蚀，管线得到保护。这种方法常在缺少电源、土壤电阻率低和水管保护涂层良好的情况下使用。另一种是通入直流电的阴极保护法，埋在管线附近的废铁和直流电源的阳极连接，电源的阴极接到管线上，可防止腐蚀，在土壤电阻率高（约 2500Ω·cm）或金属管外露时较宜使用。

### 5.6.3.2 管道清垢和涂料

由于输水水质、水管材料、流速等因素，水管内壁会逐渐腐蚀而增加水流阻力，水头损失逐步增长，输水能力随之下降。根据有些地方的经验，涂沥青的铸铁管经过 10～20 年使用，粗糙系数 $n$ 可增长到 0.016～0.018，内壁未涂水泥砂浆的铸铁管，使用 1～2 年后 $n$ 即达到 0.025，而涂水泥砂浆的铸铁管，虽经长期使用，粗糙系数却基本上不变。为了防止管壁腐蚀或积垢后降低管线的输水能力，除了新敷管线内壁事先采用水泥砂浆涂衬外，对已埋设的管线则有计划地清除管内壁积垢并加涂保护层，以恢复输水能力，这也是管理工作中的重要措施。

1. 管线清垢

产生积垢的原因很多。例如：金属管内壁被水侵蚀，水中的碳酸钙沉淀；水中的悬浮物沉淀；水中的铁、氧化物和硫酸盐的含量过高，以及铁细菌、藻类等微生物的滋生繁殖等。要从根本上解决问题，改善所输送水的水质是很重要的。

金属管线清垢的方法很多，应根据积垢的性质来选择。

松软的积垢，可提高流速进行冲洗。冲洗时流速比平时流速提高 3～5 倍，但压力不应高于允许值。每次冲洗的管线长度为 100～200m。冲洗工作应经常进行，以免积垢变硬后难以用水冲去。

用压缩空气和水同时冲洗，效果更好。其优点是：

（1）清洗简便，水管中无须放入特殊的工具；

（2）操作费用比刮管法、化学酸洗法低；

（3）工作进度较其他方法迅速；

（4）用水流或气水冲洗并不会破坏水管内壁的沥青涂层或水泥砂浆涂层。

水力清管时，管垢随水流排出。起初排出的水浑浊度较高，以后逐渐下降，冲洗工作直到出水完全澄清时为止。

坚硬的积垢须用刮管法清除。刮管法所用刮管器有多种形式，都是用钢绳绞车等工具使其在积垢的水管内来回拖动。一种刮管器是用钢丝绳连接到绞车，适用于刮除小口径水管内的积垢。它由切削环、刮管环和钢丝刷组成。使用时，先由切削环在水管内壁积垢上刻画深痕，然后刮管环把管垢刮下，最后用钢丝刷刷净。

大口径管道刮管时，可用旋转法刮管，情况和刮管器相类似，钢丝绳拖动的是装有旋转刀具的封闭电动机。刀具可用与螺旋桨相似的刀片，也可用装在旋转盘上的链锤，刮垢效果较好。

刮管法的优点是工作条件较好，刮管速度快，缺点是刮管器和管壁的摩擦力很大，往返拖动比较困难，并且管线不易刮净。

也可用软质材料制成的清管器清通管道。清管器由聚氨酯泡沫制成，其外表面有高强度材料的螺纹，外径比管道直径稍大。清管操作由水力驱动，大小管径均可适用。其优点是成本低，清管效果好，施工方便，且可延缓结垢期限，清管后如不衬涂也能保持管壁表面的良好状态。它可清除管内沉积物和泥沙，以及附着在管壁上的铁细菌、铁锤氧化物等，对管壁的硬垢如钙垢、二氧化硅垢等也能清除。清管时，通过消火栓或切断的管线将清管器塞入水管内，利用水压力以 2～3km/h 的速度在管内移动。约有 10% 的水从清管器和管壁之间的缝隙流出，将管垢和管内沉淀物冲走。冲洗水的压力随管径增大而减小。软质清管器可任意通过弯管和阀门。这种方法具有成本低、效果好、操作简便等优点。

除了机械清管法以外还可用酸洗法。将一定浓度的盐酸或硫酸溶液放进水管内，浸泡 $14\sim18h$ 以去除碳酸盐和铁锈等积垢，再用清水冲洗干净，直到出水不含溶解的沉淀物和酸为止。由于酸溶液除能溶解积垢外，也会侵蚀管壁，所以加酸时应同时加入缓蚀剂，以保护管壁少受酸的侵蚀。这种方法的缺点是酸洗后，水管内壁变得光洁，如水质有侵蚀性，以后锈蚀可能更快。

2. 管壁防腐涂料

管壁积垢清除以后，应在管内衬涂保护涂料，以保持输水能力和延长水管寿命。一般是在水管内壁涂水泥砂浆或聚合物改性水泥砂浆。前者涂层厚度为 $3\sim5mm$，后者为 $1.5\sim2mm$。水泥砂浆用硅酸盐水泥或矿渣水泥和石英砂，按水泥：砂：水为 $1:1:(0.37\sim0.4)$ 的比例拌和而成。聚合物改性水泥砂浆由硅酸盐水泥、聚乙酸乙烯乳剂、水溶性有机硅、石英砂等按一定比例配合而成。

衬涂砂浆的方法有多种。在埋管前预先衬涂，可用离心法，即用特制的离心装置将涂料均匀地涂在水管内壁上。对已埋管线衬涂时，也可用压缩空气的衬涂设备，利用压缩空气推动胶皮涂管器，由于胶皮有柔顺性，可将涂料均匀抹到管壁上。涂管时，压缩空气的压力为 $29.4\sim49.0kPa$。涂管器在水管内的移动速度为 $1\sim12m/s$；不同方向反复涂两次。

在直径 $500mm$ 以上的水管中，可用特制的喷浆机喷涂水管内壁。根据喷浆机的大小，一次喷浆距离为 $20\sim50m$。清除水管内积垢和加衬涂料对恢复输水能力的效果很明显，所需费用仅为新埋管线的 $1/12\sim1/10$，亦有利于保证管网的水质。但对地下管线清垢涂料时，所需停水时间较长，影响供水，使用上受到一定限制。

# 6 供水系统应急技术

为确保城乡供水突发事故后能够高效有序地应急处理，最大限度地减少损失，维护社会稳定，各级政府和当地供水企业都应制定突发事故的应急预案。

## 6.1 城乡供水事故分级

城乡供水事故按照严重程度和影响范围一般分为四级：

### 6.1.1 特别重大事故（Ⅰ级）

（1）造成 3 万户以上居民连续 24h 以上停止供水，或发生一次性死亡 30 人以上的特别重大事故。

（2）城乡水源或供水设施遭受生物/化学毒剂、病毒、油污、放射性物质等污染，并由供水造成传染性事故爆发。

（3）取水水库大坝、拦河堤坝、取水涵洞发生坍塌、断裂，致使水源枯竭。

（4）地震、洪灾、滑坡、泥石流、台风、海啸等导致取水受阻、泵房淹没、机电设备毁损。

（5）消毒、输配电、净水建筑物设施设备等发生火灾、爆炸、倒塌、严重泄漏事故。

（6）城乡主要输供水干管和配水系统管网发生大面积爆管或突发灾害，影响大面积区域供水。

（7）城乡供水网络的调度、自动控制、营业等计算机系统遭受入侵、失控、毁坏、战争破坏、恐怖活动，导致水厂停产、供水区域减压等。

### 6.1.2 重大事故（Ⅱ级）

（1）造成 1 万户以上居民连续 24h 以上停止供水，或发生一次性死亡 3 人以上、30 人以下的重大事故。

（2）涉及跨市级行政区域或超出事发地市级政府处置能力的重大供水事故。

（3）需要由省应急领导小组负责处置的重大供水事故。

### 6.1.3 较大事故（Ⅲ级）

（1）造成 1 万户以上居民连续 12h 以上停止供水，或发生因停止供水造成一次性死亡 3 人以下的较大事故。

（2）城乡供水主要配水管网 DN≥200mm 且 DN<500mm 的管道突然发生爆管。

（3）制水车间停产预计 12h 以上的。

（4）水源水、出厂水、管网水受到轻度污染，即水中出现异味，主要感官理化指标超过标准1倍，区域用户集中反映水质问题的10人以上、20人以下。

（5）供水设施受到破坏、被盗、遭抢劫等，导致供水干管DN≥200mm且DN＜500mm的管道停水，导致2km² 以上、6km² 以下面积内居民生活、生产秩序受到影响。

（6）自动控制系统遭到病毒侵害，导致投药消毒系统停止工作12h以上，出厂水浊度超过水质指标。

### 6.1.4　一般事故（Ⅳ级）

（1）造成1万户以上居民连续8h以上停止供水的一般事故。

（2）制水车间预计停产8h以上、12h以下。

（3）水源水、出厂水、管网水受到轻度污染，即水中出现异味，主要感官理化指标超过标准。

（4）自动控制系统遭到病毒侵害，导致投药消毒系统停止工作8h以上、12h以下，出厂水浊度超过水质标准。

## 6.2　供水应急预案

供水系统应急处理的内容很多，如输电故障，设备设施故障、损毁，净水构筑物发生火灾、爆炸、坍塌，有害物泄漏，地震、洪灾、滑坡、泥石流的灾情，调度自控系统、计算机系统遭受入侵，战争破坏，恐怖活动造成水厂停产等。各水厂应依据实际情况，制定应急预案。

### 6.2.1　供电故障应急预案

（1）要加强值班巡检，发现电源故障随时会切换，保证一路电源正常运行，若二路电源故障导致机泵停运，应立即上报公司各有关部门和中心调度室并按照调度员指令供水，尽量满足对外服务供应。

（2）各水厂发生断电及水泵跳车时，若有备用的电源供应，要及时启动备用电源，尽早开启出水机泵，以防溢水的恶性事故发生。

（3）一旦发生大面积停电，即启动电气系统应急预案，及时排除故障，恢复生产。

### 6.2.2　投毒预案

供水系统从水源到水厂和管网以及二次供水设施均是投毒设防点，其范围大，隐蔽性强，影响危害大。常见的投毒物质包括六价铬、氰化物、砷及汞，铅等重金属。由于投毒的未知性，应时刻检测生物毒性，进一步检测上述投毒物质是否存在，并应制定好应急预案。

（1）落实各制水单位各设防点的专人管理，明确岗位责任制。

（2）明确各制水单位的滤池和水库等设防点，控制外来人员参观访问，加强有毒有害化学危险品管理，组织安全防范检查，及时抓好整改。

（3）安装有24h监视、图像记录的电视监控系统，以及水库维修（清洗）出入口安装防盗安全门、防入侵功能的报警系统。

（4）对投毒突发事件的处置办法，及时报告公安、消防、环保、安全保卫、卫生等部门和上级主管单位，及时分析事故可能造成的现实危害和可能产生危害的因素，采取有效的控制措施防止危害区域、危害程度扩大，减少损失。

### 6.2.3 泄漏事故处理

（1）当班人员应立即向总机、调度室报警，及时、迅速、果断地采取应急措施，防止事故扩大，配合救援力量的工作。

（2）总机和调度室接到报警后，应立即按"紧急回厂有关人员名册"通知指挥人员、救援人员到岗，夜晚或双休日由厂值班人员暂时担负指挥工作，立即启动本单位化学事故应急预案，并向上级有关部门、地区街道报警。

（3）指挥部人员应迅速到位，按各自的职责，分头现场指挥，并与指挥部保持联络。

（4）发生事故的部门，应迅速查明事故泄漏部位及原因，凡能经应急处理而消除事故的，则以自救为主。如泄漏部位自己不能控制的应及时开启中和设施，立即向指挥部报告并提出泄漏或抢修的具体措施。如果氯气管道泄漏，应立即关闭相应组数的氯瓶，并开启中和设施。

（5）迅速组织人员疏散，备好交通运输工具，治安队配合做好警戒、疏散工作。

（6）抢修队根据指挥部下达的抢修指令迅速进行抢修，防止事故扩大。

（7）医疗队应与消防队配合，立即救护伤员和中毒人员，并对其他人员采取简单的防护措施。

（8）积极做好善后处理工作。

### 6.2.4 火灾抢险方案

（1）水厂、水源、泵站等发生水灾后，应立即召集抢险队伍，设法阻断厂区水灾源头，制水要害部门及时采用小包围挡水措施，并动用一切排水设备实施应急排水，确保厂区内部积水 30cm 内仍能正常供水。

（2）重要经济目标单位因无法抗拒的原因造成要害部位进水超过 30cm，而引起制水中断的，其他制水单位在公司统一调度下尽可能满负荷运行，维持日供水量，同时要加强保卫力量，守好门、管好物，确保内部治安秩序稳定。

（3）水灾发生后，按应急预案和指挥网络组织抢险并由公司统一协调，动用其他单位设备及人员进行排水抢险，同时抽调单位抢险物资和机电技术人员对供水设备抢修，尽快恢复生产。

## 6.3 突发性水污染事故的应急净水技术

### 6.3.1 突发性水污染事故的特点

突发性水污染事故发生概率低，发生时间、地点及污染物定性定量事发前无法预测，一旦发生，对城乡供水水质将会造成重大影响。水污染是指现有水厂工艺难以应付、常规水处理工艺难以解决的，以生物污染、有毒有害有机物污染和重金属类的污染为主，一般污染物具有浓度高、污染时间短的特点。

（1）做好源头控制。消除污染源，进行流域性污染治理与保护，做好源头控制。

城乡供水企业每年要对水源上游和输水干管沿线的污染源情况进行调查，并根据调查情况进行污染事故风险分析，确定哪些污染物可能对水源造成污染，并将其中中等毒性的有机物及无机污染物编入《污染物黑名单》，做重点防范。

（2）建立水源水质预警系统，及时掌握水体变化情况。水质污染物往往有其突发性、偶然性，日常人工无法及时发现，这就需要用在线水质监测仪进行实时监控。现代化的水源水质预警系统主要包括两个部分：

① 水源水质在线检测系统，一般检测水温、浊度、pH、氨氮、$COD_{Mn}$、溶解氧、电导率（盐度）等常规理化指标，有的根据需要增加 TOC、碱度、$UV_{254}$、叶绿素 a 等检测。在线仪表的具体选择可按水源的特性、实际需要和管理能力确定。

② 生物毒性检测系统。为了提高及时检测能力和毒性判定能力，给应急处置争取更多的时间，一般可以在源水进水口安装"综合毒性在线检测仪"或"在线生物安全预警系统"。综合毒性在线检测仪利用发光细菌的发光率来判断污染物的存在以及毒性程度。在线生物安全预警系统是选用国际标准试验鱼种或根据本地气候和水质特点的鱼种作为生物毒性检测对象，通过获取水生生物行为变化，实现对水体突发性污染事故的安全预警，并对水体内污染物的综合毒性进行分析和检测。

（3）建立应急监测网络，及时准确地判断污染物。应急监测网络有两个含义：一是与水源上游的供水企业建立资源共享，使上游发生的水污染信息以最快的速度传递过来；二是为了快速定性水中污染物，便于更加有针对性地处理，与当地环保、疾控中心等具备相关检测能力的实验室建立应急监测网络，从而尽可能短时间内对污染物的种类、浓度、污染范围及可能造成的危害做出判断。

（4）准备应急处理方案。结合水厂现有工艺系统情况，对可能出现的污染物，研究应对技术措施。

目前，突发水污染事故的污染源大多数是重金属、农药、危险化学品、有机物、微生物及恶臭等，成分复杂，种类繁多。但处置方法无非是投加粉末活性炭吸附、投加高锰酸盐氧化、调节 pH、强化混凝沉淀和加强消毒。在污染物性质确定之后，就要确定投加物、投加量、投加点的技术方案，争取第一时间控制和解决问题。

（5）建立相应的设施储备。新水厂在建设时就应针对突发性水污染建立应急处理设施。对老水厂特别是大的水厂，应该对加药间进行升级改造，以具备多种药剂的投加能力，特别是投加粉末活性炭、高锰酸钾和调节 pH 的设施。

在水厂药剂储备中应准备一定数量的针对突发性水污染使用的药剂，或与这些药剂生产厂家建立某种应急状态下供货渠道的约定。

（6）在多水源、多水厂的城乡财物临时避开污染源与污染物，采用优化调度的方法，尽可能保证城乡供水的安全是首选的应急方案，这就需要预先优化调度方案，研究可能性及需要采取的措施。在单一水源的城乡，一旦发生水质污染事故，最关键的问题是保证居民的基本生活用水，避免全面停水，对此应提前制定好管网低压供水的调度预案。

### 6.3.2 突发性水污染事故应急处理技术

#### 6.3.2.1 无机物应急处理技术

重金属污染应急处理主要从两个方面进行：一是堵截被污染水体，减缓污染物向下游区域扩散的速度。二是采用有针对性的快速沉降方法，使重金属污染物尽可能地沉积在水体底泥中。

根据重金属的理化性质，常见的沉降方法有石灰水沉淀法和铁酸盐磁力分离沉淀法。石灰水沉淀法可用于汞、镉、铅、三价铬等对 pH 敏感的污染物。该法容易造成水质 pH 严重偏高而导致二次污染。铁酸盐磁力分离沉淀法就是用亚铁盐加碱氧化，在重金属生成氢氧化物和硫酸盐沉淀时，亚铁离子也被氧化成具有磁性的四氧化三铁一起沉淀，沉淀物可以同等磁力分离及回收铁盐。这种沉淀方法可以同时处理汞、镉、铅、银、铬等多种金属离子。

#### 6.3.2.2 有机污染物的应急处理技术

一般有机污染物水污染事故的水环境治理主要是发现和堵住污染源，清除死亡的水生动物，补充新鲜水或人工向污染水体增氧。

水体受到有机毒物污染，除要设法堵截污染水体向下游流动外，需在水体流动下游投入可吸附有机毒物的物质，主要是活性炭、多孔煤渣、硅藻土等。

#### 6.3.2.3 农药类污染物的处理

农药类污染物常见的有：有机磷农药（代表物质：敌敌畏、敌百虫）、氨基甲酸酯农药（代表物质：速灭威、抗蚜威）、拟除虫菊酯类农药（代表物质：溴氰菊酯、杀灭菊酯）、有机氯农药（代表物质：六六六、毒杀芬）。在应急处理时，应急人员应穿戴全身防护用具，围隔污染区，用黏土、高吸油材料或秸秆混合吸收或铲除污染物底积物，到安全场所进行无害化处理。对污染区用生石灰及漂白粉处治，对污染水体投活性炭处理。

#### 6.3.2.4 其他污染物的处理

1. 热污染与酸碱污染应急处理

水体受到热污染，首先是要杜绝污染源继续排放含热废水；其次尽可能地堵截热污染水体大面积流动，依靠空气热交换自然冷却水体。

水体受到酸碱污染的治理方法是：首先杜绝污染源继续排放，其次选择中和材料中和受污染水体。如果是酸污染，一般可以选择石灰中和，如果是碱污染，可以选择工业级的乙酸、盐酸等价格较低廉的酸进行中和。

2. 砷化物污染水体应急处理

水体受到砷化物污染，除了要杜绝污染源继续排放外，依靠水体稀释自净能力和生物的转化作用降低水体无机砷化物的含量。

3. 水体受到氰化物污染，首先要杜绝污染源继续排放，其次尽可能地堵截受污染水体向下游流动，然后可以向污染水体撒漂白粉或双氧水、氧化氰根离子，以漂白粉最为经济。

4. 黄磷及磷化物污染水体应急处理

黄磷进入水体后，大部分吸附在颗粒物上沉入水底与底泥混合，其中少量黄磷慢慢向水体释放，并被水中的溶解氧氧化生成磷酸盐，毒性下降。底泥中的黄磷则可残留很长时间，因此，黄磷污染水体更多的是影响底泥栖息生物。治理时首先要杜绝污染源继续排放，其次尽可能地减缓水体向下游流动的速度，然后可以向污染水体撒漂白粉或双氧水等氧化剂加快黄磷氧化为无毒的磷酸盐。

#### 6.3.2.5　油污染应急的处理技术

湖泊、水库和江河取水的地标水源经常有可能遭受油污染。可能遭受突发性油污染的供水企业应该采取如下措施：

1. 调查研究

对上游可能发生油污染的各种因素和环境进行排查，摸清水源上游的化工厂、电子厂、炼油厂或运油船舶的生产运作情况，对凡是有可能产生泄漏和溢油事故的风险源，进行详细登记并建立登记库，一旦有意外发生可为应急处理提供准确、科学的依据，赢得宝贵的救援时间。

2. 迅速切断污染源

当有污染水质事故发生时，应迅速赶到事发地，会同环保、卫生、河道等监管部门查找污染源，检查肇事单位的贮油阀门、输油管线的泄漏位置，采取有效措施切断污染源。

3. 拦截和处理油污染

对岸边发生的泄漏事故，及时采取沙袋堵截、引流、筑沟渠方法防止油溢流入水体中。

如果发生在水域、湖面上，采用围油栏、撇油器、吸附法等物理清除法。例如摆放拦油栅三圈以上，围住污染源附近的水体断面，以防止油污进一步扩大。

使用消油器是除油快而简单的处理方法。但消油器有一定的毒性，会对水质造成一定的污染，要谨慎适当使用。根据事故现场的实况，还可以采用有效的凝固法、沉降法、燃烧法等。

油污侵袭到取水口前应在取水口周围增设二环以上的拦油栅，作为安全防范区；油污侵袭到取水口时，应迅速组织人员利用吸油毡或吸油纸打捞漂浮的油污，并加大巡查力度，密切注意水质变化。

4. 加强水质监测

当油已污染到水体，应对取水口上、中、下3个断面进行采样分析，每2h一次，并及时上报监测数据。

5. 投加粉末活性炭应急处理

根据检测数据，采取投加粉末活性炭应急处理。活性炭投加量应根据现场水样搅拌试验确定。如污染严重，处理效果达不到要求，就要根据应急预案采取市政调度或启用备用水源送水等应急措施。

### 6.3.3　不明污染物应急判别方法

在突发性水污染事故中，有可能遇到污染物种类难以判断的情况，从而影响应急处理，延误抢险工作。这时可以按如下方法判断污染物种类：

#### 6.3.3.1　根据污染物的物理性质判断

可用于污染物定性的物理性质包括颜色、晶体形状、固体或液体、熔点、黏度、气味等。抢险人员应熟知各类常见危险品的物理性质，以便在抢险现场大致确定污染物种类。例如根据黑色膏状黏稠油状物、有特殊臭味、密度大于水、微溶于水，可大致判断为煤焦油污染。

#### 6.3.3.2　根据人员或动物的中毒特点判断

各种毒物致毒和所产生的毒害作用不同，因此，根据人员或动物中毒后的症状，可以判断出毒物的大致种类。例如出汗、流口水、抽筋等症状可大致判断为含磷毒物。

#### 6.3.3.3　根据常规化学指标监测判断

利用应急监测设备现场检测判断污染物种类。不同污染物会造成某一个或几个指标的突变，据此可初步判断污染物种类。例如强酸强碱会引起 pH 或电导率的变化，强氧化剂会引起氧化-还原电位和电导率变化，有机物的引入可引起高锰酸盐指数的变化等。

#### 6.3.3.4　仪器判断

当应急监测设备现场检测难以判断物质种类时，应立即取样送至实验室进行判别。

### 6.3.4　突发性水污染事故应急处理常备物资

应急处理常备物资在突发性水污染事故处理过程中起着至关重要的作用，为防灾减灾及挽回、减少经济损失等赢得时间。突发性水污染事故应急处理常备物资应包括：

#### 6.3.4.1　吸附剂

（1）黏土：常用于吸附不溶于水的油类污染物。其优点是方便易得、成本低，便于清除。其缺点是吸附能力有限，需大量投加。

（2）炉渣：常用于吸附不溶于水的油类污染物，也可小剂量吸附污染物残留水溶液。其优点是方便易得、成本低，便于清除。

（3）秸秆：常用于吸附不溶于水的油类污染物，特别是漂浮在水体表面的油污。其优点是方便易得、成本低，便于清除。宜编织成草帘储备。

（4）高吸油材料：可吸附自身体积数十倍的油。常用于吸附不溶于水的油类污染物。常用吸油材料有木棉纤维、聚丙烯纤维（无纺布）和凝胶型材料。

（5）活性炭：万能吸附剂，吸附能力强，能吸附大部分无机及有机化学污染物，吸附性能稳定可靠。

#### 6.3.4.2　酸碱中和剂

（1）碱性中和剂：常用的有生石灰、氢氧化钠、碳酸钠等。用于中和酸性物质以减少对水体的污染，为在碱性条件下易降解有机物（如有机磷农药）提供降解环境，并有和重金属离子形成沉淀的功能。

（2）酸性中和剂：常用的有硫酸、乙酸、盐酸等。用于中和碱性物质以减少对水体的侵害。

#### 6.3.4.3　絮凝剂

常用的絮凝剂有聚合硫酸铝、明矾、三氯化铁等，用于絮凝水体中的微小颗粒，加大污染物的沉降速度,促进污染物从水体中分离。

#### 6.3.4.4 氧化-还原剂

(1)还原剂:常用的有亚硫酸钠和草酸等。用于还原氧化性物质以减少对水体的侵害。

(2)氧化剂:常用的有次氯酸钠、漂白粉、双氧水等,用于氧化具有还原性的物质以减少对水体的侵害,兼具很强的杀菌消毒作用。

# 参考文献

［1］ 李冬，张杰．水健康循环导论［M］．北京：中国建筑工业出版社，2009．

［2］ 洪觉民．现代化净水厂技术手册［M］．北京：中国建筑工业出版社，2013．

［3］ 张杰．水健康循环原理与应用［M］．北京：中国建筑工业出版社，2006．

［4］ 李冬，张杰．社会用水健康循环理论与方法［M］．北京：中国建筑工业出版社，2017．

［5］ 刘俊良．城市节制用水规划原理与技术［M］.2版．北京：化学工业出版社，2010．

［6］ 王超，陈卫．城市河湖水生态与水环境［M］．北京：中国建筑工业出版社，2010．

［7］ 中华人民共和国国家环境保护总局，中华人民共和国国家质量监督检验检疫总局．地表水环境质
    量标准：GB 3838—2002［S］．北京：中国环境科学出版社，2002．

［8］ 中华人民共和国国家质量监督检验检疫总局，中国国家标准化管理委员会．地下水质量标准：
    GB/T 14848—2017［S］．北京：中国标准出版社，2017．

［9］ 中华人民共和国卫生部，中国国家标准化管理委员会．生活饮用水卫生标准：GB 5749—2006
    ［S］．北京：中国标准出版社，2007．

［10］ 中华人民共和国住房和城乡建设部．城镇供水厂运行、维护及安全技术规程：CJJ 58—2009
    ［S］．北京：中国建筑工业出版社，2010．

［11］ 中华人民共和国住房和城乡建设部．城镇供水管网运行、维护及安全技术规程：CJJ 207—2013
    ［S］．北京：中国建筑工业出版社，2014．

［12］ 中华人民共和国住房和城乡建设部．城镇供水管网漏损控制及评定标准：CJJ 92—2016［S］．
    北京：中国建筑工业出版社，2017．

［13］ 中华人民共和国国家质量监督检验检疫总局，中国国家标准化管理委员会城镇供水服务：GB/T
    32063—2015［S］．北京：中国标准出版社，2016．